SHUILI GONGCHENG
SHIGONG YU GUANLI

水利工程施工与管理

朱卫东　刘晓芳　孙塘根　主编

华中科技大学出版社
http://www.hustp.com
中国·武汉

图书在版编目(CIP)数据

水利工程施工与管理/朱卫东,刘晓芳,孙塘根主编. —武汉:华中科技大学出版社,2022.5
ISBN 978-7-5680-6356-2

Ⅰ. ①水… Ⅱ. ①朱… ②刘… ③孙… Ⅲ. ①水利工程-工程施工 ②水利工程-施工管理 Ⅳ. ①TV5

中国版本图书馆 CIP 数据核字(2022)第 079371 号

水利工程施工与管理 朱卫东 刘晓芳 孙塘根 主编
Shuili Gongcheng ShiGong yu Guanli

策划编辑：周永华
责任编辑：梁　任
封面设计：王　娜
责任监印：朱　玢
出版发行：华中科技大学出版社(中国·武汉)　　电话：(027)81321913
　　　　　武汉市东湖新技术开发区华工科技园　　邮编：430223
录　　排：华中科技大学惠友文印中心
印　　刷：武汉科源印刷设计有限公司
开　　本：710mm×1000mm　1/16
印　　张：20.5
字　　数：368 千字
版　　次：2022 年 5 月第 1 版第 1 次印刷
定　　价：98.00 元

编　委　会

主　编　朱卫东(甘肃省定西市渭源县水务局)

　　　　刘晓芳(勐海县大型灌区管理局)

　　　　孙塘根(中国水利水电第十二工程局有限公司施工科学研究院)

副主编　韩　冷(中国水利水电第十二工程局有限公司)

　　　　季德雨(河南省水利第二工程局)

　　　　许尔金(浙江省温州市水利建设管理中心)

　　　　关　旭(深圳市广汇源环境水务有限公司)

编　委　常宗记(长江勘测规划设计研究有限责任公司)

　　　　张文涛(云南省滇中引水工程建设管理局昆明分局)

　　　　张玉飞(云南云水工程技术检测有限公司)

　　　　茹轶伦(云南润滇工程技术咨询有限公司)

　　　　拔丽萍(云南华水投资管理有限公司)

　　　　杨　清(中国水利水电第十二工程局有限公司)

　　　　李振华(南水北调中线干线工程建设管理局河北分局磁县管

　　　　　　　理处)

　　　　胡　滨(中国水利水电第十二工程局有限公司)

　　　　罗　明(广东平建建设集团有限公司)

前　　言

    水利工程施工是指根据设计方案中所提出的工程结构、数量、质量、进度及造价等要求,对水利工程进行修建。水利工程在具体施工过程中的技术措施、操作方式、维修应用等,都是水利工程管理的重要组成部分。为了确保水利工程建成投入使用后能够实现预期效果和验证原设计的正确性,必须要在水利工程施工全过程实行有效的管理方案。

    需明确的是,对于水利工程管理来说,其基本任务是保持工程建筑物和设备的完整、安全,使其处于良好的技术状况,与此同时,还要采取相应的措施来确保水利工程设备的使用与运行,以更好地控制、调节、分配、使用水资源,从而充分发挥其防洪、灌溉、供水、排水、发电、航运、环境保护等效益。

    本书根据水利工程施工相关规范,结合作者多年的经验编写而成,主要包括水利工程施工综述、基础工程施工、导截流工程施工、爆破工程施工、土石坝工程施工、混凝土坝工程施工、渠系工程施工、水利工程造价、水利工程招投标,以及水利工程施工质量管理、成本管理、进度管理、合同管理、施工安全与环境安全管理等内容。

    本书可以作为土建类专业本科、大专教材,以及短训班和自学班的教学用书,也可供基本建设管理部门及建筑业各种技术管理人员参考。本书在编写的过程中参考了大量规范和相关图书,在此向有关作者表示感谢!

    由于编者水平有限,书中难免存在疏漏之处,恳切地希望读者对本书存在的问题提出批评和意见,以待进一步修改,使之更加完善。

目　　录

第1章　水利工程施工综述

1.1　水资源概况

1.1.1　世界水资源概况

从广义上来说,地球上的水资源是指水圈内的总水量。由于海水难以直接利用,因而通常所说的水资源主要指陆地上的淡水资源。通过水循环,陆地上的淡水得以不断更新、补充,满足人类生产和生活的需要。水是地球上最丰富的资源,覆盖地球表面 71% 的面积。虽然地球上的水数量巨大,但能直接被人们生产和生活利用的却很少。地球上近 98% 的水是既不能供人饮用也无法灌溉农田的海水,淡水资源仅占总水量的 2.53%,而在这极少的淡水资源中,有 70% 以上被冻结在南极和北极的冰盖中,加上难以利用的高山冰川和永冻积雪,有 87% 的淡水资源难以利用。人类真正能够利用的淡水资源是江河湖泊和地下水中的一部分,约占地球淡水量的 0.26%,占地球总水量的 0.007%,即真正可有效利用的全球淡水资源每年约为 9000 km³。

世界上不同地区因受自然地理和气象条件的制约,降雨量和径流量有很大差异,因而产生不同的水利问题。

非洲是高温干旱的大陆,其单位面积水资源在各大洲中最少,不及亚洲或北美洲的一半。非洲水资源集中在西部的扎伊尔河等流域。除赤道两侧地区雨量较大外,大部分地区少雨,沙漠面积占陆地的 1/3。非洲尼罗河是世界上最长的河流,其水资源孕育了古埃及文明。

亚洲是面积大、人口多的大陆,雨量分布很不均匀。东南亚及沿海地区受湿润季风气候影响,水量较多,但因季节和年际变化,雨量差异甚大,汛期的连续降雨常造成江河泛滥,如中国的长江、黄河,印度的恒河等都常给沿岸人民带来灾难,防洪问题是这些地区沉重的负担。中亚、西亚及内陆地区干旱少雨,以致无灌溉即无农业,必须采取各种措施开辟水源。

北美洲的雨量自东南向西北递减,大部分地区雨量均匀,只有加拿大的中部、美国的西部内陆高原及墨西哥的北部为干旱地区。密西西比河为该洲的第一大河,洪涝灾害比较严重,美国曾投入巨大的力量整治这一水系,并建成沟通湖海的干支流航道网。美国在西部的干旱地区修建了大量的水利工程,对江河径流进行调节,并跨流域调水,保证了工农业用水的需要。

南美洲以湿润大陆著称,径流模数为亚洲或北美洲的两倍有余,水量丰沛。北部的亚马孙河是世界第二长河,流域面积及径流量均为世界各河之冠,水资源也较丰富,但流域内人烟稀少,水资源有待开发。

欧洲绝大部分地区的气候温暖、湿润,年际与季节降雨量分配比较均衡,水量丰富,河网稠密。欧洲人利用优越的自然条件,发展农业、开发水电、沟通航运,促进了欧洲经济的发展。

全球淡水资源不仅短缺而且地区分布极不平衡。按地区分布,巴西、俄罗斯、加拿大、美国、印度尼西亚、中国、印度、哥伦比亚和刚果9个国家的淡水资源占了世界淡水资源的60%。而人口数量约占世界人口总数40%的80个国家和地区则严重缺水。目前,全球有80多个国家约15亿人口面临淡水不足问题,其中26个国家的3亿人口完全生活在缺水状态。预计到2025年,全世界将有30亿人口缺水,涉及的国家和地区达40个。水资源正在变成一种宝贵的稀缺资源。水资源问题已不仅仅是资源问题,更成了关系到国家经济、社会可持续发展和长治久安的重大战略问题。

1.1.2　我国水资源概况

由中华人民共和国水利部《2020年中国水资源公报》可知,我国水资源情况如下。

1. 我国水资源总体情况

2020年,全国降水量和水资源总量比多年平均值明显偏多,大中型水库和湖泊蓄水总体稳定。全国用水总量比2019年有所减少,用水效率进一步提升,用水结构不断优化。

2020年,全国平均年降水量706.5 mm,比多年平均值偏多10.0%,比2019年增加8.5%。

全国水资源总量31605.2亿立方米,比多年平均值偏多14.0%。其中,地表水资源量30407.0亿立方米,地下水资源量8553.5亿立方米,地下水与地表水资源不重复量为 1198.2 亿立方米。全国水资源总量占降水总量的 47.2%，平均单位面积产水量为 $3.34 \times 10^5 \, \text{m}^3/\text{km}^2$。

全国 705 座大型水库和 3729 座中型水库年末蓄水总量比年初增加 237.5 亿立方米，62 个湖泊年末蓄水总量比年初增加 47.5 亿立方米。东北平原、黄淮海平原和长江中下游平原浅层地下水水位总体上升，山西及西北地区平原和盆地略有下降。

全国供水总量和用水总量均为 5812.9 亿立方米，受新冠疫情、降水偏丰等因素影响，较 2019 年减少 208.3 亿立方米，其中，地表水源供水量 4792.3 亿立方米，地下水源供水量 892.5 亿立方米，其他水源供水量 128.1 亿立方米；生活用水 863.1 亿立方米，工业用水 1030.4 亿立方米，农业用水 3612.4 亿立方米，人工生态环境补水 307.0 亿立方米。全国耗水总量 3141.7 亿立方米。

全国人均综合用水量 412 m³，万元国内生产总值（当年价）用水量 57.2 m³，耕地实际灌溉亩均用水量 356 m³，农田灌溉水有效利用系数 0.565，万元工业增加值（当年价）用水量 32.9 m³，城镇人均生活用水量（含公共用水）207 L/d，农村居民人均生活用水量 100 L/d。按可比价计算，万元国内生产总值用水量和万元工业增加值用水量分别比 2019 年下降 5.6% 和 17.4%。

2. 降水量

2020 年，全国平均年降水量 706.5 mm，比多年平均值偏多 10.0%，比 2019 年增加 8.5%。

从水资源分区看，10 个水资源一级区中有 7 个水资源一级区降水量比多年平均值偏多，其中松花江区、淮河区分别偏多 28.8% 和 26.5%；3 个水资源一级区降水量偏少，其中东南诸河区比多年平均值偏少 4.8%。与 2019 年比较，7 个水资源一级区降水量增加，其中淮河区、海河区、长江区分别增加 73.9%、23.0% 和 21.0%；3 个水资源一级区降水量减少，其中东南诸河区、西北诸河区分别减少 14.2%、12.9%。

从行政分区看，24 个省（自治区、直辖市）降水量比多年平均值偏多，其中上海、安徽、湖北、黑龙江 4 个省（直辖市）分别偏多 30% 以上；7 个省（自治区、直辖市）比多年平均值偏少，其中福建、广东 2 个省分别偏少 10% 以上。

3. 地表水资源量

2020 年，全国地表水资源量 30407.0 亿立方米，折合年径流深 321.1 mm，比多年平均值偏多 13.9%，比 2019 年增加 8.6%。

从水资源分区看,10 个水资源一级区中有 6 个水资源一级区地表水资源量比多年平均值偏多,其中淮河区、松花江区分别偏多 54.0% 和 51.1%;4 个水资源一级区地表水资源量比多年平均值偏少,其中海河区、东南诸河区分别偏少 43.8% 和 16.2%。与 2019 年比较,7 个水资源一级区地表水资源量增加,其中淮河区、辽河区分别增加 217.7% 和 53.8%;3 个水资源一级区地表水资源量减少,其中东南诸河区减少 32.7%。

从行政分区看,18 个省(自治区、直辖市)地表水资源量比多年平均值偏多,其中上海偏多 104.9%,江苏、安徽、黑龙江、湖北 4 个省分别偏多 70% 以上;13 个省(自治区、直辖市)偏少,其中河北、北京 2 个省(直辖市)分别偏少 50% 以上。

2020 年,从国境外流入我国境内的水量 185.1 亿立方米,从我国流出国境的水量 5744.7 亿立方米,流入界河的水量 1876.9 亿立方米;全国入海水量 19071.0 亿立方米。

4. 地下水资源量

2020 年,全国地下水资源量(矿化度不超过 2g/L)8553.5 亿立方米,比多年平均值偏多 6.1%。其中,平原区地下水资源量 2022.4 亿立方米,山丘区地下水资源量 6836.1 亿立方米,平原区与山丘区之间的重复计算量 305.0 亿立方米。

全国平原浅层地下水总补给量 2093.2 亿立方米,南方 4 区平原浅层地下水计算面积占全国平原区面积的 9%,地下水总补给量 385.8 亿立方米;北方 6 区计算面积占 91%,地下水总补给量 1707.4 亿立方米。其中,松花江区 401.6 亿立方米,辽河区 129.1 亿立方米,海河区 185.7 亿立方米,黄河区 166.5 亿立方米,淮河区 341.4 亿立方米,西北诸河区 483.1 亿立方米。

1.2 水利工程施工基础

1.2.1 水利工程施工理念

查阅《现代汉语词典》,"水利"一词有两种含义:①利用水力资源和防止水灾害的事业;②指水利工程,如兴修水利。"工程"也有两种含义,其中一种是:土木建筑或其他生产、制造部门用较大而复杂的设备来进行的工作。确切地说,水利工程是对天然水资源兴水利、除水害所修建的工程（包括设施和措施）。"设施"是指为进行某项工作或满足某种需要而建立起来的机构、系统、组织、建筑等。"措施"是指针对某种情况而采取的处理办法。"施工"是按照设计的规格和要求建筑房屋、桥梁道路、水利工程等。

水利工程施工就是按照设计的规格和要求，建造水利工程的过程。所以，施工的目的是设计的实现和运用需要的满足。施工的依据是规划设计的成果。施工的特征包括实践性和综合性，实践性是指工程必须经得起实际运用的检验，容不得半点虚假和疏忽，综合性是指单纯靠工程技术难以实现规划设计的目的，需要综合运用自然科学和社会科学的知识及经验。施工的目标要追求安全经济，主要表现在质量和进度上。保证质量才能保证安全，这是一切效益的根本前提，有效益就有"盈利→再生产→再盈利"的良性循环。保证进度才有效益，这需要科学又先进的施工方法和管理方法。

过去，以人力施工为主时，施工技术主要研究工种的施工工艺。现在，随着科学的发展和技术的进步，更加讲究施工机械与工艺及其组合用于各种建筑物时的施工方案与要求，同时对科学、系统的施工管理提出了更高的要求。施工单位负责工程施工，需要建设单位按时进行工程结算，以获得资金财务上的支持，需要设计单位及时提供图纸，需要材料、设备供应单位按质按量适时供应所需的材料和设备，以保证施工的顺利进行。而我国又将工程建设纳入基本建设管理，只有工程建设项目列入政府规划，有了获批的项目建议书以后，才能进行初步查勘和可行性研究；只有可行性研究报告经审核通过，才可据以编制设计任务书，落实勘察设计单位，开展相应的勘测、设计和科研工作；只有当开工准备已具有相当程度，场内外交通已基本解决，主要施工场地已经清理平整，风、水、电供应和其他临建工程已能满足初期施工要求时，才能提出开工报告，转入主体工程施工。因此，施工管理又必须符合国家对工程建设管理的要求，笼统地讲就是要按基本建设程序办事。

1.2.2　水利工程建设程序

任何一个工程的建设过程都是由一系列紧密联系的工作环节所组成的。为了保证建设项目的正常进行和顺利实现，国家将工程建设过程中各阶段、各环节之间存在的内在程序关系进行科学化和规范化，成为工程建设项目必须遵守的基本建设程序。

水利工程建设也要严格遵守国家的基本建设程序。就水利工程建设项目而

言,其工程规模庞大、枢纽建筑布局复杂、涉及施工工种繁多,难免会对工程施工产生较大干扰;复杂的水文、气象、地形、地质等条件,则会给整个施工过程带来许多不确定的因素,进而加大施工难度;工程建设期间涉及建设、设计、施工、监理、供货等众多部门,相互间的组织、协调工作量较大。根据水利工程建设的特点,在总结国内外大量工程建设实践的基础上,我国逐步形成了现行的水利水电工程基本建设程序。

工程项目建设过程,通常从进度上划分为规划、设计、施工三大阶段。就水利工程建设项目的建设过程而言,具体划分为编制项目建议书、可行性研究、设计、开工准备、组织施工、生产准备、竣工验收、投产运行、项目后评价九小阶段。这些阶段既有前后顺序联系,又有平行搭接关系,在每个阶段以及阶段与阶段之间,又由一系列紧密相连的工作环节构成了一个有机整体。

1. 编制项目建议书

项目建议书是在区域规划和流域规划的基础上,对某建设项目的建议性专业规划。项目建议书主要是对拟建项目作出初步说明,供政府选择并决定是否列入国民经济中长期发展计划。其主要内容为:概述项目建设的依据,提出开发目标和任务,对项目所在地区和附近有关地区的建设条件及有关问题进行调查分析和必要的勘测工作,论证工程项目建设的必要性,初步分析项目建设的可行性与合理性,初选建设项目的规模、实施方案和主要建筑物布置,初步估算项目的总投资。区域规划和流域规划中都包括专业规划和综合规划,专业规划服从综合规划;区域规划、流域规划、国民经济发展规划之间的关系,是前者为后者提供建议,但前者最终要服从后者。

2. 可行性研究

可行性研究是在项目建议书的基础上,对拟建工程进行全面技术经济分析论证的设计文件。其主要任务是:明确拟建工程的任务和主要效益,确定主要水文参数,查清主要地质问题,选定工程场址,确定工程等级,初选工程布置方案,提出主要工程量和工期。初步确定淹没、用地范围和补偿措施,对环境影响进行评价,估算工程投资,进行经济和财务分析评价,在此基础上提出技术上的可行性和经济上的合理性的综合论证,以及工程项目是否可行的结论性意见。

3. 设计

(1)初步设计。

可行性研究报告经审核通过,即意味着建设项目已初步确定。可根据可行性研究报告编制设计任务书,落实勘察设计单位,开展相应的勘测、设计和科研工作。初步设计是在可行性研究的基础上,在设计任务书的指导下,通过进一步勘察,对工程及其建筑物进行的最基本的设计。

其主要任务是:对可行性研究阶段的各种基本资料进行更详细的调查、勘测、试验和补充,确定拟建项目的综合开发目标、工程及主要建筑物等级、总体布置、主要建筑物形式和轮廓尺寸、主要机电设备形式和布置,确定总工程量、施工方法、施工总进度和总概算,进一步论证在指定地点和规定期限内进行建设的可行性和合理性。

(2)招标设计。

招标设计是为进行水利工程招标而编制的设计文件,是编制施工招标文件和施工计划的基础。招标设计要在已经批准的初步设计及概算的基础上,对已经确定实行投资包干或招标承包制的大中型水利水电工程建设项目,根据工程管理与投资的支配权限,按照管理单位及分标项目的划分,按投资的切块分配进行分块设计,以便于对工程投资进行管理与控制,并作为项目投资主管部门与建设单位签订工程总承包(或投资包干)合同的主要依据。同时提交满足业主控制和管理所需要的,按照总量控制、合理调整的原则编制的内部预算,即业主预算,也称为执行概算。

(3)施工详图。

初步设计经审定核准,可作为国家安排建设项目的依据,进而制定基本建设年度计划,开展施工详图设计以及与有关方面签订协议合同。施工详图是在初步设计和招标设计的基础上,绘制具体施工图的设计,是现场建筑物施工和设备制作安装的依据。

其主要内容为:建筑物地基开挖图,地基处理图,建筑物体形图、结构图、钢筋图,金属结构的结构图和大样图,机电设备、埋件、管道、线路的布置安装图,监测设施布置图、细部图等,并说明施工要求、注意事项、所选用材料和设备的型号规格、加工工艺等。施工详图不用报审。施工详图设计为施工提供能按图建造的图纸,允许在建设期间陆续分项、分批完成,但必须先于工程施工进度的相应准备时期。

4. 开工准备

初步设计及概算文件获批后,建设项目即可编制年度建设计划,据以进行基本建设拨款、贷款。水利工程的建设周期较长,为此,应根据批准的总概算和总

进度,合理安排分年度的施工项目和投资。分年度计划投资的安排,要与长期计划的要求相适应,要保证工程的建设特性和连续性,以确保建设项目在预定的周期内能顺利建成投产。

初步设计文件和分年度建设计划获批后,建设单位就可进行主要设备的申请订货。

在建设项目的主体工程开工之前,还必须完成各项施工准备工作,其主要内容如下:①落实工程永久占地与施工临时用地的征用,落实库区淹没范围内的移民安置;②完成场地平整及通水、通电、通信、通路等工程;③建好必需的生产和生活临时建筑工程;④完成施工招投标工作,并择优选定监理单位、施工单位和主要材料的供应厂家。

建设单位按照获批的建设文件,组织工程建设,保证项目建设目标的实现;建设单位必须按审批权限,向主管部门提出主体工程开工申请报告,经批准后,主体工程方能正式开工。

5. 组织施工

施工阶段是工程实体形成的主要阶段,建设、设计、监理、供应和施工各方都应围绕建设总目标的要求,为工程的顺利实施积极协作配合。建设单位(即项目法人)要充分发挥建设管理的主导作用,为施工创造良好的条件。设计单位应按时、按质完成施工详图的设计,满足主体工程进度的要求。监理单位要在建设单位的授权范围内,制定切实可行的监理计划,发挥自己在技术和管理方面的优势,独立负责项目的建设工期、质量、投资的控制及现场施工的组织协调。供应单位应严格遵照供应合同的要求,将所需设备和材料保质、保量、按时供应到位。施工单位应严格遵照施工承包合同的要求,建立现场管理机构及质量保证措施,合理组织技术力量,加强工序管理,服从监理监督,力争按质量要求如期完成工程建设。

6. 生产准备

生产准备是建设项目投产前所需进行的一项重要工作,是建设阶段转入生产经营阶段的必要条件。建设单位应按照建管结合和项目法人责任制的要求,在施工过程中按时组建专门机构,适时做好各项生产准备工作,为竣工验收后的投产运营创造必要的条件。

生产准备应根据不同类型的工程要求确定,一般应包括如下内容。

(1)生产组织准备。建立生产经营的管理机构及相应管理规章制度。

（2）招收和培训生产人员。按照生产运营的要求，配备生产管理人员，并通过多种形式的培训，提高人员素质，使之满足运营要求。要组织生产管理人员参与工程的施工建设、设备的安装调试及工程验收，使其熟练掌握与工程投产运营有关的生产技术和工艺流程，为顺利衔接基本建设和生产经营做好准备。

（3）生产技术准备。生产技术准备主要包括技术资料的收集汇总、运行方案的制定、岗位操作规程的制定等工作。

（4）生产物资准备。生产物资准备主要是落实投产运营所需要的原材料、工（器）具、备件的制造或订货，以及其他协作配合条件的准备。

（5）正常的生活福利设施准备。

7. 竣工验收

竣工验收是工程完成建设目标的标志，是全面考核基本建设成果、检验设计和工程质量、办理移交手续、交付投产运营的重要环节。当建设项目的建设内容全部完成，并经过所有单位工程验收，符合设计要求时，可向验收主管部门提出申请，根据国家颁布的验收规程，组织单项工程验收。

验收的程序会随工程规模大小而有所不同，一般分两阶段验收，即初步验收和正式验收。工程规模较大、技术较复杂的建设项目可先进行初步验收。初步验收工作由监理单位会同设计、施工、质量监督、主管单位代表共同进行，初步验收的目的是帮助施工单位发现遗漏的质量问题，及时补救；待施工单位对初步验收中发现的问题做出必要的处理之后，再申请有关单位进行正式验收。在竣工验收阶段，建设单位要认真清理所有财产和物资，办理工程结算，并编制好工程竣工决算，报上级主管部门审查。

8. 投产运行

验收合格的项目，办理工程正式移交手续，工程即从基本建设转入生产运营或试运行。

9. 项目后评价

建设项目竣工投产并已生产运营 1～2 年后，对项目所做的系统综合评价，称为项目后评价。其主要内容如下：

①影响评价，即评价项目投产后对各方面的影响；

②效益评价，即对项目投资、国民经济效益、财务效益、技术进步、规模效益、可行性研究深度等进行评价；

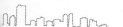

③过程评价,即对项目的立项、设计、施工、建设管理、竣工投产、生产运营等全过程进行评价。

项目后评价的目的是总结项目建设的成功经验。对于项目管理中存在的问题,及时进行纠正并吸取教训,为今后类似项目的实施,在提高项目决策水平和投资效果方面积累宝贵经验。

上述基本建设程序的组成环节、工作内容、相互关系、执行步骤等,是经过水利工程建设的长期实践总结出来的,反映了基本建设活动应有的、内在的、本质的、必然的联系。由于水利工程建设规模较大,牵涉因素较多,且工作条件复杂、效益显著、施工建造难度大、一旦失事后果严重,因此水利工程建设必须严格遵守基本建设程序和规范规程。

1.2.3 水利工程施工的任务

(1)在编制项目建议书、可行性研究、初步设计、施工准备和施工阶段,根据其不同要求、工程结构的特点,以及工程所在地区的自然条件,社会经济状况,设备、材料、人力等资源供应情况,编制施工组织设计和投标计价。

(2)建立现代项目管理体系,按照施工组织设计,科学地使用人力、物力、财力,组织施工,按期完成工程建设,保证施工质量,降低工程成本,多快好省地全面完成施工任务。

(3)在施工过程中开展观测、试验和研究工作,推动水利水电建设科学技术的进步。

(4)在生产准备、竣工验收和后评价阶段,完善工程附属设施及施工缺陷部位,并完成相应的施工报告和验收文件。

1.2.4 水利工程施工的特点

(1)受自然条件影响大。工程多在露天环境中进行,水文、气象、地形、工程地质和水文地质等自然条件在很大程度上影响着工程施工的难易程度和施工方案的选择。在河床上修建水工建筑物,不可避免地要控制水流,进行施工导流,以保证工程施工的顺利进行。在冬季、夏季和雨天施工时,必须采取相应的措施,避免气候影响的干扰,保证施工质量及进度。

(2)工程量和投资大,工期长。水利枢纽工程量一般都很大,有的甚至巨大,修建时需花费大量的资金,同时施工工期也很长。如中国三峡水利枢纽工程,仅混凝土浇筑总量就为 2820 万立方米,工程静态投资 900 多亿元人民币,动态投资 2000 多亿元人民币,施工总工期 17 年。又如中国黄河小浪底水利枢纽工程,土石方填筑为 5570 万立方米,土石方开挖 3905 万立方米。所以,加快施工进度,缩短建设周期,降低工程造价,对水利水电工程建设具有重大意义。

（3）施工质量要求高。水利工程多为挡水和泄水建筑物,一旦失事,对下游国民经济和生命财产会造成很大的损失,所以需要提高施工质量要求,稳定、安全、防渗、防冲、防腐蚀等必须得到保证。

（4）相互干扰限制大。水利工程一般由许多单项工程组成,布置比较集中,工种多,工程量大,施工强度高,再加上地形条件的限制,施工干扰比较大,因此必须统筹规划,重视现场施工与管理。

（5）多方因素制约施工。修建水利工程会涉及许多部门,如在河道上施工的同时,往往还要满足通航、发电、下游灌溉、工业及城市用水等的需要,这会使施工组织和管理变得复杂化。

（6）作业安全难保障。在水利水电工程施工中有爆破作业、地下作业、水域作业和高空作业等,这些作业常常平行交叉进行,对施工安全非常不利。

（7）临建工程修建多。水利工程多建在荒山峡谷河道,交通不便,人烟稀少,常需要修建临时性建筑,如施工导流建筑物、辅助工厂、道路、房屋和生活福利设施,这些都会大大增加工程难度。

（8）组织管理难度大。水利工程施工不仅涉及许多部门,而且会影响区域的社会、经济、生态甚至气候等因素,施工组织和管理所面临的是一个复杂的系统。因此,必须采取系统分析的方法,统筹兼顾,全局优化。

1.3　水利工程施工技术

1.3.1　土石方施工

土石方施工是水利工程施工的重要组成部分。我国自 20 世纪 50 年代开始逐步实施机械化施工,至 20 世纪 80 年代以后,土石方施工得到快速发展,在工程规模、机械化水平、施工技术等各方面取得了很大成就,解决了一系列复杂地质、地形条件下的施工难题,如深厚覆盖层的坝基处理、筑坝材料、坝体填筑、混凝土面板防裂、沥青混凝土防渗等施工技术问题。其中,在工程爆破技术、土石

方明挖、高边坡加固技术等方面已处于国际先进水平。

1. 工程爆破技术

炸药与起爆器材的日益更新，施工机械化水平的不断提高，为爆破技术的发展创造了重要条件。多年来，爆破施工从以手风钻为主发展到潜孔钻，并由低风压向中高风压发展，这为加大钻孔直径和提高钻孔速度创造了条件；液压钻机的应用，进一步提高了钻孔效率和精度；多臂钻机及反井钻机的采用，使地下工程的钻孔爆破进入了新阶段。近年来，通过引进开发混装炸药车，实现了现场连续式自动化合成炸药生产工艺和装药机械化，进一步稳定了产品质量，改善了生产条件，提高了装药水平，增强了爆破效果。此外，深孔梯段爆破、洞室爆破开采坝体堆石料技术也日臻完善，既满足了坝料的级配要求，又加快了坝料的开挖速度。

2. 土石方明挖

挖凿岩机具和爆破器材的不断创新，极大地促进了梯段爆破及控制爆破技术的发展，使原有的微差爆破、预裂爆破、光面爆破等技术更趋完善；施工机具的大型化、系统化、自动化使得施工工艺和施工方法产生了重大变革。

（1）施工机械。我国土石方明挖施工机械化起步较晚，除黄河三门峡工程外，中华人民共和国成立初期兴建的一些大型水电站，都经历了从半机械化逐步向机械化施工发展的过程。直到 20 世纪 60 年代末，土石方开挖才具备低水平的机械化施工能力。此时的主要设备有手风钻、$1 \sim 3$ m³ 斗容的挖掘机和 $5 \sim 12$ t 的自卸汽车。该阶段主要依靠进口设备，可供选择的机械类型很少，谈不上选型配套。20 世纪 70 年代后期，施工机械化得到迅速发展，20 世纪 80 年代中期以后发展尤为迅速。此时常用的机械设备有钻孔机械、挖装机械、运输机械和辅助机械四大类，形成了配套的开挖设备。

（2）控制爆破技术。基岩保护层原采用分层开挖，经多个工程试验研究和推广应用，发展到采用水平预裂（或光面）爆破法和孔底设柔性垫层的小梯段爆破法一次爆除，确保了开挖质量，加快了施工进度。特殊部位的控制爆破技术解决了在新浇混凝土结构、基岩灌浆区、锚喷支护区附近进行开挖爆破的难题。

（3）土石方平衡。在大型水利工程施工中，十分重视对开挖料的利用，力求挖填平衡，其常被用作坝（堰）体填筑料、截流用料和加工制作成混凝土砂石骨料等。

3.高边坡加固技术

水利工程高边坡常采用抗滑结构或锚固技术等进行处理。

(1)抗滑结构。

①抗滑桩。抗滑桩能有效且经济地治理滑坡,尤其是滑动面倾角较小时,效果更好。

②沉井。沉井在滑坡工程中既起抗滑桩的作用,又起挡墙的作用。

③挡墙。混凝土挡墙能有效地从局部解决滑坡体受力不平衡的问题,阻止滑坡体变形和延展。

④框架、喷护。混凝土框架对滑坡体表层坡体起保护作用,并能增强坡体的整体性,防止地表水渗入和坡体风化。框架护坡具有结构物轻、用料省、施工方便、适用面广、便于排水等优点,并可与其他措施结合使用。另外,耕植草本植被也是治理永久边坡的常用措施。

(2)锚固技术。

预应力锚索具有不破坏岩体结构、施工灵活、速度快、干扰小、受力可靠、主动承载等优点,在边坡治理中应用广泛。大吨位岩体预应力锚固吨位已提高到6167kN,张拉设备张拉力提高到 6000 kN,锚索长度达 61.6 m,可加固坝体、坝基、岩体边坡、地下洞室围岩等,锚固技术达到了国际先进水平。

1.3.2　混凝土施工

1.混凝土施工技术

目前,混凝土采用的主要技术情况如下。

(1)混凝土骨料人工生产系统达到国际水平。采用混凝土骨料人工生产系统可以调整骨料粒径和级配。该生产系统配备了先进的破碎轧制设备。

(2)为满足大坝高强度浇筑混凝土的需要,在拌和、运输和仓面作业等环节配备大容量、高效率的机械设备。大型塔机、缆式起重机、胎带机和塔带机,这些施工机械代表了我国混凝土运输的先进水平。

(3)大型工程混凝土温度控制主要采用风冷骨料技术,其具有效果好、实用的优点。

(4)为减少混凝土裂缝,工程中广泛采用补偿收缩混凝土。应用低热膨胀混凝土筑坝技术可节省投资、简化温度控制措施、缩短工期。一些高拱坝的坝体混

凝土,可外掺氧化镁进行温度变形补偿。

(5)中型工程广泛采用组合钢模板,而大型工程普遍采用大型悬臂钢模板。模板尺寸有 2 m×3 m、3 m×2.5 m、3 m×3 m 等多种规格。滑动模板在大坝溢流面、隧洞、竖井、混凝土井中应用广泛。牵引动力分为液压千斤顶提升、液压提升平台上升、有轨拉模及无轨拉模等多种类型。

2. 泵送混凝土技术

泵送混凝土是指将混凝土从混凝土搅拌运输车或储料斗中卸入混凝土泵的料斗,并利用泵的压力将其沿管道水平或垂直输送到浇筑地点的工艺。它具有输送能力强(水平运输距离达 800m,垂直运输距离达 300m)、速度快、效率高、节省人力、能连续作业等特点。目前在国外,如美国、日本、德国、英国等都广泛采用此技术,其中尤以日本为甚。在我国,目前的高层建筑及水利工程领域已较广泛地采用了此技术,并取得了较好的效果。泵送混凝土对设备、原材料、操作都有较高的要求。

(1)对设备的要求。

①混凝土泵有活塞泵、气压泵、挤压泵等类型,目前应用较多的是活塞泵,这是一种较先进的混凝土泵。施工时要合理布置泵车的安放位置,一般应尽量靠近浇筑地点,并能满足两台泵车同时就位,以使混凝土泵连续浇筑。泵的输送能力为 80 m³/h。

②输送管道一般由钢管制成,直径有 100 mm、125 mm 和 150 mm 等,具体型号取决于粗骨料的最大粒径。管道敷设时要求路线短、弯道少、接头密。管道清洗一般选择水洗,要求水压不超过规定,而且人员应远离管道,并设置防护装置以免伤人。

(2)对原材料的要求。

混凝土应具有可泵性,即在泵压作用下,混凝土能在输送管道中连续稳定地通过而不产生离析,它取决于拌和物本身的和易性。在实际应用中,和易性往往根据坍落度来判断,坍落度越小,和易性就越小,但坍落度太大又会影响混凝土的强度,因此一般认为坍落度为 8~20 cm 较合适,具体值要根据泵送距离、气温来决定。

①水泥。要求选择保水性好、泌水性小的水泥,一般选择硅酸盐水泥或普通硅酸盐水泥。但由于硅酸盐水泥水化热较大,不宜用于大体积混凝土工程,所以施工中一般掺入粉煤灰。掺入粉煤灰不仅对降低大体积混凝土的水化热有利,

还能改善混凝土的黏塑性和保水性,利于泵送。

②骨料。骨料的种类、形状、粒径和级配对泵送混凝土的性能会产生很大影响,必须予以严格控制。粗骨料的最大粒径与输送管内径之比宜为 1∶3(碎石)或 1∶2.5(卵石)。另外,要求骨料颗粒级配尽量理想。细骨料的细度模数为 2.3~3.2。粒径在 0.315 mm 以下的细骨料所占的比例不应小于 15%,以达到 20% 为优,这对改善可泵性非常重要。

实践证明,掺入粉煤灰等掺合料会显著提高混凝土的流动性,因此要适量添加。

(3)对操作的要求。

泵送混凝土时应注意以下规定。

①原材料与试验一致。

②材料供应要连续、稳定,以保证混凝土泵能连续运作,计量自动化。

③检查输送管接头的橡皮密封圈,以保证密封完好。

④泵送前,应先用适量的与混凝土成分相同的水泥浆或水泥砂浆润滑输送管内壁。

⑤试验人员随时检测出料的坍落度,并及时调整,运输时间应控制在初凝之前(45 min 内)。预计泵送间歇时间超过 45min 或混凝土出现离析现象时,应对该部分混凝土做废料处理,并立即用压力水或其他方法冲掉管内残留的混凝土。

⑥泵送时,泵体料斗内应有足够的混凝土,以防止吸入空气造成阻塞。

1.3.3 新技术、新材料、新设备的使用

1. 喷涂聚脲弹性体技术

喷涂聚脲弹性体技术是近年来国外为适应环保需求而研制开发的一种新型无溶剂、无污染的绿色施工技术。该技术具有以下优点。

(1)无毒性,满足环保要求。

(2)力学性能好,拉伸强度最高可达 27 MPa,撕裂强度为 43.9~105.4 kN/m。

(3)抗冲耐磨性能强,其抗冲耐磨性能是 C40 混凝土的 10 倍以上。

(4)防渗性能好,在 2 MPa 水压作用下,24 h 不渗漏。

(5)低温柔性好,在 −30℃ 时对折不产生裂纹。

(6)耐腐蚀性强,即使在水、酸、碱、油等介质中长期浸泡,性能也不会降低。

(7)具有较强的附着力,在混凝土、砂浆、沥青、塑料、铝、木等材料上都能很

好地附着。

(8)固化速度快,5s 凝胶,1min 即可达到步行所需的强度。可在任意曲面、斜面及垂直面上喷涂成型,涂层表面平整、光滑,可以对基材形成良好的保护作用,并有一定的装饰作用。

2.喷涂聚脲弹性体施工材料

喷涂聚脲弹性体施工材料可以选用美国的进口 AB 双组分聚脲、中国水利水电科学研究院生产的 SK 手刮聚脲等。双组分聚脲的封边采用 SK 手刮聚脲。

3.喷涂聚脲弹性体施工设备

喷涂聚脲弹性体施工设备采用美国卡士马生产的主机和喷枪。这套设备施工效率高,可连续操作,喷涂 100 m^2 仅需 40 min。一次喷涂施工厚度在 2 mm 左右,克服了以往需多层施工的弊病。

辅助设备有空气压缩机、油水分离器、高压水枪(进口)、打磨机、切割机、电锤、搅拌器、黏结强度测试仪等。

除此之外,针对南水北调重点工程建设,我国还研制开发了多种形式的低扬程大流量水泵、盾构机及其配套系统、大断面渠道衬砌机械、斗轮式挖掘机(用于渠道开挖)、全断面岩石隧道掘进机(TBM),以及人工制砂设备、成品砂石脱水干燥设备、特大型预冷式混凝土拌和楼、双卧轴液压驱动强制式拌和楼、塔式混凝土布料机、大骨料混凝土输送泵成套设备等。

1.4 水利工程施工管理

1.4.1 水利工程施工管理的概念及要素

1.水利工程施工管理的概念

水利工程施工管理与其他工程施工管理一样,是随着社会的发展进步和项目的日益复杂化,经过水利系统几代人的努力,在总结前人历史经验,吸纳其他行业成功模式和研究世界先进管理水平的基础上,结合本行业特点逐渐形成的一门公益性基础设施项目管理学科。水利工程施工管理的理念在当今社会人们的生产实践和日常工作中起到了极其重要的作用。

对每一个工程,上级主管部门、建设单位、设计单位、科研单位、招标代理机构、监理单位、施工单位、工程管理单位、当地政府及有关部门甚至老百姓等与工程有关甚至无关的单位和个人,无不关心工程项目的施工管理,因此,学习和掌握水利工程施工管理对从事水利行业的人员有一定的积极作用,尤其对具有水利工程施工资质的企业和管理人员来说,学会并总结水利工程施工管理将有助于提高工程项目实施效益和企业声誉,从而扩展企业市场,发展企业规模,壮大企业实力,振兴水利事业,更是作为一名水利建造师应该了解和熟悉的一门综合管理学科。

施工管理水平的提高对于中标企业尤其是项目部来说,是缩短建设工期、降低施工成本、确保工程质量、保证施工安全、增强企业信誉、开拓经营市场的关键,历来被各专业施工企业所重视。施工管理涉及工艺操作、技术掌控、工种配合、经济运作和关系协调等综合活动,是管理战略和实施战术的良好结合及运用,因此,整个管理活动的主要程序及内容如下。

(1)从制定各种计划(或控制目标)开始,通过制定的计划(或控制目标)进行协调和优化,从而确定管理目标。

(2)按照确定的计划(或控制目标)进行以组织、指挥、协调和控制为中心的连贯活动。

(3)依据实施过程中反馈和收集的相关信息及时调整原来的计划(或控制目标)形成新的计划(或控制目标)。

(4)按照新的计划(或控制目标)继续进行组织、指挥、协调、控制和调整等核心的具体活动,周而复始,直至达到或实现既定的管理目标。水利工程施工管理是施工企业对其中标的工程项目派出专人,负责在施工过程中对各种资源进行计划、组织、协调和控制,最终实现管理目标的综合活动。这是最基本和最简单的概念理解,它有三层含义:①水利工程施工管理是工程项目管理范畴,更是在管理的大范围内,领域是宽广的,内容是丰富的,知识和经验是综合的;②水利工程施工管理的对象就是水利水电工程施工全过程,对施工企业来说就是企业以往、在建和今后待建的各个工程的施工管理,对项目部而言,就是项目部本身正在实施的项目建设过程的管理;③水利工程施工管理是一个组织系统和实施过程,重点是计划、组织和控制。

由此可见,水利工程施工管理随着工程项目设计的日益发展和对项目施工管理的总结完善,已经从原始的意识决定行为上升到科学的组织管理,以及总结提炼这种组织管理而形成的行业管理学科。也就是说,它既是一种有意识地按

照水利工程施工的特点和规律对工程实施组织和管理的活动,又是以水利工程施工组织管理活动为研究对象的一门科学,专门研究和探求科学组织、管理水利工程施工活动的理论和方法,从对客观实践活动进行理论总结到以理论总结指导客观实践活动,二者相互促进,相互统一,共同发展。

基于以上观点,水利工程施工管理的概念为:水利工程施工管理是以水利工程建设项目施工为管理对象,通过一个临时固定的专业柔性组织,对施工过程进行有针对性和高效率的规划、设计、组织、指挥、协调、控制、落实和总结等动态管理,最终达到管理目标的综合协调与优化的系统管理方法。

所谓实现水利工程施工全过程的动态管理是指在规定的施工期内,按照总体计划和目标,不断进行资源的配置和协调,不断做出科学决策,从而使项目施工的全过程处于最佳的控制和运行状态,最终产生最佳的效果。所谓施工目标的综合协调与优化是指施工管理应综合协调好技术、质量、工期、安全、资源、资金、成本、文明、环保、内外协调等约束性目标,在相对最短的时期内成功地达到合同约定的成果性目标并争取获得最佳的社会影响。水利工程施工管理的日常活动通常是围绕施工规划、施工设计、施工组织、施工质量、安全管理、资源调配、成本控制、工期控制、文明施工和环境保护九项基本任务来展开的,这也是项目经理的主要工作线和面。

水利工程施工管理贯穿项目施工的整个实施过程,它是一种运用既有规律又无定式且经济的方法,通过对施工项目进行高效率的规划、设计、组织、指导、控制、落实等,在时间、费用、技术、质量、安全等综合效果上达到预期目标。

水利工程施工的特点也表明它所需要的管理及其管理办法与一般作业管理不同,一般的作业管理只需对效率和质量进行考核,并注重将当前的执行情况与前期进行比较。在典型的项目环境中,尽管一般的管理办法也适用,但管理结构须以任务(活动)定义为基础来建立,以便进行时间、费用和人力的预算控制,并对技术、风险进行管理。

在水利工程施工管理过程中,管理者并不亲自对资源的调配负责,而是制定计划后通过有关职能部门调配、安排和使用资源,调拨什么样的资源、什么时间调拨、调拨数量多少等,都取决于施工技术方案、施工质量和施工进度等。水利工程施工管理根据工程类型、使用功能、地理位置和技术难度等不同,组织管理的程序和内容有较大的差异。一般来说,建筑物工程在技术上比单纯的土石方工程复杂,工程项目和工程内容比较繁杂,涉及的材料、机电设备、工艺程序、参建人员、职能部门、资源、管理内容等较多,不确定性因素占的比例较重,尤其是一些大型水电站、水闸、船闸和泵站等枢纽工程,其组织管理的复杂程度和技术难度远远高于土石方工程,同时,同一类型的工程在大小、地理位置和设计功能等方面有差别,在组织管理上虽有雷同,但因质量标准、施工季节、作业难度、地理环境等不同也存在很大的差别。因此,针对不同的施工项目制定不同的组织管理模式和施工管理方法是组织和管理好该项目的关键,不能生搬硬套。目前,水利工程施工管理已经在水利工程建设领域中被广泛应用。

水利工程施工管理是以项目经理负责制为基础的目标管理。一般来讲,水利工程施工管理是按任务(垂直结构)而不是按职能(平行结构)组织起来的。

施工管理自诞生以来发展迅速,目前已发展为三维管理体系。

(1)时间维:把整个项目的施工总周期划分为若干个阶段计划和单元计划,进行单元计划和阶段计划控制,各个单元计划实现了就能保证阶段计划实现,各个阶段计划完成了就能确保整个计划的落实,即常说的"以单元工期保阶段工期,以阶段工期保整体工期"。

(2)技术维:针对项目施工周期的各不同阶段计划和单元计划,制定和采用不同的施工方法及组织管理方法并突出重点。

(3)保障维:对项目施工的人、财、物、技术、制度、信息、协调等的后勤保障管理。

2. 水利工程施工管理的要素

要理解水利工程施工管理的定义就必须理解项目施工管理所涉及的直接和间接要素,资源是项目施工得以实施的最根本保证,需求和目标是项目施工实施结果的基本要求,施工组织是项目施工实施运作的核心实体,环境和协调是项目施工取得成功的可靠依据。

(1)资源。

资源的概念和内容十分广泛,可以简单地理解为一切具有现实和潜在价值的东西都是资源,包括自然资源和人造资源、内部资源和外部资源、有形资源和无形资源,诸如人力、人才、材料、资金、信息、科学技术、市场、无形资产、专利、商标、信誉以及社会关系等。在当今科学技术飞速发展的时期,知识经济的时代正在到来,知识作为无形资源的价值表现得更加突出。资源轻型化、软化的现象值得重视。

在工程施工管理中,要及早摆脱仅管好、用好硬资源的历史,尽早学会和掌握学好、用好软资源的方法,这样才能跟上时代的步伐,才能真正组织和管理好各种工程项目的施工过程。水利工程施工管理本身作为管理方法和手段,随着社会的进步和高科技在工程领域的应用及发展,已经成为一种广泛的社会资源,它给社会和企业带来的直接及间接效益不是用简单的数字就可以表达出来的。

由于工程项目固有的一次性特点,其资源不同于其他组织机构的资源,它具有明显的临时拥有和使用特性。资金要在工程项目开工后从发包方预付和计量,特殊情况下中标企业还要临时垫支。人力(人才)需要根据承接的工程情况挑选和组织甚至招聘。施工技术和工艺方法没有完全的成套模式,只能参照以往的经验和相关项目的实施方法,经总结和分析后,结合自身情况和要求制定。施工设备和材料必须根据该工程具体施工方法和设计临时调拨和采购,周转材料和部分常规设备还可以在工程所在地临时租赁。社会关系在当今是比较复杂的,不同工程含有不同的人群环境,需要有尽量适应新环境和新人群的意识,不能我行我素,固执己见,要具备适应新的环境和人群的能力和素质。对于执行的标准和规程,不同项目会有不同的制度,即使同一个企业安排同样数量的管理人员也是数同人不同,即使人同,项目内容和位置等也会不同。

因此,水利工程施工过程中资源需求变化很大,有些资源用尽前或不用后要及时偿还或遣散,如永久材料、人力资源及周转性材料和施工设备等,在施工过程中应根据进度要求随时增减。任何资源积压、滞留或短缺都会给项目施工带来损失,因此,合理、高效地使用和调配资源对工程项目施工管理尤为重要,学会和掌握了对各种施工资源的有序组织、合理使用和科学调配,就掌握了水利工程施工管理的精髓。

(2)需求和目标。

水利工程施工中利益相关者的需求和目标是不同和复杂的。通常把需求分为两类:一类是必须满足的基本需求,另一类是附加获取的期望要求。

就工程项目部而言,其基本需求涉及工程项目实施的范围内容、质量要求、利润或成本目标、时间目标、安全目标、文明施工和环境保护目标,以及必须满足的法规要求和合同约定等。在一定范围内,施工质量、成本控制、工期进度、安全生产、文明施工和环境保护这五者是相互制约的。

一般而言,当工期进度要求不变时,施工质量要求越高,则施工成本就越高;当施工成本不变时,施工质量要求越高,则工期进度相对越慢;当施工质量标准不变时,施工进度过快或过慢都会导致施工成本增加。在施工进度相对紧张时,往往会放松安全管理,造成各种事故,反而延缓了施工时间。文明施工和环境保护目标要实现必然会直接增加工程成本,这一目标往往会被一些计较效益的管理者忽视,有的干脆应付或放弃。殊不知,做好文明施工和环境保护工作恰恰能给安全目标、质量目标和工期目标等的实现创造有利条件,还可能会给项目或企业带来意想不到的间接效益和社会影响。施工管理的目的是谋求快、好、省、安全、文明和赞誉等的有机统一,好中求快,快中求省,好、快、省中求安全和文明,并最终获得最佳赞誉,这是每一个工程项目管理者所追求的最高目标。如果把项目实施的范围和规模一起考虑在内的话,可以将控制成本替代追求利润作为项目管理实现的最终目标(施工项目利润=施工项目收益-施工实际成本)。

工程施工管理要寻求使施工成本最小从而达到利润最大的工程项目实施策略和规划。因而,科学合理地确定该工程相应的成本是实现最好效益的基础和前提。企业常常通过项目的实施树立形象、站稳脚跟、开辟市场、争取支持、减少阻力、扩大影响并获取最大的间接利益。比如,一个施工企业以前从未打入某一地区或一个分期实施的系列工程刚开始实施,有机会通过第一个中标项目进入当地市场或及早进入该系列工程,明智的企业决策者对该项目一定很重视,除了在项目部人员安排和设备配置上花费超出老市场或单期工程的代价,还会要求项目部在确保工程施工硬件的基础上,完善软件效果。

"硬件创造品牌,软件树立形象,硬软结合产生综合效益",这是任何企业的管理者都应该明白的道理,因此,一个新市场的新项目或一个系列工程的第一次中标对急于开辟该市场或稳定市场的企业来说无异于雪中送炭,重视的绝不仅仅是该工程建设的质量和眼前的效益,而是通过组织管理达到施工质量优良、施工工期提前、安全生产保障、施工成本最小、文明施工和环境保护措施有效、关系协调有力、业主评价良好、合作伙伴宣传、设计和监理放心、运行单位满意、社会影响良好的综合效果。在此强调新市场项目或分期工程,并不是说对一些单期工程或老市场的项目企业就可以不重视,同样应当根据具体情况制定适合工程项目管理的考核目标和计划,只是侧重点不同而已。

而现实工作中,背离目标或一味地追求目标最终适得其反的工程项目不在少数,成败主要取决于企业对项目制定什么样的政策、选派什么样的项目经理、配备什么样的班子。项目施工的管理者是决定成败的根本,而成功的管理者来源于具有综合能力与素质的人才,施工企业的决策者都应做到重视人才、培养人才、锻炼人才、吸纳人才、利用人才、团结人才、调动人才、凝聚人才。人才的诞生和去留主要取决于企业的政策和行动,与企业风气、领导者的作风、企业氛围、社会环境等也有很大关系。作为企业主管者,要经常思考怎样吸纳和积聚人才,怎样培养和使用人才,怎样激励和发展人才。作为一个管理者,更应抓住人才并用

好人才。

对于在工程项目施工过程中项目部所面对的其他利益相关者,如发包方、设计单位、监理单位、地方相关部门、当地百姓、供货商、分包商等,它们的需求又和项目部不同,各有各的需求目标,在此不一一赘述。

总之,一个施工项目的不同利益相关者有不同的需求,有的相差甚远,甚至是互相抵触和矛盾的,这就更需要工程项目管理者对这些不同的需求加以协调,统筹兼顾,分类管理,以取得大局稳定和平衡,最大限度地调动工程项目所有利益相关者的积极性,减少他们给工程项目施工组织管理带来的阻力和消极影响。

(3)施工组织。

组织就是把多个本不相干的个人或群体联系起来,做一件个人或独立群体无法做成的事,是管理的一项功能。项目施工组织不是依靠企业品牌和成功项目的范例就可以成功的。作为一个项目经理,要管理好一个项目,首要的问题就是要懂得如何组织,而成功的组织又要充分考虑工程建设项目的组织特点,抓不住项目特点的组织将是失败的组织。

例如,工程项目施工组织过程中经常会遇到别的项目不曾出现的问题,这些问题的解决主要依靠项目部本身,但也可以咨询某一个有经验的局外人或企业主管部门,甚至动用私人关系。对工程项目的质量和安全等检查是不同的组织发起的,比如工程主管部门、发包单位、主管部门和发包单位组成的团队。工程项目的验收、审计等可能要委托或组建新的机构,例如,专家、项目法人、审计机构等。总之,项目施工组织是在不断地更替和变化的,必须针对所有更替和变化有一定的预见性和掌控协调能力。要想成功组织好一个项目,应先做好人员组织,人员组织的基本原则是因事设人。人员的组织和使用必须根据工程项目的具体任务事先设置相应的组织机构,使组织起来的人员各有其位,并根据机构的职能对应选人。事前选好人,事中用活人,事后激励人,是项目管理中的用人之道。

人员组织和使用原则是根据工期进度事始人进,事毕人迁,及时调整。工程项目的一次性特点,决定了它与企业本部和社会常设机构等不同。工程项目机构设置灵活,组织形式实用,人员进出不固定,柔性、变性突出,这就要求项目经理具备一定的预见性和协调能力。安排某个人员来之前就要考虑其走的时候,考虑走的人员又要调整来的人员。对人员的组织和使用,必须避免或尽量减少"定来不定走,定坑不挪窝,不用走不得,用者调不来"的情况发生。

工程项目施工组织的柔性还反映在各个项目利益相关者之间的联系都是有条件的、松散的,甚至是临时性的,所有利益相关者是通过合同、协议、法规、义务、社会关系、经济利益等结合起来的,因此,在项目组织过程中要有针对性地加以区别组织。工程项目施工组织不像其他工作组织那样有明晰的组织边界,项目利益相关者及其部分成员在工程项目实施前属于其他项目组织,该项目实施后才属于同一个项目组织,有的还兼顾其他项目组织,而在工程项目实施中途或完毕后可能又属于另一个项目组织。如许多水利工程项目法人,在该工程建设前可能是另一个部门或单位的负责人,工程建设开始前调到水利部门任要职,待工程项目竣工后可能又调到新的岗位或部门。再如,材料或劳务供应者,在该项目实施前就已经为其他施工企业提供货源或人力,在该项目实施后才与项目部合作,同时,有可能还给原来的项目或其他新项目等提供服务。

　　另外,工程项目中各利益相关者的组织形式也是多种多样的,有的是政府部门,有的是事业单位,有的是国有企业,有的是个体经营者,这些差异都决定着项目管理者在组织时要采取不同的措施。

　　因此,水利工程施工管理在上述意义上不同于政府部门、军队、工厂、学校、超市、宾馆等有相对规律性和固定模式的管理,必须具备超前的应变反应能力和稳定的处事心理素质才能及时适应工程项目施工组织的特点并发挥出最佳水平。

　　工程项目的施工组织结构对工程项目的组织管理有着重要的影响,这与一般的项目组织是相同的。一般的项目组织结构主要有三种结构形式:职能式结构、项目单列式结构和矩阵式结构。就常规来讲,职能式结构有利于提高效率,它是按既定的工作职责和考核指标进行工作和接受考核的,职责明确,目标明晰;项目单列式结构有利于取得效果,抓住主因带动一般,有始有终,针对性强;矩阵式结构兼具两者优点,但也会带来某些不利因素。

　　建造师想要成为一名成功的项目经理,必须在实践工作中充分学习和掌握相关知识和经验。施工组织是工程项目管理的关键和前提,建造师应公正地评价自己在施工组织方面的实力和条件,衡量自己能否胜任项目管理工作。

　　工程项目一次性的特点务必引起企业管理者和所有建造师的高度重视,成功和失败都是一次性的,一旦失败,后悔莫及,因此,作为企业主管者,在挑选项目经理时一定要慎重,力争对所有候选者进行综合比较和筛选,建造师本人在赴任项目经理岗位前更要谨慎,必须做到针对该项目特点全面、公正地衡量自己,量力而行,一旦失误尤其是大的失误将会给企业和社会造成重大损失且无法弥

补。而如果一个建造师通过实践锻炼和经验积累,掌握了一个项目经理应掌握的施工组织、管理及技术等,充分发挥个人才能,组织和管理好每个工程项目,又将是企业和社会的一大幸事,也是自身价值和能力的充分展现。

(4)环境和协调。

要使工程项目施工管理取得成功,项目经理除了需要对项目本身的组织及其内部环境有充分的了解,还需要对工程项目所处的外部环境有正确的认识和把握,同时根据内外部环境进行有效协调和驾驭,才能达到内部团结合作,外部友好和谐。内外部环境协调涉及的领域十分广泛,每个领域的历史、现状和发展趋势都可能对工程项目施工管理产生或多或少的影响,在某种特定情况下甚至是决定性的影响。

1.4.2　水利工程施工管理的特点及职能

1.施工管理的特点

与传统的部门管理和工厂生产线管理相比,基础设施工程施工管理的最大特点是其注重综合性和可塑性,并且有严格的工期限制。基础设施工程施工管理必须通过预先不确定的过程,在限定的工期内建成同样无法预先判定的设计实体,因此,需求目标和进度控制常对工程施工管理产生很大的影响。对水利工程施工管理而言,它一般有以下 7 个特点。

(1)水利工程施工管理的对象是企业承建的所有工程。

对一个项目部而言,水利工程施工管理的对象就是项目部正在准备进场建设或正在建设管理之中的中标工程。水利工程施工管理是针对该工程项目的特点而形成的一种特有的管理方式,因而其适用对象是水利工程项目,尤其是类似设计的同类工程项目。鉴于水利工程施工管理越来越讲究科学性和高效性,项目部有时会将重复性的工序和工艺分离出来,根据阶段工期的要求确定起始点和终结点,内部进行分项承包,承包者将所承包的部位按整个工程的施工管理来组织和实施,以便于在其中应用和探索水利工程施工管理的成功方法和实践经验。

(2)水利工程施工管理的全过程贯穿着系统工程的理念。

水利工程施工管理把要施工建设的工程项目看成一个完整的系统,依据系统论将整体进行分解最终达到综合的原理,先将系统分解为许多责任单元,再由责任者分别按相关要求完成单元目标,然后把各单元目标汇总、综合成最终的成果;同时,水利工程施工管理把工程项目实施看成一个有始有终的生命周期,强调阶段计划对总体计划的保障率,促使管理者不得忽视其中的任何阶段计划,以免影响总体计划,甚至造成总体计划落空。

(3)水利工程施工管理的组织具有个性或特殊性。

水利工程施工管理最明显的特征就是其组织的个性或特殊性。其个性或特殊性表现在以下 6 个方面。

①具有基础设施工程项目组织的概念和内容。水利工程施工管理的突出特点是将工程施工过程作为一个组织单元,管理者围绕该工程施工过程来组织相关资源。

②水利工程施工管理的组织是临时性的或阶段性的。由于水利工程施工过程对该工程而言是一次性完成的,而该工程项目的施工组织是为该工程项目的建设服务的,该工程项目施工完毕并验收合格达到运行标准后,组织的使命也就自然宣告结束了。

③水利工程施工管理的组织是可塑性的。所谓可塑性即可变的、有柔性的和有弹性的。因此,水利工程项目的施工组织不受传统的固定建制的组织形式所束缚,而是根据该工程施工管理组织总体计划组建对应的组织形式;同时,在实施过程中,又可以根据各个阶段计划的具体需要,适时地调整和增减组织的配置,以灵活、简单、高效和节省的组织形式来完成组织管理过程。

④水利工程施工管理的组织强调其协调控制职能。水利工程施工管理是一个综合管理过程,其组织结构的规划设计必须充分考虑组织各部分的协调与控制,以保证工程总体目标的实现。目前,水利工程施工管理的组织结构多为矩阵式结构,而非直线职能式结构。

⑤水利工程施工管理的组织因主要管理者的不同而不同,即使是同一个主要管理者,他对不同的水利工程项目也会有不同的组织形式。同一个工程,委派不同的项目经理就会出现不同的组织形式,工程组织形式因人而异;同一个项目经理前后担任两个工程的负责人,两个工程的组织形式也会有所差别,同时,工程组织形式还因时间和空间的不同而不同。

⑥水利工程施工管理的组织因其他资源及施工条件的不同而不同。其他资源是指除了人力资源的所有资源,包括材料、施工设备、施工技术、施工方案、当地市场、工程资金等与工程项目建设组织过程相关的有形及无形资源,所有这些资源均因工程所处的位置、时间、要求等不同而差别很大,因此,资源的变化必然导致工程项目施工组织形式发生变化。施工条件是指工程所处的地理位置、自

然状况、交通情况、发包人建管要求、当地材料及劳动力供应、地方风俗习惯、地方治安情况、设计和监理单位水平、主管部门管理能力等,这些条件的变化往往影响着工程施工组织形式的变动和调整。由此可见,水利工程项目管理,与项目经理及其团队的现场管理水平、综合能力、业务素质、适应性及协调力等有极大的关系,同时,根据水利工程施工过程把握和处理好各种变化因素及柔性程度,是项目班子尤其是项目经理的主要工作内容。

(4)水利工程施工管理的体制是一种基于团队管理的个人负责制。

由于工程施工系统管理的要求,水利工程项目需要集中权力以确保工程正常施工,因而项目经理是一个关键职位,他的组织才能、管理水平、工作经验、业务知识、协调能力、个人威信、为人素质、工作作风、道德观念、处事方法、表达能力、事业心和责任感等,都直接关系到项目部对工程项目组织管理的结果。项目经理是工程项目施工任务的责任者、组织者和管理者,在整个工程项目施工活动中占有举足轻重的地位,因此,项目经理必须由企业总经理聘任,以便其成为企业法人在该工程项目上的全权委托代理人。项目经理不同于企业职能部门的负责人,他应具备综合的知识、经验、素质,应该是一个全能型的人才。

由于实行项目经理责任制,除特殊情况外,项目经理在整个工程项目施工过程中是固定不变的,必须自始至终全力负责该项目施工的全过程活动,直至工程项目竣工,项目部解散。为了与国际接轨并完善和提高项目经理队伍的后备力量,国家推行注册建造师制度,要求项目经理必须具备注册建造师资格,而注册建造师又是通过考试的方式产生的,这就必然发生不具备项目经理水平和能力的人因为具备考试能力而获得建造师资格,而有些真正具备项目经理能力的人因不具备考试能力而被置于建造师队伍之外,从而与项目经理岗位无缘。这是当前带有一定普遍性的问题,希望具备建造师资格的人员能及时了解和掌握项目经理岗位真正的精髓,多参加一些工程项目的建设管理工作,并通过实践积累,总结一个项目经理应该具备的素质和能力,以便胜任项目经理一职,而不仅仅只是纸上谈兵。没有一定工程技术和管理实践的建造师很难成为一名合格的项目经理。

(5)多层次的目标管理方式。

水利工程项目的特殊性决定了其所涉及的专业领域比较宽广,而每一个工程项目管理者只会对某一个或某几个领域有所研究,对其他专业只是在日常工作中有所了解,但不可能像该领域的内行那样精通,对每一个专业领域都熟知的工程项目管理者是没有的。成功的项目组织和管理者是否是一个各个领域都熟悉的专家并不重要,重要的是管理者是否懂得尊重专家等的意见和建议,是否善于集众家所长于一身用于组织和管理工作。

现在已进入高科技时代,管理者需要研究的是怎样管理、怎样组织和分配好各种资源,没有必要事必躬亲,而且也不可能参与大多数工程项目的实施过程。管理者应该以综合协调者的身份,向被授权的科室和工段负责人讲明他们所承担工作的责任、义务及考核要点,协商确定目标、时间、经费、工作标准和限定条件,具体工作则由被授权者独立处理,被授权者应经常反馈信息,管理者应经常检查、督促,并在遇到困难需要协调时及时给予有关的支持和帮助。可见,水利工程项目施工管理的核心为在约束条件下实现项目管理的目标,其实现的方法具有灵活性和多样性。

(6)创造和保持一种使工程项目顺利进行的良好环境和有利条件。

管理就是创造和保持适合工程实施的环境和条件,使置身于其中的人力等资源能在协调者的组织中共同完成预定的任务,最终达到既定的目标。这一特点再次说明了工程项目管理是一种过程管理和系统管理,而不仅仅是衡量技术高低和完成技术过程。由此可见,及时预见和全面创造各种有利条件,正确、及时地处理各种意外事件才是工程项目管理的主要内容。

(7)方式、方法、工具和手段具有时代性、灵活性和开放性。

在方式上,应积极采用国际和国内先进的管理模式,目前在各建筑领域普遍推广的项目经理负责制就是吸纳了国外的先进模式,结合我国的国情和行业特点而实行的有效管理方式。

在方法上,应尽量采用科学先进、直观有效的管理理论和方法,如网络计划图,其在基础设施工程施工中的应用对编制、控制和优化工程项目工期进度起到了重要作用,这是以往流线图和横道图所无法比拟和实现的。目标管理、全面质量管理、阶段工期管理、安全预防措施、成本预测控制等理论和方法等,都对控制和实现工程项目总目标起到了积极作用。

在工具上,采用跟上时代发展潮流的先进或专用施工设备和工器具,运用电子计算机进行工程项目施工过程中的信息处理、方案优化、档案管理、财务和物资管理等,不仅证明了企业的实力,更提高了工程项目施工管理的成功率,完善了工程项目的施工质量,加快了项目的施工进度。

在手段上,管理者既要针对项目实施的具体情况,制定并完善简洁、易行、有力、公正的各种硬性制度和措施,又要实行人性化管理,使参建者明白自己的工作要求,严格遵守相关制度,还要让所有人员真正感受到项目的亲情、温暖和尊

重,打造出团结、和谐、友爱的施工氛围,必然能激发出奋进、互助、有朝气的工作态度。施工人员尤其是水利工程的施工人员,不仅要远离亲人,还要到偏僻的地方过着几乎与繁华城市隔绝的艰苦生活,要留住他们不只要关注经济问题,在某种程度上人文关怀显得更为重要。

2. 施工管理的职能

水利工程施工管理最基本的职能有计划、组织和评价与控制。

(1)工程项目施工计划。

工程项目施工计划就是根据该工程项目预期目标的要求,对该工程项目施工范围内的各项活动做出合理有序的安排。它系统地确定工程项目实施的任务、工期进度和完成施工任务所需的各种资源等,使工程项目在合理的建设工期内,用尽可能低的成本达到尽可能高的质量标准,满足工程的使用要求,让发包人满意,让社会放心。任何工程项目管理都要从制定项目实施计划开始,项目实施计划不仅是确定项目建设程序、控制方法的基础及依据,也是监督管理的基础及依据。工程项目实施的成果首先取决于工程项目实施计划编制的质量,好的实施计划和不切实际的实施计划,其实施结果会有天壤之别。

工程项目实施计划一经确定,应作为该工程项目实施过程中的准绳来执行,其是工程项目施工中各项工作开展的基础,是项目经理和项目部工作人员的工作准则和行为指南。工程项目实施计划也是限定、考核各级执行人责任、权力和利益的依据,对于任何范围的变化都是一个参照点,从而成为对工程项目进行评价和控制的标准。工程项目实施计划在制定时应充分依据国家的法律、法规和行业的规程、标准,充分参照企业的规章和制度,充分结合该工程的具体情况,充分运用类似工程成功的管理经验和方式方法,充分发挥该项目部人员的聪明才智。工程项目实施计划按作用和服务对象一般分为五个层次,即决策型计划、管理型计划、控制型计划、执行型计划、作业型计划。

水利工程项目实施计划按活动内容可细分为工程项目主体实施计划、工期进度计划、成本控制计划、资源配置计划、质量目标计划、安全生产计划、文明环保计划、材料供应计划、设备调拨计划、阶段验收计划、竣工验收计划、交付使用计划等。

(2)工程项目组织。

工程项目组织有两重含义:一是指项目组织机构设置和运行,二是指组织机构职能。工程项目管理的组织,是指为进行工程项目建设过程管理、完成工程项目实施计划、实现组织机构职能而进行的工程项目组织机构的建立、运行与调整等组织活动。

工程项目管理的组织职能包括工程项目组织设计、工程项目组织联系、工程项目组织运行、工程项目组织行为和工程项目组织调整五个方面。工程项目组织是实现项目实施计划、完成项目既定目标的基础条件,组织的好坏对于项目能否取得成功具有直接的影响,只有在组织合理化的基础上才谈得上其他方面的管理。

基础工程项目的组织方式根据工程规模、工程类型、涉及范围、合同内容、工程地域、建管方式、当地风俗、自然环境、地质地貌、市场供应等因素的不同而有所不同,典型的工程项目组织形式有以下三种。

①树型组织。树型组织是指从最高管理层到最低管理层,按层级系统以树状形式展开建立的工程项目组织形式,包括直线型、职能型、直线职能综合型、项目型等多个种类。树型组织比较适合单一的、涉及部门不多的、技术含量不高的中小型工程建设项目。当前的趋势是树型组织日益向扁平化的方向发展。

②矩阵型组织。矩阵型组织是现代典型的对工程项目实施管理时应用最广泛的组织形式,它将职能原则和对象(工程项目或产品)原则结合起来使用,形成一个矩阵型结构,使同一个工程项目的工作人员既参加原职能科室或工段的工作,又参加工程项目协调组的工作,肩负双重职责同时受双重领导。矩阵型组织是目前最为典型和成功的工程项目实施组织形式。

③网络型组织。网络型组织是未来企业和工程项目管理中的一种理想的组织形式,它是以一个或多个固定连接的业务关系网络为基础的小单位的联合。它以组织成员间纵横交错的联系代替了传统的一维或二维联系,采用平面性和柔性组织的新概念,形成了充分分权与加强横向联系的网络结构。典型的网络型组织不仅在基础设施工程领域开始探索和使用,在其他领域也在逐步完善和推行,如虚拟企业、新兴的各种项目型公司等也日益向网络型组织的方向发展。

(3)项目评价与控制。

项目计划只是对未来做出的预测和提前安排,由于在编制项目计划时难以预见的问题很多,因此在项目组织实施过程中往往会产生偏差。如何识别这些实际偏差、出现偏差如何消除并及时调整计划对管理者来说是工程项目评价与控制的关键,为确保工程项目预定目标的实现,这些也是工程项目管理的评价与控制职能所要解决的主要问题。这里所说的工程项目评价不同于传统意义上的

项目评价,应根据项目具体问题具体对待,不能一概而论。不同性质的项目有其不同的特点和要求,应根据具体特点和要求进行切实的评价与控制。工程项目施工评价是该工程项目控制的基础和依据,工程项目施工控制则是对该工程项目进行施工评价的根本目的和整体总结。要有效地实现工程项目施工评价与控制的职能,必须满足以下条件。

①工程项目实施计划必须以适合该工程项目评价的方式来表达。

②工程项目评价的要素必须与该工程项目实施计划的要素相一致。

③计划的进行(组织)及相应的评价必须按足够接近的时间间隔进行。一旦发现偏差,可以保证有足够的时间和资源来纠偏。工程项目评价与控制的目的,就是通过组织和管理运行机制,根据实施计划时的实际情况做出及时、合理的调整,使工程项目施工组织达到按计划完成的目的。从内容上看,工程项目评价与控制可以分为工作控制、费用控制、质量控制、进度控制、标准控制、责任目标控制等。

1.5　水利工程施工组织设计

1.5.1　按阶段编制设计文件

不同设计阶段,施工组织设计的基本内容和深度要求不同。

1. 可行性研究报告阶段

按照《水利水电工程可行性研究报告编制规程》(SL/T 618—2021)中"施工组织设计"的有关规定,可行性研究报告编制深度应满足编制工程投资估算的要求。

2. 初步设计阶段

按照《水利水电工程初步设计报告编制规程》(SL/T 619—2021)中"施工组织设计"的有关规定,并按照《水利水电工程施工组织设计规范》(SL 303—2017)规定,初步设计深度应满足编制总概算的要求。

3. 技施设计阶段

技施设计阶段主要是进行招投标阶段的施工组织设计(即施工规划、招标阶段后的施工组织设计,由施工承包单位负责完成),执行或参照执行《水利水电工程施工组织设计规范》(SL 303—2017),技施设计深度应满足招标文件、合同价标底编制的需要。

1.5.2　施工组织设计的作用、任务和内容

1. 施工组织设计的作用

施工组织设计是水利水电工程设计文件的重要组成部分,是确定枢纽布置、优化工程设计、编制工程总概算及国家控制工程投资的重要依据,是组织工程建设和施工管理的指导性文件。做好施工组织设计,对正确选定坝址和坝型、枢纽布置及工程设计优化,以及合理组织工程施工、保证工程质量、缩短建设工期、降低工程造价、提高工程效益等都有十分重要的作用。

2. 施工组织设计的任务

施工组织设计的主要任务是根据工程所在地区的自然、经济和社会条件,制定合理的施工组织设计方案,包括合理的施工导流方案、施工工期和进度计划、施工场地组织设施与施工规模,以及合理的生产工艺与结构物形式,合理的投资计划、劳动组织和技术供应计划,为确定工程概算、确定工期、合理组织施工、进行科学管理、保证工程质量、降低工程造价、缩短建设周期等,提供切实可行、可靠的依据。

3. 施工组织设计的内容

(1)施工条件分析。

施工条件包括工程条件、自然条件、物质资源供应条件及社会经济条件等,具体有:工程所在地点,对外交通运输情况,枢纽建筑物及其特征;地形、地质、水文、气象条件;主要建筑材料来源和供应条件,当地水电情况;施工期间通航、过木、过鱼、供水、环保等要求;国家对工期、分期投产的要求;施工用电、居民安置,以及与工程施工有关的协作条件等。

总之,施工条件分析需在简要阐明上述条件的基础上,着重分析它们对工程施工可能带来的影响。

(2)施工导流设计。

施工导流设计应在综合分析导流的基础上,确定导流标准,划分导流时段,明确施工分期,选择导流方案、导流方式和导流建筑物,进行导流建筑物的设计,提出导流建筑物的施工安排,拟定截流、拦洪、排水、通航、过水、下闸封孔、供水、蓄水、发电等措施。

（3）主体工程施工。

主体工程包括挡水、泄水、引水、发电、通航等主要建筑物,应根据各自的施工条件,对施工程序、施工方法、施工强度、施工布置、施工进度和施工机械等,进行比较和选择。必要时,应针对其中的关键技术问题,如特殊基础的处理、大体积混凝土温度控制、土石坝合龙、拦洪等问题,做出专门的设计和论证。

对于有机电设备和金属结构安装任务的工程项目,应对主要机电设备和金属结构,如水轮发电机组、升压输变设备、闸门、启闭设备等的加工、制作、运输、预拼装、吊装,以及土建工程与安装工程的施工顺序等问题,做出相应的设计和论证。

（4）施工交通运输。

施工交通运输分对外交通运输和场内交通运输两种。其中,对外交通运输是在弄清现有对外水陆交通和发展规划的情况下,根据工程对外运输总量、运输强度和重大部件的运输要求,确定对外交通运输的方式,选择线路和线路的标准,规划沿线重大设施以及该工程与国家干线的连接,明确相应的工程量。施工期间,若有船、木过坝问题,应做出专门的分析论证,并提出解决方案。

（5）施工工厂设施和大型临建工程。

施工工厂设施,如混凝土骨料开采加工系统和土石料加工系统、混凝土拌和系统和制冷系统、机械修配系统、汽车修配厂、钢筋加工厂、预制构件厂、照明系统,以及风、水、电、通信系统等,均应根据施工的任务和要求,分别确定各自的位置、规模、设备容量、生产工艺、工艺设备、平面布置、占地面积、建筑面积和土建安装工程量,并提出土建安装进度和分期投产的计划。大型临建工程,如施工栈桥、过河桥梁、缆机平台等,要做出专门设计,确定其工程量和施工进度的安排。

（6）施工总布置。

施工总布置的主要任务是根据施工场区的地形地貌、枢纽和主要建筑物的施工方案、各项临建设施的布置方案,对施工场地进行分期、分区和分标规划,确定分期、分区布置方案和各承包单位的场地范围。对土石方的开挖、堆弃和填筑进行综合平衡,提出各类房屋分区布置一览表,估计施工征地面积,提出占地计划,研究施工还地造田的可能性。

（7）施工总进度。

施工总进度的安排必须符合国家对工程投产所提出的要求。为了保证施工进度,必须仔细分析工程规模、导流程序、对外交通、资源供应、临建准备等各项控制因素,拟订整个工程(包括准备工程、主体工程和结束工作在内)的施工总进度计划,确定各项目的起讫日期和相互之间的衔接关系;对于导流截流、拦洪度汛、封孔蓄水、供水发电等控制环节的工程应达到的程度,须做出专门的论证;对于土石方、混凝土等主要工程的施工强度,以及劳动力、主要建筑材料、主要机械设备的需用量,要进行综合平衡;要分析施工工期和工程费用的关系,提出合理工期的推荐意见。

(8)主要技术供应计划。

根据施工总进度的安排和对定额资料的分析,针对主要建筑材料(如钢材、木材、水泥、粉煤灰、油料、炸药等)和主要施工机械设备,制定总需要量和分年需要量计划。此外,在进行施工组织设计中,必要时还需要进行实验研究和补充勘测,从而为进一步设计和研究提供依据。

在完成上述设计内容时,还应给出以下资料:①施工场外交通图;②施工总布置图;③施工转运站规划布置图;④施工征地规划范围图;⑤施工导流方案综合比较图;⑥施工导流分期布置图;⑦导流建筑物结构布置图;⑧导流建筑物施工方法示意图;⑨施工期通航过木布置图;⑩主要建筑物土石方开挖施工程序及基础处理示意图;⑪主要建筑物混凝土施工程序、施工方法及施工布置示意图;⑫主要建筑物土石方填筑程序、施工方法及施工布置示意图;⑬地下工程开挖、衬砌施工程序、施工方法及施工布置示意图;⑭机电设备、金属结构安装施工示意图;⑮砂石料系统生产工艺布置图;⑯混凝土拌和系统及制冷系统布置图;⑰当地建筑材料开采、加工及运输线路布置图;⑱施工总进度表及施工关键线路图。

1.5.3　施工组织设计的编制资料及编制原则、依据

1. 施工组织设计的编制资料

(1)可行性研究报告施工部分需收集的基本资料。

可行性研究报告施工部分需收集的基本资料包括:①可行性研究报告阶段的水工及机电设计成果;②工程建设地点的对外交通现状及近期发展规划;③工程建设地点及附近可能提供的施工场地情况;④工程建设地点的水文、气象资料;⑤施工期(包括初期蓄水期)通航、过木、下游用水等要求;⑥建筑材料的来源和供应条件调查资料;⑦施工区水源、电源情况及供应条件;⑧各部门对工程建设期的要求及意见。

(2)初步设计阶段施工组织设计需补充收集的基本资料。

初步设计阶段施工组织设计需补充收集的基本资料包括:①可行性研究报告及可行性研究阶段收集的基本资料;②初步设计阶段的水工及机电设计成果;

③进一步调查落实可行性研究阶段收集的各项资料;④当地的修理、加工能力;⑤当地承包市场的情况,当地可能提供的劳动力情况;⑥当地可能提供的生活必需品的供应情况,居民的生活习惯;⑦工程所在河段的洪水特性、各种频率的流量及洪量、水位与流量的关系、冬季冰凌的情况(北方河流)、施工区各支沟各种频率的洪水和泥石流情况,以及上下游水利工程对本工程的影响情况;⑧工程地点的地形、地貌、水文地质条件,以及气温、水温、地温、降水、风力、冻层、冰情和雾的特性资料。

(3)技施阶段施工规划需进一步收集的基本资料。

技施阶段施工规划需进一步收集的基本资料包括:①初步设计中的施工组织总设计文件及初步设计阶段收集到的基本资料;②技施阶段的水工及机电设计资料与成果;③进一步收集的国内基础资料和市场资料;④补充收集的国外基础资料与市场信息(国际招标工程需要)。

2. 施工组织设计的编制原则

施工组织设计编制应遵循以下原则。

(1)执行国家有关方针、政策,严格执行国家基建程序,遵守有关技术标准、规程、规范,并符合国内招标投标的规定和国际招标投标的惯例。

(2)面向社会,深入调查,收集市场信息。根据工程特点,因地制宜地提出施工方案,并进行全面的技术、经济比较。

(3)结合国情积极开发和推广新技术、新材料、新工艺和新设备。凡经实践证明技术经济效益显著的科研成果,应尽量采用,努力提高技术水平和经济效益。

(4)统筹安排,综合平衡,妥善协调各分部分项工程,均衡进行施工。

3. 施工组织设计的编制依据

施工组织设计的编制依据有以下五个方面。

(1)上阶段施工组织设计成果及上级单位或业主的审批意见。

(2)本阶段水工、机电等专业的设计成果,有关工艺试验或生产性试验的成果及各专业对施工的要求。

(3)工程所在地区的施工条件(包括自然条件、水电供应、交通、环保、旅游、防洪、灌溉、航运及规划等)和本阶段的最新调查成果。

(4)目前国内外可能达到的施工水平、具备的施工设备及材料供应情况。

(5)上级机关、国民经济各有关部门、地方政府及业主单位对工程施工的要求、指令、协议、有关法律和规定。

第 2 章　基础工程施工

2.1　地　基　处　理

2.1.1　土基处理

1. 土基加固

（1）换填法。

换填法是将建筑物基础下的软弱土层或缺陷土层的一部分或全部挖去,然后换填密度大、压缩性小、强度高、水稳性好的天然或人工材料,并分层夯(振、压)实至要求的密实度,达到改善地基应力分布、提高地基稳定性和减少地基沉降的目的。

换填法的处理对象主要是淤泥、淤泥质土、湿陷性土、膨胀土、冻胀土、杂填土地基。水利工程中常用的垫层材料有砂砾土、碎(卵)石土、灰土、壤土、中砂、粗砂、矿渣等。近年来,土工合成材料加筋垫层因其良好的处理效果而受到重视并得到广泛的应用。

换土垫层与原土相比,优点是承载力较高,刚度大,变形小,可提高地基排水固结的速度,防止季节性冻土的冻胀,清除膨胀土地基的胀缩性及湿陷性土层的湿陷性。灰土垫层还可以使其下土层含水量均衡转移,减小土层的差异性。

根据换填材料的不同,将垫层分为砂石(砂砾、碎卵石)垫层、土垫层(素土、灰土、二灰土垫层)、粉煤灰垫层、矿渣垫层、加筋砂石垫层等。

在不同的工程中,垫层所起的作用也是不相同的。例如,一般水闸、泵房基础下的砂垫层主要起到换土的作用,而在路堤和土坝等工程中,砂垫层主要起排水固结的作用。

（2）排水法。

排水法分为水平排水法和竖直排水法。水平排水法是在软基的表面铺一层粗砂或级配好的砂砾石做排水通道,在垫层上堆土或施加其他荷载,使孔隙水压

力增高,形成水压差,孔隙水通过砂垫层逐步排出,孔隙减小,土被压缩,密度增加,强度提高。

竖直排水法是在软土层中建若干排水井,灌入砂,形成竖向排水通道,在堆土或外荷载作用下达到排水固结、提高强度的目的。排水距离短,这样就能大大缩短排水和固结的时间。砂井直径一般为 20~100 cm,井距为 1.0~2.5 m。井深主要取决于土层情况:当软土层较薄时,砂井宜贯穿软土层;当软土层较厚且夹有砂层时,一般可设在砂层上;当软土层较厚又无砂层,或软土层下有承压水时,则不应打穿。

(3)强夯法。

强夯法是使用吊升设备将重锤起吊至较大高度后,通过其自由落下所产生的巨大冲击能量来对地基产生强大的冲击和振动,从而加密和固实地基土壤,使地基土的各方面特性得到很好的改善,如渗透性、压缩性降低,密实度、承载力和稳定性得到提高。

强夯法适用于处理碎石土、砂土地基,以及低饱和度的粉土、黏性土、杂填土、湿陷性黄土等各类地基。

强夯法具有设备简单、施工速度快、不添加特殊材料的特点,目前已成为我国常用的地基处理方法之一。

(4)振动水冲法。

振动水冲法是用一种类似插入式混凝土振捣器的振冲器,在土层中进行射水振冲造孔,并以碎石或砂砾充填形成碎石桩或砂砾桩,达到加固地基目的的一种方法。这种方法不仅适用于松砂地基,也可用于黏性土地基。因碎石桩承担了大部分的传递荷载,同时改善了地基排水条件,加速了地基的固结,因而提高了地基的承载能力。一般碎石桩的直径为 0.6~1.1 m,桩距视地质条件在1.2~2.5 m 选择。采用此法要有充足的水源。

(5)混凝土灌注桩法。

混凝土灌注桩法是提高土基承载能力的有效方法之一。桩基础简称桩基,是由若干个沉入土中的单桩组成的一种深基础,是由基桩和连接于基桩桩顶的承台共同组成的,承台和承台之间再用承台梁相互连接。若承台下只用一根桩(通常为大直径桩)来承受和传递上部结构(通常为柱)的荷载,这样的桩基础称为单桩基础;承台下由两根及两根以上基桩组成的桩基础,称为群桩基础。桩基础的作用是将上部结构的荷载,通过上部较软弱地层传递到下部较坚硬的、压缩性较小的土层或岩层。

按桩的传力方式不同,桩基可分为端承桩和摩擦桩。端承桩就是穿过软土层并将建筑物的荷载直接传递给坚硬土层的桩。摩擦桩是将桩沉至软弱土层一定深度,用以挤密软弱土层,提高土层的密实度和承载能力,上部结构的荷载主要由桩身侧面与土之间的摩擦力承受,桩间阻力也承受少量的荷载。

按桩的施工方法不同,桩基可分为预制桩和灌注桩。预制桩是在工厂或施工现场用不同的建筑材料制成的各种形状的桩,然后用打桩设备将预制好的桩沉入地基土中。沉桩的方法有锤击沉桩、静力压桩、振动沉桩等。灌注桩是在设计桩位先成孔,然后放入钢筋骨架,再浇筑混凝土而成的桩。灌注桩按成孔的方法不同,可分为泥浆护壁成孔灌注桩、干作业成孔灌注桩、套管成孔灌注桩、爆扩成孔灌注桩等。

①混凝土及钢筋混凝土灌注桩施工。混凝土及钢筋混凝土灌注桩简称灌注桩,是直接在桩位上成孔,然后利用混凝土或砂石等材料就地灌注而成。与预制桩相比,其优点是施工方便,节约材料,成本低;缺点是操作要求高,稍有疏忽,就会发生缩颈、断桩现象,技术间隔时间较长,不能立即承受荷载等。

②人工挖孔灌注桩施工。人工挖孔灌注桩是指在桩位上用人工挖直孔,每挖一段即施工一段支护结构,如此反复向下挖至设计深度,然后放下钢筋笼,浇筑混凝土而成桩。人工挖孔灌注桩的优点是设备简单,对施工现场原有建筑物影响小,挖孔时,可直接观察土层变化情况,及时清除沉渣,并可同时开挖若干个桩孔,降低施工成本等。人工挖孔灌注桩施工主要应解决孔壁坍塌、施工排水、流砂和管涌等问题。为此,事先应根据地质水文资料,拟定合理的衬圈护壁和施工排水、降水方案。常用护壁方案有混凝土护圈、沉井护圈和钢套管护圈三种。

③钻孔灌注桩施工。钻孔灌注桩是先在桩位上用钻孔设备进行钻孔,如用螺旋钻机、潜水电钻、冲孔机等冲钻而成,也可利用工具桩或将尖端封闭钢管打入土中,拔出成孔,然后灌注混凝土。在有地下水、流砂、砂夹层及淤泥等的土层中钻孔时,应先在测定桩位上埋设护筒,护筒一般由 3～5 mm 厚钢板做成,其直径比钻头直径大 10～20 cm,以便钻头提升操作等。护筒的作用有三个:a. 导向作用,使钻头能沿着桩位的垂直方向工作;b. 提高孔内泥浆水头,防止塌孔;c. 保护孔口,防止孔口破坏。护筒定位应准确,埋置应牢固密实,防止护筒与孔壁间漏水。

④打拔管灌注桩。打拔管灌注桩是利用与桩的设计尺寸相适应的一根钢管,在端部套上预制的桩靴打入土中,然后将钢筋骨架放入钢管内,再浇筑混凝土,并边灌边将钢管拔出,利用拔管时的振动将混凝土捣实。沉管时必须将桩尖

活瓣合拢。若有水泥或泥浆进入管中,则应将管拔出,用砂回填桩孔后,再重新沉入土中,或在钢管中灌入一部分混凝土后再继续沉入。拔管速度在一般土层中为 1.2~1.5 m/min,在软弱土层中不得大于 0.8 m/min。在拔管过程中,每拔起 0.5 m 左右,应停 5~10 s,但保持振动,如此反复进行,直到将钢管拔离地面。根据承载力的要求不同,拔管方法可分别采用单打法、复打法和翻插法。在淤泥或软土中沉管时,土受到挤压产生孔隙水压力,拔管后便挤向新灌的混凝土,造成缩颈。此外,当拔管速度过快、管内混凝土量过大时,混凝土的出管扩散性差,也会造成缩颈。

(6)旋喷加固法。

旋喷加固法是利用旋喷机具建造旋喷桩,以提高地基的承载能力,也可以做连锁桩或定向喷射形成连续墙,用于地基防渗。旋喷加固法适用于砂土、黏性土、淤泥等地基的加固,对砂卵石(最大粒径不大于 20 cm)的防渗也有较好的效果。

(7)混凝土预制桩施工。

混凝土预制桩有实心桩和空心桩两种。空心桩由预制厂用离心法生产而成。实心桩大多在现场预制而成。

预制桩必须提前订货加工,打桩时预制桩强度必须达到设计强度的 100%。由于桩身弯曲过大、强度不足或地下有障碍物等,桩身易断裂,在使用时要及时检查。

2. 截渗处理

受河道水流和地下水位的影响,河堤、大坝以及建筑物的地基会产生一定程度的渗透变形,严重时将危及建筑物的安全。解决的办法是截断渗流通道,以减少渗透变形。具体处理办法如下。

(1)高压喷射注浆。

高压喷射注浆是利用钻机把带有特制喷嘴的注浆管钻进土层的预定位置后,用高压泵将水泥浆液通过钻杆下端的喷射装置,以高速喷出,冲击切削土层,使喷流射程内土体破坏,同时钻杆一方面以一定的速度(20/min)旋转,另一方面以一定的速度(15~30 cm/min)徐徐提升,使水泥浆与土体充分搅拌混合,胶结硬化后即在地基中形成具有一定强度(0.5~8.0 MPa)的固结体,从而使地基得到加固。

（2）防渗墙。

防渗墙是修建在挡水建筑物地基透水地层中的防渗结构，可用于坝基和河堤的防渗加固。防渗墙之所以得到广泛的应用，是因为其结构可靠、防渗效果好、施工方便、适应不同地层条件等。根据成墙材料和成墙工法的不同，常见的防渗墙有水泥土防渗墙和塑性混凝土防渗墙两种。

水泥土防渗墙是软土地基的一种新的截渗方法，它是以水泥、石灰等材料作为固化剂，通过深层搅拌机械，在地基深处就地将软土和固化剂强制搅拌，经过一系列物理、化学反应后，软土硬化成具有整体性、水稳定性和一定强度的良好地基。深层搅拌桩施工分干法和湿法两类：干法是采用干燥状态的粉体材料作为固化剂，如石灰、水泥、矿渣粉等；湿法是采用水泥浆等浆液材料作为固化剂。下面只介绍湿法施工工艺。

①湿法施工机械。深层搅拌机是进行深层搅拌施工的关键机械，在地基深处就地搅拌需要强有力的工具，目前的搅拌机有中心管喷浆方式和叶片喷浆方式两种。叶片喷浆方式中的水泥浆从叶片上的小孔喷出，水泥浆与土体混合较均匀，这种方式比较适合对大直径叶片的连续搅拌。但喷浆管容易被土或其他物体堵塞，故只能使用纯水泥浆，且机械加工较为复杂。中心管喷浆方式中的水泥浆是从两根搅拌轴之间的另一根管子输出，且当叶片直径在 1m 以下时也不影响搅拌的均匀性。

②施工程序。深层搅拌法施工工艺过程如下。a. 机械定位。搅拌机自行移至桩位、对中，地面起伏不平时，应进行平整。b. 预搅下沉。启动搅拌机电机，放松起重机钢丝绳，使搅拌机沿导向架搅拌切土下沉。c. 制备水泥浆。搅拌机下沉时，按设计给定的配合比制备水泥浆，并将制备好的水泥浆倒入集料斗。d. 喷浆提升搅拌。搅拌机下沉到设计深度时，开启灰浆泵，将浆液压入地基中，并且边喷浆边旋转，同时按设计要求的提升速度提升搅拌机。e. 重复上下搅拌。深层搅拌机提升至设计加固深度的顶面标高时，集料斗中的水泥浆应正好注完，为使软土搅拌均匀，应再次将搅拌机边旋转边沉入土中，至设计加固深度后再将搅拌机提升出地面。f. 清洗。向集料斗中注入适量清水，开启灰浆泵，清除全部管线中残存的水泥浆，并将黏附在搅拌头上的软土清除干净。g. 移至下一桩位，重复上述步骤，继续施工。

③浇筑混凝土。防渗墙混凝土浇筑是在泥浆下进行的，它除满足一般混凝土的要求外，还要满足两个要求：a. 混凝土浇筑要连续均衡地上升；b. 不允许泥浆和混凝土掺混形成泥浆夹层。

（3）塑性混凝土防渗墙。

塑性混凝土防渗墙具有结构可靠、防渗效果好的特点，能适应多种不同的地质条件，修建深度大，施工时几乎不受地下水位的影响。

塑性混凝土防渗墙的基本形式是槽孔型，它是由一段段槽孔套节而成的地下墙，施工分两期进行，先施工的为一期槽孔，后施工的为二期槽孔，一、二期槽孔套接成墙。防渗墙的施工程序：造孔前的准备工作、泥浆固壁造孔、终孔验收和清孔换浆、泥浆下混凝土浇筑等。

①造孔前的准备工作。造孔前的准备工作包括测量放线、确定槽孔长度、设置导向槽和辅助作业。

②泥浆固壁造孔。由于土基比较松软，为了防止槽孔坍塌，造孔时应向槽孔内灌注泥浆，以维持孔壁稳定。注入槽孔内的泥浆除起固壁作用外，在造孔过程中还起悬浮泥土和冷却、润滑钻头的作用，渗入孔壁的泥浆和胶结在孔壁上的泥皮还有防渗作用。造孔用的泥浆可用黏土或膨润土与水按一定比例配制。

③终孔验收和清孔换浆。造孔后应做好终孔验收和清孔换浆工作。造孔完毕后，孔内泥浆特别是孔底泥浆常含有大量的土石渣，影响混凝土的浇筑质量。因此，在浇筑前必须进行清孔换浆，以清除孔底的沉渣。

④泥浆下混凝土浇筑。泥浆下混凝土浇筑的特点：不允许泥浆与混凝土掺混形成泥浆夹层；确保混凝土与不透水地基以及一、二期混凝土之间的良好结合；连续浇筑，一气呵成。开始浇筑前要在导管内放入一个直径较导管内径略小的导注塞（皮球或木球），通过受料斗向导管内注入适量的水泥砂浆，借水泥砂浆的重力将导注塞压至孔底，并将管内泥浆排出孔外，导注塞同时浮出泥浆液面。然后连续向导管内输送混凝土，保证导管底口埋入混凝土中的深度不小于 1 m，但不超过 6m，以防泥浆掺混和埋管。浇筑时应遵循先深后浅的顺序，即从最深的导管开始，由深到浅一个一个导管依次开浇，待全槽混凝土面浇平后，再全槽均衡上升，混凝土面上升速度不应小于 2m/h，相邻导管处混凝土面高差应控制在 0.5m 以内。

2.1.2 岩基处理

岩基的一般地质缺陷，经过开挖和灌浆处理后，地基的承载力和防渗性能都可以得到不同程度的改善。但对于一些比较特殊的地质缺陷，如断层破碎带、缓倾角的软弱夹层、层理以及岩溶地区较大的空洞和漏水通道等，如果这些缺陷部位的埋深较大或延伸较远，采用开挖处理在技术上就不太可能，在经济上也不合算,常须针对工程具体条件,采取一些特殊的处理措施。

1. 断层破碎带处理

因地质构造形成的破碎带,有断层破碎带和挤压破碎带两种。经过地质错动和挤压,其中的岩块极易破碎,且风化强烈,常夹有泥质充填物。对于宽度较小或闭合的断层破碎带,如果延伸不深,常采用开挖和回填混凝土的方法进行处理。即将一定深度范围内的断层和破碎风化岩层清理干净,直到新鲜岩基露出,然后回填混凝土。如果断层破碎带需要处理的深度很大,为了克服深层开挖的困难,可以采用大直径钻头(直径在 1m 以上)钻孔,到需要深度后再回填混凝土。

对于埋深较大且为陡倾角的断层破碎带,在断层出露处回填混凝土,形成混凝土塞(取断层宽度的 1.5 倍),必要时可沿破碎带开挖斜井和平洞,回填混凝土,与断层相交一定长度,组成抗滑塞群,并有防渗帷幕穿过,组成混合结构。

2. 岩溶处理

岩溶是可溶性岩层长期受地表水或地下水的溶蚀和溶滤作用后产生的一种自然现象。

由岩溶现象形成的溶槽、漏斗、溶洞、暗河、岩溶湖、岩溶泉等地质缺陷,削弱了基岩的承载能力,形成了漏水的通道。处理岩溶的主要目的是防止渗漏,保证蓄水,提高坝基的承载能力,确保大坝的安全稳定。

对坝基表层或较浅的地层,可开挖、清除后填充混凝土;对松散的大型溶洞,可对洞内进行高压旋喷灌浆,使填充物和浆液混合,连成一体,提高松散物的承受能力;对裂缝较大的岩溶地段,用群孔冲洗,之后用高压灌浆对裂缝进行填充。

对岩溶的处理可采取堵、铺、截、围、导、灌等措施。堵就是堵塞漏水的洞眼;铺就是在漏水的地段做铺盖;截就是修筑截水墙;围就是将间歇泉、落水洞等围住,使之与库水隔开;导就是将建筑物下游的泉水导出建筑物;灌就是进行固结灌浆和帷幕灌浆。

3. 软弱夹层处理

软弱夹层是指基岩层面之间或裂隙面中间强度较低、已经泥化或容易泥化的夹层。其受到上部结构荷载作用后,很容易产生沉陷变形和滑动变形。软弱夹层的处理方法视夹层产状和地基的受力条件而定。

对于陡倾角软弱夹层,如果没有与上下游河水相通,可在断层入口进行开

挖,回填混凝土,提高地基的承载力;如果夹层与库水相通,除对坝基范围内的夹层开挖回填混凝土外,还要对夹层渗入部位进行封闭处理;对于坝肩部位的陡倾角软弱夹层,主要是防止不稳定岩石滑塌,需进行必要的锚固处理。

对于缓倾角软弱夹层,如果夹层埋藏不深,开挖量不是很大,最好的办法是彻底挖除;如果夹层埋藏较深,当夹层上部有足够的支撑岩体能维持基岩稳定时,可只对上游夹层进行挖除,回填混凝土,进行封闭处理。

4. 岩基锚固

岩基锚固是用预应力锚束对基岩施加预压应力的一种锚固技术,达到加固和改善地基受力条件的目的。

对于缓倾角软弱夹层,当夹层分布较浅、层数较多时,可设置钢筋混凝土桩和预应力锚索进行加固。在基础范围内,沿夹层自上而下钻孔或开挖竖井,穿过几层夹层,浇筑钢筋混凝土,形成抗剪桩。在一些工程中采用预应力锚固技术加固软弱夹层,效果明显。其形式有锚筋和锚索,可对局部及大面积地基进行加固。

在水利水电工程中,利用锚固技术可以解决以下几方面的问题。

①高边坡开挖时锚固边坡。

②坝基、岸坡抗滑稳定加固。

③锚固建筑物,改善受力条件,提高抗震性能。

④大型洞室支护加固。

⑤混凝土建筑物的裂缝和缺陷修补锚固。

⑥大坝加高加固。

2.2 岩基灌浆

2.2.1 灌浆所需的材料与器械

1. 材料

(1)水泥。

灌浆所采用的水泥品种根据灌浆目的和环境水的侵蚀作用而定。一般情况下,多用普通硅酸盐水泥或硅酸盐大坝水泥。当在腐蚀性环境下时,要用抗酸水泥。使用矿渣硅酸盐水泥或火山灰质硅酸盐水泥灌浆时，应得到设计许可。

回填灌浆时水泥强度等级不低于 32.5 级，接缝灌浆时水泥强度等级不低于 52.5 级，水泥必须符合质量标准，应严格防潮。

水泥颗粒的粗细对浆液进入裂缝中有很大的影响。水泥颗粒越细，则灌浆的浆液越容易进入细小的裂缝中，更贴切地将裂缝融合好。帷幕灌浆对水泥细度的要求为通过 80 μm 方孔筛的筛余量不大于 5%，当缝隙张开度小于 0.5 mm 时，对水泥细度的要求为通过 71 μm 方孔筛的筛余量不大于 2%。

（2）浆液。

因为地质和水文条件对裂缝的影响不同，对不同的裂缝除用水泥灌浆外，还可使用下列类型的浆液。

①细水泥浆液。细水泥浆液包括干磨水泥浆液、湿磨水泥浆液和超细水泥混合浆液，适用于缝隙张开度小于 0.5 mm 的灌浆。

②膏状浆液。膏状浆液是塑性屈服强度大于 20 Pa 的混合浆液，适用于大孔隙（如岩溶空洞、岩体宽大裂隙、堆石体等）的灌浆。

③稳定浆液。稳定浆液是掺有少量稳定剂，析水率不大于 5% 的水泥浆液，适用于遇水后性能易恶化或注入量较大的缝隙灌浆。

④混合浆液。混合浆液是掺有掺合料的水泥浆液，适用于注入量大或地下水流速较大的缝隙灌浆。

⑤化学浆液。当采用以水泥为主要胶结材料的浆液灌注达不到地基预期防渗效果或承载能力时，可采用符合环境保护要求的化学浆液灌注。化学灌浆是用硅酸钠或高分子材料为主剂配制浆液进行灌浆的工程措施。

（3）掺合料。

根据灌浆需要，可在水泥浆液中掺入砂、黏性土、粉煤灰或铝粉等外加剂，可起到减水或速凝作用。质地坚硬的天然砂或人工砂，其粒径不宜大于 2.5 mm，细度模数不宜大于 2.0，SO_3 含量宜小于 1%，含泥量不宜大于 3%，有机物含量不宜大于 3%。粉煤灰要精选，不宜粗于同时使用的水泥，烧失量宜小于 8%，SO_3 含量宜小于 3%。水玻璃的模数宜为 2.4～3.0。

2. 器械

灌浆孔是为使浆液进入灌浆部位而钻设的孔道，需要用钻孔机械进行钻孔。常用的钻孔机械有回转冲击式钻机、液压回转冲击式钻机或液压回转式钻机。液压回转式钻机，钻头压削、钻进速度较快，受孔深、孔向、孔径和岩石硬度的限

制较少,软硬岩均可,又可以取岩芯,常用来钻几十米甚至百米以上的深孔。

应在分析地层特性、灌浆深度、钻孔孔径和方向、对岩芯的要求、现场施工条件等因素后,选定钻孔机械。一般宜选机体轻便、结构简单、运行可靠、便于拆卸的机械。帷幕灌浆孔宜采用回转冲击式钻机和金刚石钻头或硬质合金钻头钻进,固结灌浆可采用各种适宜的钻机和钻头钻进。

钻孔质量直接影响灌浆的质量。对于钻孔质量,总的要求是:确保孔位、孔向、孔深符合设计及误差要求,力求孔径上下均一,孔壁平顺,钻孔中产生的粉屑较少。

①孔位要统一编号,帷幕灌浆钻孔位置与设计位置的偏差不得大于 10 cm。

②孔向和孔深是保证灌浆质量的关键。灌浆孔有直孔和倾斜孔两种。孔向的控制比较困难,特别是钻深孔、斜孔,掌握钻孔方向更加困难。对小于 40°的裂缝可以打直孔。孔深即钻杆的钻进深度,比较容易控制。一般情况下,孔底最大允许偏差值不超过孔深的 2.5%。

③孔径与岩石情况和钻孔深度等有密切的关系。均一的孔径和平滑的孔壁能够使灌浆栓塞卡紧、卡牢,更好地保证灌浆的压力和质量。钻孔中产生过多的粉屑,会堵塞孔壁的裂隙,影响灌浆质量。帷幕灌浆孔宜采用较小的孔径。

各灌浆孔都是采用逐步加密的施工顺序:先对第一序孔进行钻孔,灌浆后再依次对第二序孔钻孔。后序灌浆孔可作为前序灌浆孔的检查孔。

2.2.2 灌浆施工

1. 钻孔冲洗

钻孔以后,要将钻孔孔壁及岩石裂隙冲洗干净,孔内沉积物厚度不得超过 20 cm,这样才能较好地保证灌浆质量。钻孔冲洗工作通常分为孔壁冲洗和裂隙冲洗,可采用灌浆泵(或泥浆泵)、砂浆泵和冲洗管。

(1)孔壁冲洗。

将钻杆(或导管)下到孔底,用钻杆前端的大流量压力水自下而上冲洗,冲至回水干净后继续冲洗 5~10 min。

(2)裂隙冲洗。

裂隙冲洗分为单孔冲洗和群孔冲洗,在卡紧灌浆栓塞后进行。单孔冲洗仅能冲掉钻孔周围很小范围内的填充物,适用于裂隙较少的岩层,冲洗方法有高压水冲洗、高压脉动冲洗和压气扬水冲洗。群孔冲洗适用于岩层破碎、节理裂隙发育以致在钻孔之间互相连通的地层。

①单孔冲洗。

a.高压水冲洗。利用高压原理将裂隙中的充填物推移、压实,达到回水完全清洁。冲洗水的压力一般为灌浆压力的 80%,待回水清洁后,保持流量并稳定 20 min 即可。

b.高压脉动冲洗。利用高低压的脉冲反复冲洗,高压为灌浆压力的 80%,低压为零。用高压冲洗 5~10 min 后,瞬间将高压变为低压,形成反向脉动水流,将裂隙中的充填物带出,当回水由浑变清后,再将压力变为高压,如此反复冲洗。待回水不再浑浊后,持续冲洗 10~20 min 即可。压力差越大,冲洗效果越好。

c.压气扬水冲洗。利用水管中水流的巨大压力和压缩空气的释压膨胀作用,将孔中杂物冲出孔口。该方法一般适用于地下水位较高、补给水充足的洞孔。

②群孔冲洗。

将钻孔连通的钻孔组成孔组,轮换地向一个孔或几个孔压进压力水或压缩空气,让其从其余的孔中排出浊水,如此反复交替冲洗,至回水不再浑浊。群孔冲洗时,沿孔深的冲洗段数不宜过多。否则,将会分散冲洗压力和冲洗水的水流量,还会出现水量总在先贯通的裂隙中流动,而其他裂隙冲洗不干净的情况。

对于群孔冲洗,可以不分顺序,而对群孔同时灌浆。不论采用哪一种冲洗方法,都可以在冲洗液中加入适量的化学剂,如碳酸钠(Na_2CO_3)、氢氧化钠(NaOH)或碳酸氢钠($NaHCO_3$)等,以利于泥质充填物的溶解,提高冲洗效果。加入化学剂的品种和掺量宜通过试验确定。

2. 压水试验

压水试验是在一定压力下,将水压入钻孔,根据岩层的吸水量(压入水量与压入时间)来确定岩体裂隙内部的结构情况和透水性的一种试验工作。压水试验的目的是测定地层的渗透特性,计算和分析代表岩层渗透特性的技术参数。

钻孔压水试验应随钻孔的加深自上而下地用单栓塞分段、隔离进行。岩石完整、孔壁稳定的孔段,或有必要单独进行试验的孔段,可采用双栓塞分段进行。

试验孔段长度和灌浆段长度一致,一般为 5m。对于含断层破碎带、裂隙密集带、岩溶洞穴等的孔段,应根据具体情况确定孔段长度。

对于相邻孔段应互相衔接,可少量重叠,但不能漏段。残留岩芯可计入试段长度之内。压水试验的压力依灌浆种类(帷幕灌浆或固结灌浆)、钻孔类型(先导孔、灌浆孔或质量检查孔)、灌浆压力和压水试验方法的不同,按规范规定值选用,但均应小于灌浆压力。

《水利水电工程钻孔压水试验规程》(SL 31—2003)规定:压水试验应按三级压力($P_1 = 0.3$ MPa,$P_2 = 0.6$ MPa,$P_3 = 1$ MPa)、五个阶段[$P_1 \rightarrow P_2 \rightarrow P_3 \rightarrow P_4$ $(= P_2) \rightarrow P_5 (= P_1)$]进行。

要求在稳定的压力下,每3~5 min 测读一次压入流量。连续4次读数中最大值与最小值之差小于最终值的10%,或最大值与最小值之差小于1L/min 时,本阶段试验即可结束,取最终值作为计算值。

压水试验成果以透水率 q 表示,单位为 Lu(吕荣)。即当试段压力为 1 MPa时,每米试段为压入水流量(L/min)。若试段压力小于 1 MPa,则按直线延伸方式换算。

压水试验成果按式(2.1)计算

$$q = \frac{Q}{PL} \tag{2.1}$$

式中:q 为透水率,Lu;Q 为压入流量,L/min;P 为试段压力,MPa;L 为试段长度,m。

以压水试验三级压力中的最大压力值(P)及其相应的压入流量(Q)代入式(2.1),即可求出透水率值。

3. 灌浆

(1)灌浆方式。

按照灌浆时浆液灌注和流动的特点,灌浆方式分为纯压式和循环式两种。

纯压式灌浆是将浆液注入钻孔及岩层缝隙里,不会逆流。这种方法设备简单,灌浆管不在灌浆段内,故不会发生灌浆管在孔内被水泥浆凝住的事故。缺点是灌浆段内的浆液单纯向岩层内压入,不能循环流动,灌注一段时间后,注入率逐渐减小,浆液易沉淀,常会堵塞裂隙口,影响灌浆效果。因此,纯压式灌浆多用于吸浆量大、裂隙大、孔深不超过 12 m 的情况。

化学浆液是稀溶液,不易产生沉淀,可采用纯压式灌浆法。

循环式灌浆是将灌浆管下到灌浆段底部,距离段底不大于 50 cm。一部分浆液被压入岩层缝隙里,另一部分由回浆管路返回拌浆桶中。这样可以促使浆液在灌浆段始终保持循环流动状态,不易产生沉淀。缺点是长时间灌注浓浆时,回浆管易被凝住。

（2）灌浆方法。

对于一个孔洞，可以采用一次性灌浆法或分段灌浆法。

一次性灌浆法是指，当灌浆孔的孔深小于 6 m、岩石较完整时，将灌浆孔一次钻到设计深度，全孔一次注浆。这种方法施工简便，但效果不是很好。

分段灌浆法是指，当灌浆孔的孔深大于 6 m 时，分段灌浆，分段的长度和顺序不同，对灌浆的质量影响不同。一般帷幕灌浆的分段长度为 5～6m，根据地质条件的好坏可适当增加或降低。分段灌浆法可分为自上而下、自下而上、综合分段、孔口封闭四种方法，具体如下。

①自上而下分段灌浆法。该方法是自上而下钻一段，灌一段，凝一段，再钻灌下一段，钻、灌、凝交替进行，直至设计深度。这种方法的优点：随着段深的增加，可以逐段增加灌浆压力，提高灌浆质量；由于上部岩层已经灌浆，形成固结体，下部岩层灌浆时不易产生岩层抬动和地面冒浆；分段进行压水试验的结果比较准确，有利于分析灌浆效果，估算灌浆材料需用量。缺点：钻孔与灌浆交替进行，设备搬移影响施工进度，钻孔和灌注的工作反复进行，且只有等每一段凝固以后才能进行下一段，使得施工时间延长；这种方法适用于地质条件不良、岩层破碎、竖向节理裂隙发育的情况。

②自下而上分段灌浆法。该方法是先将孔一次性钻到全深，然后自下而上分段灌浆。这种方法提高了钻机的工作效率，但灌浆压力不能太大。这种方法一般用在岩层比较完整或上部有足够压重、裂缝较少的情况。

③综合分段灌浆法。在实际工程中，通常是上层岩石破碎，下层岩石完整，因此，可以采取上部孔段自上而下钻灌，下部孔段自下而上灌浆。

④孔口封闭灌浆法。此法是把封闭器放在孔口，采用自上而下的灌浆方法对孔洞进行灌浆的一种方法。此法的优点：孔内不需下入灌浆塞，施工简便，可以节省大量时间和人力；每段灌浆结束后，不需待凝，即可开始下一段的钻进，加快了进度；多次重复灌注，有利于保证灌浆质量；可以使用大的灌浆压力等。由于此方法具有以上优点，越来越多的工程开始采用这种方法灌浆。但是此法也存在一些不足，即孔口管不能回收、浪费钢材和压水试验不够准确等。孔口封闭灌浆法适用于最大灌浆压力大于 3 MPa 的帷幕灌浆工程。钻孔孔径宜为 60 mm 左右。灌浆必须采用循环式自上而下分段灌浆方法。各灌浆段灌浆时必须下入灌浆管，管口距段底不得大于 50 cm。

（3）灌浆设备。

循环灌浆法的灌浆设备有拌浆筒、灌浆泵、灌浆管、灌浆塞、回浆管、压力表

和加水器。

拌浆筒由动力机带动搅拌叶片,拌浆筒上有过滤网。

灌浆泵的性能应与浆液类型、浆液浓度相适应,容许工作压力应大于最大灌浆压力的 1.5 倍,并应有足够的排浆量和稳定的工作性能。灌注纯水泥浆液,推荐使用 3 缸(或 2 缸)柱塞式灌浆泵;灌注砂浆应使用砂浆泵;灌注膏状浆液应使用螺杆泵。

灌浆管采用钢管和胶管应保证浆液流动畅通,并应能承受最大灌浆压力的 1.5 倍的压力。压力表的准确性对灌浆质量至关重要,灌浆泵和灌浆孔口处均应安设压力表,使用压力宜在压力表最大标值的 1/4~1/3。压力表与管路之间应设有隔浆装置,防止浆液进入压力表,并应经常进行检定。

灌浆塞应与灌浆方式、方法、灌浆压力和地质条件等相适应,胶塞(球)应具有良好的膨胀性和耐压性能,在最大灌浆压力下能可靠地封闭灌浆孔段,并且易于安装和拆卸。

当灌浆压力大于 3 MPa 时,应采用高压灌浆泵(其压力摆动范围不超出灌浆压力的 20%)、耐蚀灌浆阀门、钢丝编织胶管、大量程的压力表(其最大标值宜为最大灌浆压力的 2.0~2.5 倍)、专用高压灌浆塞(或孔口封闭器,小口径无塞灌浆用)等灌浆设备。

(4)灌浆压力。

灌浆压力指将浆液注入灌浆部位所采用的压力值,它是对灌浆孔的中心点的作用力。

灌浆压力是保证和控制灌浆质量、提高灌浆效率的重要因素。灌浆压力与地质条件、孔深和工程目的密切相关,一般多是通过现场灌浆试验确定的。常在设计时通过公式计算或根据经验先行拟订,而后在灌浆过程中调整确定,这是确定灌浆压力的原则。一般情况下(不破坏基岩结构),压力越大,浆液喷射的距离就越远,灌浆效果就越好。

若采用循环式灌浆,压力表应安装在孔口回浆管路上;若采用纯压式灌浆,压力表应安装在孔口进浆管路上。压力表指针的摆动范围应小于灌浆压力的 20%,压力读数宜读压力表指针摆动的中值。当灌浆压力达到 5 MPa 及以上时,考虑瞬间高压也会在基岩中引起有害的劈裂,要读峰值,并应查找原因,加以解决。灌浆应尽快达到设计压力,但注入率大时,为了避免浆液串流过远造成浪费和防止抬动,应分级升压。

4. 灌浆结束标准和封孔

(1)灌浆结束标准。

①帷幕灌浆。当采用自上而下分段灌浆法时,在规定的压力下,当注入率不大于 0.4 L/min 时,继续灌注 60 min;或注入率不大于 1 L/min 时,继续灌注 90 min。当采用自下而上分段灌浆法时,继续灌注的时间可对应上述注入率,相应地减少为 30 min 和 60 min。帷幕灌浆采用分段压力灌浆封孔法,因为帷幕灌浆的孔较深,在自上而下灌浆结束后用浓浆自下而上再灌,按正常灌浆结束标准,灌完等待凝固,灌到距孔顶小于 5m 的距离,清理孔洞,用水泥砂浆封顶。

②固结灌浆。在规定的压力下,当注入率不大于 0.4 L/min 时,继续灌注 30 min,灌浆可以结束。固结灌浆采用机械压浆封孔法,即灌浆结束后,把胶管伸入底部,用灌浆泵向孔内压入浓浆,直到孔内冒出积水。

(2)灌浆封孔。

灌浆封孔是指灌浆结束停歇一定时间后用填充物填实孔口的工作。封孔工作非常重要,要求使用机械进行封孔,有以下四种封孔方法。

①机械压浆封孔法。全孔灌浆结束后,将胶管(或铁管)下到钻孔底部,用灌浆泵或砂浆泵经胶管向钻孔内泵入水灰比为 0.5∶1 的水泥浆或水泥、砂、水配合比为 1∶(0.5～1)∶(0.75～1) 的水泥砂浆。水泥浆或水泥砂浆由孔底逐渐上升,将孔内余浆或积水顶出,直到孔口冒出水泥浆或水泥砂浆为止。随着水泥浆或水泥砂浆由孔底逐渐上升,胶管也徐徐上升,但胶管管口要保持在浆面以下。

②压力灌浆封孔法。全孔灌浆结束后,将灌浆塞塞在孔口,灌入水灰比为 0.5∶1 的水泥浆,灌入压力可根据工程具体情况确定。较深的帷幕灌浆孔可使用 0.8～1 MPa 的压力,当注入率不大于 1L/min 时,继续灌注 30 min 即可。

③置换和压力灌浆封孔法。置换和压力灌浆封孔法是上述两种方法的综合。先将孔内余浆置换成为水灰比为 0.5∶1 的水泥浆,而后将灌浆塞塞在孔口,进行压力灌浆封孔。当采用孔口封闭灌浆法时,应使用这种方法封孔。当最下面一段灌浆结束后,利用原灌浆管灌入水灰比为 0.5∶1 的水泥浆,将孔内余浆全部顶出,直到孔口冒出水泥浆。而后提升灌浆管,在提升过程中,严禁用水冲洗灌浆管,严防地面废浆和污水流入孔内,同时不断地向孔内补入 0.5∶1 的水泥浆(在灌浆管全部提出后再补入也可)。最后,在孔口进行纯压式灌浆封孔

1 h,仍用 0.5：1 的水泥浆,压力可为最大灌浆压力。封孔灌浆结束后,闭浆24 h。

④分段压力灌浆封孔法。全孔灌浆结束后,自下而上分段进行灌浆封孔,每段长 15～20 m,灌注水灰比为 0.5：1 的水泥浆,灌注压力与该段的灌浆压力相同,当注入率不大于 1 L/min 时,继续灌注 30 min,在孔口段延续 60 min,灌注结束后,闭浆 24 h。采用上述各种方法封孔,若孔内浆液凝固后,灌浆孔上部空余长度大于 3m,应采用机械压浆法继续封孔;灌浆孔上部空余长度小于 3 m 时,可使用更浓的水泥浆或水泥砂浆人工封填密实。

2.3 基础与地基的锚固

2.3.1 锚固的优点

将受拉杆件的一端固定于岩(土)体中,另一端与工程结构物相连接,利用锚固结构的抗剪强度和抗拉强度,改善岩土的力学性质,增加抗剪强度,对地基与结构物起到加固作用的技术,统称为锚固技术或锚固法。

锚固技术具有效果可靠、施工干扰小、节省工程量、应用范围广等优点,在国内外得到了广泛的应用。在水利水电工程施工中,锚固技术主要应用于以下方面。

①高边坡开挖时锚固边坡。

②坝基、岸坡抗滑稳定加固。

③大型洞室支护加固。

④大坝加高加固。

⑤锚固建筑物,改善应力条件,提高抗震性能。

⑥建筑物裂缝、缺陷等的修补和加固。

可供锚固的地基不仅限于岩石,还可在软岩、风化层,以及砂卵石、软黏土等地基中应用。

2.3.2 锚固施工工艺流程

锚固施工工艺流程如图 2.1 所示。

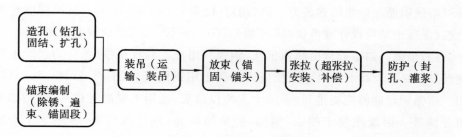

图 2.1　锚固施工工艺流程

2.3.3　锚固结构及锚固方法

锚固结构一般由内锚固段(锚根)、自由段(锚束)、外锚固段(锚头)组成。内锚固段是必须有的,其锚固长度及锚固方式取决于锚杆的极限抗拔能力,锚头设置与否、自由段的长度大小取决于是否要施加预应力及施加的范围,整个锚杆的配置取决于锚杆的设计拉力。

1. 内锚固段(锚根)

内锚固段即锚杆深入并固定在锚孔底部扩孔段的部分,要求能保证对锚束施加预应力。按固定方式一般分为黏着式和机械式。

(1)黏着式锚固段。按锚固段的胶结材料是先于锚杆填入还是后于锚杆灌浆,黏着式锚固方法可分为填入法和灌浆法。胶结材料有高强水泥砂浆、纯水泥浆、化工树脂等。在天然地层中,锚固方法多以钻孔灌浆为主,该方法锚固的锚杆称为灌浆锚杆。施工工艺有常压灌浆、高压灌浆、预压灌浆、化学灌浆和许多特殊的锚固灌浆技术。目前,国内多用水泥砂浆灌浆。

(2)机械式锚固段。它是利用特制的三片钢齿状夹板的倒楔作用,将锚固段根部挤固在孔底,称为机械锚杆。

2. 自由段(锚束)

锚束是承受张拉力,对岩(土)体起加固作用的主体。锚束采用的钢材与钢筋混凝土中的钢筋相同,注意应具有足够大的弹性模量以满足张拉的要求。宜选用高强度钢材,降低锚杆张拉要求的用钢量,但不得在预应力锚束上使用两种不同的金属材料,避免因异种金属长期接触发生化学腐蚀。锚束常用材料可分为以下两大类。

(1)粗钢筋。我国常用粗钢筋为热轧光面钢筋和变形(调质)钢筋。变形钢

51

筋可增强钢筋与砂浆的握裹力。钢筋的直径常为 25～32 mm,其抗拉强度标准值按《混凝土结构设计规范(2015 年版)》(GB 50010—2010)的规定采用。

(2)锚束。锚束通常由高强钢丝、钢绞线组成。其规格按《预应力混凝土用钢丝》(GB/T 5223—2014)与《预应力混凝土用钢绞线》(GB/T 5224—2014)选用。高强钢丝能够密集排列,多用于大吨位锚束,适用于混凝土锚头、锻头锚及组合锚等。钢绞线便于编束、锚固,但价格较高,锚具也较贵,多用于中小型锚束。

3.外锚固段(锚头)

锚头是实施锚束张拉并予以锁定,以保持锚束预应力的构件,即孔口上的承载体。锚头一般由台座、承压垫板和紧固器三部分组成。因每个工点的情况不同,设计拉力也不同,必须进行具体设计。

(1)台座。预应力承压面与锚束方向不垂直时,用台座调正并固定位置,可以防止应力集中。台座用型钢或钢筋混凝土做成。

(2)承压垫板。在台座与紧固器之间使用承压垫板,能使锚束的集中力均匀地分散到台座上。一般采用 20～40 mm 厚的钢板。

(3)紧固器。张拉后的锚束通过紧固器的紧固作用,与垫板、台座、构筑物贴紧锚固成一体。钢筋的紧固器采用螺母、专用的连接器或压熔杆端等。钢丝或钢绞线的紧固器可使用楔形紧固器(锚圈与锚塞或锚盘与夹片)或组合式锚头装置。

2.4　其他地基处理方法

2.4.1　高压喷射灌(注)浆法

高压喷射灌(注)浆法在我国又称旋喷法,是 20 世纪 70 年代初期引进开发的一种地基加固技术,如今已得到广泛的应用。众所周知,有一种传统的静压注浆法,是用压力将固化剂(水泥类、化学类)注入土体的孔隙,进行地基加固的。这种方法主要适用于砂类土,也可用于黏性土。但在很多情况下,受土层和土性的影响,其加固效果不便人为控制,尤其是在沉积的分层地基和夹层多的地基中,注浆往往沿着层面流动,还难以渗入细颗粒土的孔隙中,所以经常出现加固效果不明显的情况。

高压喷射注浆法克服了上述注浆法的缺点,将注浆形成高压喷射流,切削土体并与固化剂混合,达到改良土质的目的。

化学注浆法和水泥注浆法主要适用于砂土、砾石,而高压喷射注浆法几乎适用于所有土。

高压喷射注浆法是利用钻机预成孔,或者驱动密封良好的喷射管及特制喷射头振动成孔,使喷射头下到预定位置,然后将浆液和空气、水用 15 MPa 以上的高压,通过喷射管,由喷射头上的直径约为 2 mm 的横向喷嘴向土中喷射。由于高压细束喷射流有强大的切削能力,因此喷射的浆液边切削土体,边使其余土粒在喷射流束的冲击力、离心力和重力等的综合作用下与浆液搅拌混合,并按一定的浆土比例和质量大小有规律地重新排列。待浆液凝固以后,在土内就形成一定形状的固结体。

固结体的形状与喷射流移动方向有关。目前,常见的注浆方式如下。

①旋转喷射,垂直提升,简称旋喷,可形成圆柱桩。

②定向喷射,垂直提升,简称定喷,可形成板墙。

③摆动喷射,垂直提升,简称摆喷,可形成扇形桩。

定喷多用于长桩,防渗墙的修筑宜采用定喷。摆喷可用于桩间防渗。用高压定喷注浆筑墙,形成墙体的平面形状,依不同的定喷方向和喷嘴形式,可以有多种选择。根据喷射方法的不同,高压喷射注浆法可分为单管喷射法、二重管法和三重管法。

单管喷射法是通过单层喷射嘴将高压浆液向外喷射。

二重管法是用二层喷射嘴,将高压浆液和压缩空气同时向外喷射。浆液在四周有空气膜的条件下,加固范围扩大,加固直径可达 1m。

三重管法是一种水、气喷射,浆液灌注的方法,即用三层或三个喷射嘴,将高压水和压缩空气同时向外喷射,切割土体,并借空气的上升力使一部分细小土粒冒出地面,与此同时,另一个喷射嘴将浆液以较低压力喷射到被切割、搅拌的土体中,加固直径可达 2m。二重管法和三重管法都是将浆液(或水)和压缩空气同时喷射,既可加大喷射距离,增大切割能力,又可促进废土的排出,提高加固效果。

2.4.2　振动水冲加固法

振动水冲加固法是利用机械振动和水力冲射加固土体的一种方法,也称为振动水冲法,简称振冲法。其最早用来振冲挤密松砂地基,提高承载力,防止液

化。后来应用于黏性土地基振冲,以碎石、砂砾置换成桩体,提高承载力,减小沉降量。其按加固机理,又分成振冲挤密和振冲置换两种。在实际应用中,挤密和置换常联合使用、互相补充,还可以加固垃圾、碎砖瓦和粉煤灰。《水利水电工程施工组织设计规范》(SL 303—2017)建议推广应用此法。

1. 施工机具

振动水冲加固法的主要施工机具是振冲器,以及控制振冲器的吊机和水泵。振冲器的原理是由水封的电机通过联轴器带动偏心块旋转,产生一定频率和振幅的水平振动。压力水(压强 0.4～0.6 MPa,流速 20～30 m³/h)经过空心竖轴从振冲器下端喷口喷出,同时产生振动和冲射。工作时,用吊机吊着振冲器,对准位置,开启电机和水阀,一边振动,一边射水,一边下沉振冲器,直达设计深度,形成振冲孔。必要时可向孔中投放填料或置换料,再通过振冲使之密实。

2. 振冲加固原理

振冲挤密法加固土体和振冲置换法加固土体的原理不尽相同。

(1)振冲挤密法加固砂层的原理:①依靠振冲器的强力振动,使饱和砂体发生液化,砂粒重新排列,孔隙减少,砂法得到加密;②依靠振冲器的水平振动力,通过加填料使砂层挤压加密。

(2)振冲置换法加固软弱黏性土层,主要是通过振冲向振冲孔中投放碎石等坚硬的粗粒料,并经振冲密实,形成多根物理力学性能远优于原土层的碎石桩,桩与原土层一起构成复合地基。复合地基中的桩体,因能承担较大荷载而具有应力集中作用,因桩体的排水性能较好而促进了原土层的排水固结作用,并对整个复合土层起着应力扩散作用。这些作用明显提高了复合地基的承载能力和抗滑稳定能力,降低了压缩性。

3. 振冲挤密法

振冲挤密法加固土体的厚度可达 30 m,一般在 10 m 左右。振冲挤密法适用于砂性土、砂、细砾等松软土层。填料可用粗砂、砾石、碎石、矿渣或经破碎的废混凝土等,粒径为 0.5～5 cm。对密实度较高的土层,振冲的技术经济效果将显著降低。

振冲孔的间距视振冲器的功率、特性及加固要求而定。使用 30 kW 振冲器,间距一般为 1.8～2.5 m;使用 75 kW 振冲器,间距一般为 2.5～3.5 m。砂的粒径越小,对密实度的要求就越高,则振冲孔的间距应越小。

振冲孔的布置有等边三角形或矩形两种,根据相关项目经验,认为对大面积土体的挤密处理,作等边三角形布置时,挤密效果较好。

振冲挤密工艺,对粉细砂地层,宜采用加填料的振冲挤密工艺;对中粗砂地层,可利用中粗砂自行塌陷,不加填料。

在施工过程中,处理好以下问题,有助于提高振冲挤密的质量。

(1)在下沉振冲器时,要适当控制造孔的速度,以保证孔周砂土有足够的振密时间,一般为 $1\sim2$ m/min。

(2)要注意调节水量和水压,既要保证正常的下沉速度,又要避免大量土料的流失。

(3)要均匀连续地投放填料,使土层逐渐振冲挤密。在挤密过程中,振冲器会被迫输出更大的功率,以克服挤入填料的阻力,此时,电机的电流将逐渐上升。当电机电流升高到规定的控制值时,可将振冲器上提一段相当于振冲器锥头的距离($30\sim50$ cm),这样可以使整个土层振密得更加均匀。

4. 振冲置换法

振冲置换法适用于淤泥、黏性土层。振冲置换法形成碎石桩所用的桩料、孔的间距和平面布置等问题,与振冲挤密法的要求相似,故不再赘述。

振冲置换法与振冲挤密法投放填料的主要区别是,其采用间歇法投放桩料,主要原因是在黏性土层的振冲孔中,一边振冲一边连续投放桩料不容易保证桩体的质量。

采用间歇法投放桩料,需在振冲器到达设计深度以上 $30\sim50$ cm 时,停留 $1\sim2$ min,借水流冲射使孔内泥浆变稀,称之为清孔,然后将振冲器提出孔口,投入约 1m 高的桩料,再将振冲器沉入其中进行振冲,将桩料挤入土层。如果电机电流达不到规定值,则再提出振冲器,添投桩料,直到电流达到规定值。重复加桩料和振实工作,直到全孔形成桩体。振冲置换法所形成的碎石桩直径与地层性质、桩材粒径和振冲器功率等因素有关,一般为 $0.8\sim1.2$ m。

振冲加固使用的设备简单,操作方便,工效较高,几分钟就可完成一个孔的造孔和回填工作。在设备条件允许时,还可将若干个振冲器组成一个振冲器组。

2.4.3　地基处理方法综述

地基处理,就是为提高地基的承载能力和抗渗能力,防止过量或不均匀沉陷,以及处理地基的缺陷而采取的加固、改进措施。

　　首先要说明,桩基是建筑中应用最多的人工复合地基之一。考虑到桩基已有较完整的理论,其设计方法、施工工艺、现场监测都较成熟,相关成果很多,在地基处理方法的分类中,一般不包括各种桩基,也不把它作为一种地基处理方法介绍。另外,考虑到近年来低强度混凝土桩复合地基和钢筋混凝土复合地基技术发展较快,其荷载传递路线和计算理论也可归于复合地基范畴,在地基处理方法分类时将其纳入,并将其归至加筋部分。

　　地基处理方法的种类很多,目前我国水利界尚未统一。按照加固地基的原理进行分类,除清基开挖法外,还将地基处理方法分为置换法、排水固结法、灌入固化物法、振密或挤密法、加筋法、冷热处理法、托换法、纠倾法共八种。

　　(1)置换法。置换法是用物理力学性质较好的岩土材料,置换天然地基中的部分或全部软弱土或不良土,形成双层地基或复合地基,以达到地基处理的目的。除前面讲过的浇筑混凝土防渗墙法、振冲置换法(或称振冲碎石桩法)外,还有垂直铺塑防渗墙法、振动成模注浆防渗板墙法、换土垫层法、挤淤置换法、褥垫法、强夯置换法、砂石桩(置换)法、石灰桩法和发泡聚苯乙烯(expandable polystyrene,EPS)超轻质料填土法等。

　　(2)排水固结法。排水固结法是通过土体在一定荷载作用下的固结,提高土体强度、减小孔隙比来达到地基处理的目的。当天然地基土渗透系数较小时,需设置竖向排水通道,以加速土体固结。常用的竖向排水通道有普通砂井、袋装砂井和塑料排水带等。按加载形式分类,它主要包括加载预压法、超载预压法、真空预压法、真空预压与堆载预压联合作用法及降低地下水位法等,电渗法也可归为排水固结法。

　　(3)灌入固化物法。灌入固化物法是向岩土的裂隙和孔隙中灌入或拌入水泥、石灰或其他化学固化浆材,在地基中形成增强体,以达到地基处理的目的。除前面讲过的固结灌浆法、帷幕灌浆法、砂砾层灌浆法(均属渗入性灌浆法)、高压喷射注浆法外,还有深层搅拌法、劈裂灌浆法、压密灌浆法和电动化学灌浆法等,夯实水泥土桩法也可认为是灌入固化物法的一种。深层搅拌法又可分为浆液喷射深层搅拌法和粉体喷射深层搅拌法两种,后者又称为粉喷法。

　　(4)振密或挤密法。振密或挤密法是采用振动或挤密的方法使未饱和土密实,以达到地基处理的目的。它主要包括表层原位压实法、强夯法、振冲密实法、挤密砂石桩法、爆破挤密法、土桩或灰土桩法、柱锤冲扩桩法、夯实水泥土桩法,以及近年发展的一些孔内夯扩桩法等。

　　(5)加筋法。加筋法是在地基中设置强度高、模量大的筋材,以达到地基处理的目的,包括在地基中设置混凝土桩形成复合地基。除前面讲过的锚固法外,加筋土法、树根桩法、低强度混凝土桩复合地基法和钢筋混凝土桩复合地基法等也属于加筋法。

(6)冷热处理法。冷热处理法是通过冻结土体或焙烧、加热地基土体改变土体物理力学性质,以达到地基处理的目的。它主要包括冻结法和烧结法两种。

(7)托换法。托换法是指对已有建筑物地基和基础进行处理的加固或改建手段。它主要包括基础加宽托换法、墩式托换法、桩式托换法、地基加固法(包括灌浆托换和其他托换)以及综合托换法等。桩式托换法包括静压桩法、树根桩法及其他桩式托换法。静压桩法又可分为锚杆静压桩法和坑式静压桩法等。

(8)纠倾法。纠倾法是指对因沉降不均匀而造成倾斜的建筑物进行矫正的手段。其主要包括加载迫降法、掏土迫降法、黄土浸水迫降法、顶升纠倾法、综合纠倾法等。

第3章　导截流工程施工

3.1　施工导流

3.1.1　导流设计流量的确定

1. 导流标准

确定导流设计流量是施工导流的前提和保证,只有在保证施工安全的前提下才能进行施工导流。导流设计流量取决于洪水频率标准。

施工期遭遇洪水是一个随机事件。如果导流设计标准太低,则不能保证工程的施工安全;反之,则导流工程设计规模过大,不仅增加导流费用,而且可能因规模太大而无法按期完工,造成工程施工的被动局面。因此,导流设计标准的确定,实际上是要在经济性与风险性之间寻求平衡。

根据《水利水电工程施工组织设计规范》(SL 303—2017),在确定导流设计标准时,应先根据导流建筑物的保护对象、使用年限、失事后果和工程规模等因素,将导流建筑物确定为 3~5 级,具体按相关规定确定,再根据导流建筑物级别及导流建筑物类型确定导流标准。

当导流建筑物根据相关规定指标分属不同级别时,导流建筑物的级别应以其最高级别为准。但当列为 3 级导流建筑物时,至少应有两项指标符合要求;当不同级别的导流建筑物或同级导流建筑物的结构形式不同时,应分别确定洪水标准、堰顶超高值和结构设计安全系数;导流建筑物级别应根据不同的施工阶段按相关规定划分,同一施工阶段中的各导流建筑物的级别应根据其不同作用划分;各导流建筑物的洪水标准必须相同,一般以主要挡水建筑物的洪水标准为准;当利用围堰挡水发电时,围堰级别可提高一级,但必须经过技术经济论证;当导流建筑物与永久性建筑物结合时,结合部分结构设计应采用永久性建筑物级别标准,但导流设计级别与洪水标准仍按相关规定执行。

当 4~5 级导流建筑物地基的地质条件非常复杂,或工程具有特殊要求必须采用新型结构,或失事后淹没重要厂矿、城镇时,其结构设计级别可以提高一级,但设计洪水标准不相应提高。

导流建筑物设计洪水标准应根据建筑物的类型和级别按相关规定选择,并结合风险度综合分析,使所选择标准经济合理。对失事后果严重的工程,要考虑对超标准洪水的应急措施。导流建筑物洪水标准在下述情况下可采用相关规定中的上限值。

(1)河流水文实测资料系列较短(小于 20 年),或工程处于暴雨中心区。

(2)采用新型围堰结构形式。

(3)处于关键施工阶段,失事后可能导致严重后果。

(4)工程规模、投资和技术难度的上限值与下限值相差不大。

(5)在导流建筑物级别划分中属于本级别上限。

当枢纽所在河段上游建有水库时,导流设计采用的洪水标准应考虑上游梯级水库的影响及调蓄作用。

过水围堰的挡水标准应结合水文特点、施工工期、挡水时段,经技术经济比较后,在重现期 3～20 年内选定。当水文系列较长(不小于 30 年)时,也可按实测流量资料分析选用。

过水围堰级别按各项指标以过水围堰挡水期情况作为衡量依据。围堰过水时的设计洪水标准应根据过水围堰的级别和规定选定。当水文系列较长(不小于 30 年)时,也可按实测典型年资料分析并通过水力学计算或水工模型试验选用。

2. 导流时段划分

导流时段就是按照导流程序划分的各施工阶段的延续时间。我国一般河流全年的流量变化过程分为枯水期、中水期和洪水期。在不影响主体工程施工的条件下,若导流建筑物只担负非洪水期的挡水泄水任务,显然可以大大减少导流建筑物的工程量,改善导流建筑物的工作条件,具有明显的技术经济效益。因此,合理划分导流时段,明确不同导流时段建筑物的工作条件,是安全、经济地完成导流任务的基本要求。

导流时段的划分与河流的水文特征、水工建筑物的形式、导流方案、施工进度有关。土坝、堆石坝和支墩坝一般不允许过水,当施工进度能够保证在洪水来临前完工时,导流时段可按洪水来临前的施工时段为标准,导流设计流量即为洪水来临前的施工时段内按导流标准确定的相应洪水重现期的最大流量。但是当

施工期较长,洪水来临前不能完工时,导流时段就要考虑以全年为标准,其导流设计流量就是以导流设计标准确定的相应洪水期的年最大流量。

山区型河流的特点是洪水期流量特别大,历时短,而枯水期流量特别小,因此水位变幅很大。若按一般导流标准要求设计导流建筑物,则须将挡水围堰修得很高或者泄水建筑物的尺寸设计得很大,这样显然是很不经济的。可以考虑采用允许基坑淹没的导流方案,即大水来时围堰过水,基坑被淹没,河床部分停工,待洪水退落、围堰挡水时再继续施工。因为基坑淹没引起的停工时间不长,施工进度依然能够得到保证,而导流总费用(导流建筑物费用与淹没基坑费用之和)又较少,所以比较合理。

3.1.2 施工导流方案的选择

水利枢纽工程的施工,从开工到完工往往不是采用单一的导流方法,而是几种导流方法组合起来配合运用,以取得最佳的技术经济效果。例如,三峡工程采用分期导流方式,分三期进行施工,第一期土石围堰围护右岸汊河,江水和船舶从主河槽通过;第二期围护主河槽,江水经导流明渠泄向下游;第三期修建碾压混凝土围堰拦断明渠,江水经泄洪坝段的永久深孔和 22 个临时导流底孔下泄。这种不同导流时段、不同导流方法的组合,通常称为导流方案。

导流方案的选择应根据不同的环境、目的和因素等综合确定。合理的导流方案,必须在周密地研究各种影响因素的基础上,拟订几个可能的方案,进行技术经济比较,从中选择技术经济指标优越的方案。

选择导流方案时考虑的主要因素如下。

1. 水文条件

水文条件是选择施工导流方案时考虑的首要因素。全年河流流量的变化情况、每个时期的流量大小和时间长短、水位变化的幅度、冬季的流冰及冰冻情况等,都是影响导流方案的因素。一般来说,对于河床单宽流量大的河流,宜采用分段围堰法导流。对于枯水期较长的河流,可以充分利用枯水期安排工程施工。对于流冰的河流,应充分注意流冰宣泄问题,以免流冰壅塞,影响泄流,造成导流建筑物失事。

2. 地质条件

河床的地质条件对导流方案的选择与导流建筑物的布置有直接影响。若河流两岸或一岸岩石坚硬且有足够的抗压强度,则有利于选用隧洞导流。如果岩石的风化层破碎,或有较厚的沉积滩地,则选择明渠导流。河流的窄深与导流方案的选择也有直接的关系。当河道窄时,其过水断面的面积必然有限,水流流过的速度增大。对于岩石河床,其抗冲刷能力较强。河床允许束窄程度甚至可达到 88%,流速增加到 7.5 m/s,但覆盖层较厚的河床的抗冲刷能力较差,其束窄程度不到 30%,流速仅允许达到 3.0m/s。此外,围堰形式的选择、基坑是否允许淹没、能否利用当地材料修筑围堰等,也都与地质条件有关。

3. 水工建筑物的形式及其布置

水工建筑物的形式和布置与导流方案相互影响,因此在决定建筑物的形式和枢纽布置时,应该同时考虑并拟订导流方案,而在选定导流方案时,又应该充分利用建筑物形式和枢纽布置方面的特点。若枢纽组成中有隧洞、涵管、泄水孔等永久泄水建筑物,在选择导流方案时应尽可能利用。在设计永久泄水建筑物的断面尺寸及其布置位置时,也要充分考虑施工导流的要求。

就挡水建筑物的形式来说,土坝、土石混合坝和堆石坝的抗冲刷能力弱,除采取特殊措施外,一般不允许从坝身过水,所以多利用坝身以外的泄水建筑物(如隧洞、明渠等)或坝身范围内的泄水建筑物(如涵管等)来导流,这就要求在枯水期时将坝身抢筑到拦洪高程以上,以免水流漫顶,发生事故。对于混凝土坝,特别是混凝土重力坝,因其抗冲刷能力较强,允许流速达到 25 m/s,故不但可以通过底孔泄流,而且可以通过未完工的坝身过水,这样导流方案选择的灵活性会大大增加。

4. 施工期间河流的综合利用

施工期间,为了满足通航、筏运、渔业、供水、灌溉或水电站运转等的要求,导流问题的解决变得更加复杂。在通航河流上大多采用分段围堰法导流。要求河流在束窄以后,河宽仍能便于船只的通行,水深要与船只吃水深度相适应,束窄断面的最大流速一般不得超过 2.0 m/s。对于浮运木筏或散材的河流,在施工导流期间,要避免木材壅塞泄水建筑物或者堵塞束窄河床。在施工中后期,水库拦洪蓄水时,要注意满足下游供水、灌溉用水和水电站运行的要求,有时为了保证渔业的要求,还要修建临时的过鱼设施,以便鱼群洄游。

影响施工导流方案的因素有很多,但水文条件、地质条件、水工建筑物的形式及其布置、施工期间河流的综合利用是应考虑的主要因素。河谷形状系数在一定程度上综合反映地形地质情况,当该系数较小时表明河谷窄深,地质多为岩石。

3.1.3　围堰

围堰是施工导流中的临时建筑物,围起建筑施工所需的范围,保证建筑物能在干地施工。在施工导流结束后如果围堰对永久性建筑物的运行有妨碍等,应予以拆除。

1. 围堰的分类

围堰按其所使用材料的不同,可分为土石围堰、混凝土围堰、草土围堰、钢板桩格型围堰等。

围堰按其与水流方向的相对位置,可分为大致与水流方向垂直的横向围堰和大致与水流方向平行的纵向围堰。

围堰按其与坝轴线的相对位置,可分为上游围堰和下游围堰。

围堰按导流期间基坑淹没条件,可分为过水围堰和不过水围堰。过水围堰除需要满足一般围堰的基本要求外,还要满足堰顶过水的专门要求。

围堰按施工分期可分为一期围堰和二期围堰等。

在实际工程中,为了能充分反映某一围堰的基本特点,常以组合方式对围堰进行命名,如一期下游横向土石围堰、二期混凝土纵向围堰等。

2. 围堰的基本形式

(1)不过水土石围堰。

不过水土石围堰是水利水电工程中应用较广泛的一种围堰形式,其断面与土石坝相仿,通常用土和石渣(或砾石)填筑而成。它能充分利用当地材料或废弃的土石方,构造简单,施工方便,对地形地质条件要求低,可以在动水中、深水中、岩基上或有覆盖层的河床上修建。

(2)混凝土围堰。

混凝土围堰的抗冲刷能力与抗渗能力强,挡水水头高,断面尺寸较小,易于与永久性混凝土建筑物相连接,必要时还可以过水,因此应用比较广泛。在国外,采用拱形混凝土围堰的工程较多。在我国,贵州省的乌江渡、湖南省的凤滩等水利水电工程也采用过拱形混凝土围堰作为横向围堰,但多数还是以重力式围堰做纵向围堰,如我国的三门峡、丹江口、三峡工程的混凝土纵向围堰均为重力式混凝土围堰。

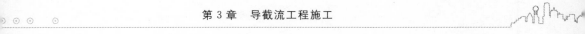

①拱形混凝土围堰。拱形混凝土围堰由于利用了混凝土抗压强度高的特点,与重力式混凝土围堰相比,断面较小,可节省混凝土工程量。拱形混凝土围堰一般适用于两岸陡峻、岩石坚实的山区河流,常采用隧洞及允许基坑淹没的导流方案。通常围堰的拱座是在枯水期的水面以上施工的。对围堰的基础处理,当河床的覆盖层较薄时,需进行水下清基;当河床的覆盖层较厚时,则可灌注水泥浆防渗加固。堰身的混凝土浇筑则要进行水下施工,在拱基两侧要回填部分砂砾料以便灌浆,形成阻水帷幕,因此难度较大。

②重力式混凝土围堰。采用分段围堰法导流时,重力式混凝土围堰往往可兼作第一期和第二期纵向围堰,两侧均能挡水,还能作为永久性建筑物的一部分,如隔墙、导墙等。纵向围堰需抵御高速水流的冲刷,所以一般均修建在岩基上。为保证混凝土的施工质量,一般可将围堰布置在枯水期出露的岩滩上。如果这样还不能保证干地施工,则通常需另修土石低水围堰加以围护。重力式混凝土围堰现在有普遍采用碾压混凝土浇筑的趋势,如三峡工程三期上游的横向围堰及纵向围堰均采用碾压混凝土浇筑。

重力式围堰可做成普通的实心式,与非溢流重力坝类似,也可做成空心式,如三门峡工程的纵向围堰。

(3)草土围堰。

草土围堰是一种草土混合结构,用多种捆草法修筑,是我国人民长期与洪水作斗争的智慧结晶,至今仍用于黄河流域的水利水电工程中。例如,黄河的青铜峡、盐锅峡、八盘峡水电站和汉江的石泉水电站都成功地应用过草土围堰。

草土围堰施工简单,施工速度快,可就地取材,成本低,还具有一定的抗冲刷、防渗能力,能适应沉陷变形,可用于软弱地基;但草土围堰不能承受较大水头,施工水深及流速也受到限制,草料还易于腐烂,一般水深不宜超过 6m,流速不超过 3.5 m/s。草土围堰使用期约为两年。八盘峡工程修建的草土围堰最大高度达 17m,施工水深达 11 m,最大流速 1.7 m/s,堰高及水深突破了上述范围。

草土围堰适用于岩基或砂砾石基础。如河床大孤石过多,草土体易被架空,形成漏水通道,使用草土围堰时应有相应的防渗措施。细砂或淤泥基础因易被冲刷,稳定性差,不适宜采用。

草土围堰断面一般为梯形,堰顶宽度为水深的 2～2.5 倍,若为岩基,可减小至水深的 1.5 倍。

3. 围堰的平面布置

围堰的平面布置是一个很重要的问题。如果围护基坑的范围过大,就会使

得围堰工程量大并且增加排水设备容量和排水费用;如果范围过小,又会妨碍主体工程施工,进而影响工期;如果分期导流的围堰外形轮廓不当,还会造成导流不畅,冲刷围堰及其基础,影响主体工程施工安全。

围堰的平面布置主要涉及堰内基坑范围确定和围堰轮廓布置两个问题。

堰内基坑范围主要取决于主体工程的轮廓及其施工方法。当采用一次拦断的不分期导流时,基坑是由上、下游围堰和河床两岸围成的。当采用分期导流时,基坑是由纵向围堰与上、下游横向围堰围成的。在上述两种情况下,上、下游横向围堰的布置都取决于主体工程的轮廓。通常围堰坡趾距离主体工程轮廓的距离不应小于 20 m,以便布置排水设施和交通运输道路、堆放材料和模板等。至于基坑开挖边坡的坡度,则与地质条件有关。当纵向围堰不作为永久性建筑物的一部分时,围堰坡趾距离主体工程轮廓的距离一般不小于 2.0m,以便布置排水导流系统和堆放模板,如无此要求,则只需留 0.4~0.6m。

在实际工程中,基坑形状和大小往往是很不相同的。有时可以利用地形来减小围堰的高度和长度;有时为照顾个别建筑物施工的需要,将围堰轴线布置成折线形;有时为了避开岸边较大的溪沟,也采用折线形布置。为了保证基坑开挖和主体建筑物的正常施工,基坑范围应当有一定富余。

4. 堰顶高程

堰顶高程取决于导流设计流量及围堰的工作条件。

下游横向围堰堰顶高程可按式(3.1)计算:

$$E_d = h_d + \delta \qquad (3.1)$$

式中:E_d 为下游围堰的顶部高程,m;h_d 为下游水位高程,m,可直接由天然河道水位-流量关系曲线查得;δ 为围堰的安全超高,不过水围堰的安全超高可根据相关规定查得,过水围堰的安全超高为 0.2~0.5 m。

上游围堰的堰顶高程由式(3.2)确定:

$$H_d = h_d + Z + h_a + \delta \qquad (3.2)$$

式中:H_d 为上游围堰的顶部高程,m;Z 为上、下游水位差,m;h_a 为波浪高度,可参照永久性建筑物的有关规定和专业规范计算,一般情况可以不计,但应适当增加超高。其余参数含义同式(3.1)。

纵向围堰的堰顶高程应与堰侧水面曲线相适应。通常纵向围堰顶面做成阶梯形或倾斜状,其上、下游高程分别与所衔接的横向围堰同高程连接。

5.围堰防冲刷措施

对于全段围堰法导流的上、下游横向围堰,应使围堰与泄水建筑物进出口保持足够的距离;对于分段围堰法导流,围堰附近的流速、流态与围堰的平面布置密切相关。

当河床是由可冲性覆盖层或软弱破碎岩石所组成时,必须对围堰坡脚及其附近河床进行防护,工程实践中采取的护脚措施主要有抛石护脚、柴排护脚及钢筋混凝土柔性排护脚三种。

(1)抛石护脚。

抛石护脚施工简便,使用期较长时,抛石会随着堰脚及其基础的刷深而下沉,每年必须补充抛石,因此所需养护费用较大。抛石护脚的范围取决于可能产生的冲刷坑的大小。护脚长度大约为围堰纵向段长度的1/2,纵向围堰外侧防冲护底的长度,根据相关工程的经验,可取为局部冲刷计算深度的2～3倍。经初步估算后,对于较重要的工程,仍应通过模型试验校核。

(2)柴排护脚。

柴排护脚的整体性、柔韧性、抗冲刷性都较好。但是,柴排护脚需要大量柴筋,拆除较困难。沉排流速要求不超过1 m/s,并需由人工配合专用船施工,多用于中、小型工程。

(3)钢筋混凝土柔性排护脚。

因单块混凝土板易失稳而使整个护脚遭受破坏,故可将混凝土板块用钢筋串接成柔性排。当堰脚范围外侧的基础覆盖层被冲刷后,混凝土板块组成的柔性排可逐步随覆盖层冲刷而下沉,进而将堰脚覆盖层封闭,防止堰基进一步淘刷。

3.1.4　施工导流方法

施工导流的方法大体上分为两类:一类是全段围堰法导流(即河床外导流),另一类是分段围堰法导流(即河床内导流)。

1.全段围堰法导流

全段围堰法导流是在河床主体工程的上、下游各建一道拦河围堰,使上游来水通过预先修筑的临时或永久泄水建筑物(如明渠、隧洞等)泄向下游,主体建筑物在排干的基坑中进行施工,主体工程建成或接近建成时再封堵临时泄水道。

这种方法的优点是工作面大,河床内的建筑物在一次性围堰的围护下建造,若能利用水利枢纽中的永久泄水建筑物导流,可大大节约工程投资。

全段围堰法导流按泄水建筑物的类型不同可分为明渠导流、隧洞导流、涵管导流等。

(1)明渠导流。

为保证主体建筑物干地施工,在地面上挖出明渠使河道水流安全地泄向下游的导流方式称为明渠导流。

当导流量大,地质条件不适于开挖导流隧洞,河床一侧有较宽的台地或古河道,或者施工期需要通航、过木或排冰时,可以考虑采用明渠导流。

国内外工程实践证明,在导流方案比较过程中,当明渠导流和隧洞导流均可采用时,一般倾向于明渠导流,这是因为明渠开挖可采用大型设备,加快施工进度,对主体工程提前开工有利。

导流明渠布置分岸坡上和滩地上两种布置形式。导流明渠的布置一般应满足以下条件。

①导流明渠轴线的布置。导流明渠应布置在较宽台地、垭口或古河道一岸;渠身轴线要伸出上、下游围堰外,坡脚水平距离要满足防冲刷要求,一般为 50～100 m;明渠进出口应与上、下游水流相衔接,与河道主流的交角以 30°为宜;为保证水流畅通,明渠转弯半径应大于 5 倍渠底宽;明渠轴线布置应尽可能缩短明渠长度和避免深挖方。

②明渠进出口位置和高程的确定。明渠进出口布置力求不冲、不淤和不产生回流,可通过水力学模型试验调整进出口形状和位置,以达到这一目的;进口高程按截流设计选择,出口高程一般由下游消能控制;进出口高程和渠道水流流态应满足施工期通航、过木和排冰要求。在满足上述条件的前提下,应尽可能抬高进出口高程,以减少水下开挖量。

导流明渠结构布置应考虑后期封堵要求。当施工期有通航、过木和排冰要求时,若明渠较宽,可在明渠内预设闸门墩,以利于后期封堵。当施工期无通航、过木和排冰要求时,应于明渠通水前将明渠坝段施工到适当高程,并设置导流底孔和坝体缺口,使二者联合泄流。

(2)隧洞导流。

为保证主体建筑物干地施工,采用导流隧洞的方式宣泄天然河道水流的导流方式称为隧洞导流。

当河道两岸或一岸地形陡峻、地质条件良好、导流流量不大、坝址河床狭窄时,可考虑采用隧洞导流。

导流隧洞的布置一般应满足以下条件。

①隧洞轴线沿线地质条件良好,足以保证隧洞施工和运行的安全。隧洞轴线宜按直线布置,当有转弯时,转弯半径不小于 5 倍洞径(或洞宽),转角不宜大于 60°,弯道首尾应设直线段,长度不应小于 3~5 倍的洞径(或洞宽);进出口引渠轴线与河流主流方向夹角宜小于 30°。

②隧洞间净距、隧洞与永久建筑物间距、洞脸与洞顶围岩厚度均应满足结构和应力要求。

③隧洞进出口位置应保证水力条件良好,并伸出堰外坡脚一定距离,一般距离应大于 50m,以满足围堰防冲刷要求。进口高程多由截流控制,出口高程由下游消能控制,洞底按需要设计成缓坡或急坡,避免形成反坡。

导流隧洞设计应考虑后期封堵要求,布置封堵闸门门槽及启闭平台设施。有条件者,导流隧洞应与永久隧洞结合,以利于节省投资。一般高水头枢纽,导流隧洞只可能与永久隧洞部分相结合,中、低水头则枢纽有可能全部相结合。

(3)涵管导流。

涵管通常布置在河岸岩滩上,其位置在枯水位以上,这样可在枯水期不修围堰或只修一段围堰而先将涵管筑好,然后修上、下游全段围堰,将河水引经涵管下泄。

涵管一般是钢筋混凝土结构。当有永久涵管可以利用或修建隧洞有困难时,采用涵管导流是合理的。在某些情况下,可在建筑物基岩中开挖沟槽,必要时予以衬砌,然后封上混凝土或钢筋混凝土顶盖,形成涵管。利用这种涵管导流往往可以获得经济、可靠的效果。因为涵管的泄水能力较弱,所以一般用于导流流量较小的河流上或只用来担负枯水期的导流任务。

为了防止涵管外壁与坝身防渗体之间的渗流,通常在涵管外壁每隔一定距离设置截流环,以延长渗径,降低渗透坡降,减少渗流的破坏作用。此外,必须严格控制涵管外壁防渗体的压实质量。涵管管身的温度缝或沉陷缝中的止水措施必须认真施工。

2. 分段围堰法导流

分段围堰法也称分期围堰法,是用围堰将建筑物分段、分期围护起来进行施工的方法。分段就是从空间上将河床围护成若干个干地施工的基坑段。分期就是从时间上将导流过程划分成几个阶段。导流的分期数和围堰的分段数并不一

定相同,因为在同一导流分期中,建筑物可以在一段围堰内施工,也可以同时在不同段围堰内施工。但是段数分得越多,围堰工程量就越大,施工也越复杂;同样,期数分得越多,工期有可能拖得越长。在通常情况下采用二段二期导流法。

分段围堰法导流一般适用于河床宽阔、流量大、施工期较长的工程,尤其是通航河流和冰凌严重的河流。这种导流方法的费用较低,国内外一些大、中型水利水电工程应用较广。分段围堰法导流,前期由束窄的原河道导流,后期可利用事先修建好的泄水道导流,常见泄水道的类型有底孔、坝体缺口等。

(1)底孔导流。

利用设置在混凝土坝体中的永久底孔或临时底孔作为泄水道,是二期导流经常采用的方法。导流时让全部或部分导流流量通过底孔宣泄到下游,保证后期工程的施工。临时底孔在工程接近完工或需要蓄水时要加以封堵。

采用临时底孔时,底孔的尺寸、数目和布置要通过相应的水力学计算确定,其中底孔的尺寸在很大程度上取决于导流的任务(过水、过船、过木和过鱼)、水工建筑物结构特点和封堵用闸门设备的类型。底孔的布置要满足截流、围堰工程以及本身封堵的要求。若底坎高程布置较高,截流时落差就大,围堰也高,但封堵时的水头较低,封堵容易。一般底孔的底坎高程应布置在枯水位之下,以保证枯水期泄水。当底孔数目较多时,可把底孔布置在不同的高程,封堵时从最低高程的底孔堵起,这样可以减小封堵时所承受的水压力。底孔导流的优点:挡水建筑物上部的施工可以不受水流的干扰,有利于均衡连续施工,这对修建高坝特别有利。若坝体内设有永久底孔可以用来导流,更为理想。底孔导流的缺点:由于坝体内设置了临时底孔,钢材用量增加;如果封堵质量不好,会削弱坝体的整体性,有可能漏水;在导流过程中,底孔有被漂浮物堵塞的危险;封堵时由于水头较高,安放闸门及止水等均较困难。

(2)坝体缺口导流。

在混凝土坝施工过程中,当汛期河水暴涨暴落,其他导流建筑物不足以宣泄全部流量时,为了不影响坝体施工进度,使坝体在涨水时仍能继续施工,可以在未建成的坝体上预留缺口,以便配合其他建筑物宣泄洪峰流量,待洪峰过后,上游水位回落,再继续修筑缺口。所留缺口的宽度和高度取决于导流设计流量、其他建筑物的泄水能力、建筑物的结构特点和施工条件。当采用底坎高程不同的缺口时,为避免高、低缺口单宽流量相差过大,产生高缺口向低缺口的侧向泄流,引起压力分布不均匀,需要适当控制高、低缺口间的高差。根据相关工程的经验,其高差以不超过 4 m 为宜。在修建混凝土坝,特别是大体积混凝土坝时,坝体缺口导流法因较为简单而常被采用。

底孔导流和坝体缺口导流一般只适用于混凝土坝,特别是重力式混凝土坝枢纽。至于土石坝或非重力式混凝土坝枢纽,应采用分段围堰法导流,并常与隧洞导流、明渠导流等河床外导流方式相结合。

3.1.5　导流泄水建筑物的布置

导流建筑物包括泄水建筑物和挡水建筑物。现在着重说明导流泄水建筑物布置与水力计算的有关问题。

1. 导流隧洞的布置与设计

(1)导流隧洞的布置。

隧洞的平面布置主要指隧洞路线选择。影响隧洞布置的因素很多,选线时应特别注意地质条件和水力条件,一般可参照以下原则布置。

①隧洞轴线沿线地质条件良好,足以保证隧洞施工和运行的安全。应将隧洞布置在完整、新鲜的岩石中,为了防止隧洞沿线产生大规模塌方,应避免洞轴线与岩层、断层、破碎带平行,洞轴线与岩石层面的交角最好在 45°以上。

②当河岸弯曲时,隧洞宜布置在凸岸,不仅可以缩短隧洞长度,而且水力条件较好。国内外许多工程均采用这种布置形式。但是也有个别工程的隧洞位于凹岸,使隧洞进口方向与天然水流方向一致。

③对于高流速无压隧洞,应尽量避免转弯。有压隧洞和低流速无压隧洞,如果必须转弯,则转弯半径应大于 5 倍洞径(或洞宽),转折角应不大于 60°。在弯道的上下游应设置直线段过渡,直线段长度一般也应大于 5 倍洞径(或洞宽)。

④进出口与河床主流流向的夹角不宜太大,否则会造成上游进水条件不良,下游河道产生有害的折冲水流与涌浪。进出口引渠轴线与河流主流方向夹角宜小于 30°。上游进口处的要求可酌情放宽。

⑤当需要采用两条以上的导流隧洞时,可将它们布置在一岸或两岸。同一岸双线隧洞间的岩壁厚度一般不应小于开挖洞径的 2 倍。

⑥隧洞进出口距上下游围堰坡脚应有足够的距离,一般要求在 50 m 以上,以满足围堰防冲刷要求。进口高程多由截流控制,出口高程由下游消能控制,洞底按需要设计成缓坡或急坡,避免形成反坡。

(2)导流隧洞断面及进出口高程设计。

隧洞断面尺寸取决于设计流量、地质和施工条件,洞径应控制在施工技术和

结构安全允许范围内,目前国内单洞断面尺寸多在 200 m² 以下,单洞泄量不超过 2000 m³/s。

隧洞断面形式取决于地质条件、隧洞工作状况(有压或无压)及施工条件,常用断面形式有圆形、马蹄形、方圆形。圆形多用于有压洞,马蹄形多用于地质条件不良的无压洞,方圆形有利于截流和施工。

洞身设计中,糙率 n 的选择是十分重要的问题,糙率的大小直接影响到断面的大小,而衬砌与否、衬砌的材料和施工质量、开挖的方法和质量则是影响糙率的因素。一般混凝土衬砌隧洞的糙率为 0.014～0.025;不衬砌隧洞的糙率变化较大,光面爆破时为 0.025～0.032,一般炮眼爆破时为 0.035～0.044,设计时根据具体条件,查阅有关手册,选取设计的糙率。对重要的导流隧洞工程,应通过水工模型试验验证其糙率的合理性。

隧洞围岩应有足够的厚度,并与永久建筑物有足够的施工间距,以免永久建筑物受到基坑渗水和爆破开挖的影响。进洞处顶部岩层厚度通常为 1～3 倍洞径。进洞位置也可通过经济比较确定。

进出口底部高程应考虑洞内流态、截流、放木等要求。一般出口底部高程与河底齐平或略高,有利于洞内排水和防止淤积。对于有压隧洞,底坡在 1‰～3‰者居多,这样有利于施工和排水。无压隧洞的底坡主要取决于过流要求。

2. 导流明渠的布置与设计

(1)导流明渠的布置。

导流明渠一般布置在岸坡上和滩地上。其布置要求如下。

①尽量利用有利地形,布置在较宽台地、垭口或古河道一岸,使明渠工程量最小,但伸出上下游围堰外坡脚的水平距离要满足防冲刷要求,一般为 50～100 m;尽量避免渠线通过不良地质区段,特别应注意滑坡崩塌,保证边坡稳定,避免高边坡开挖。在河滩上开挖的明渠,一般需设置外侧墙,其作用与纵向围堰相似。外侧墙必须布置在可靠的地基上,并尽量使其能直接在干地上施工。

②明渠轴线应顺直,以使渠内水流顺畅平稳,应避免采用 S 形弯道。明渠进出口应分别与上下游水流相衔接,与河流主流流向的夹角以 30°为宜。为保证水流畅通,明渠转弯半径应大于 5 倍渠底宽。对于软基上的明渠,渠内水面与基坑水面之间的最短距离应大于两水面高差的 2.5 倍,以免发生渗透破坏。

③导流明渠应尽量与永久明渠相结合。当枢纽中的混凝土建筑物在岸边布置时,导流明渠常与电站引水渠和尾水渠相结合。

④必须考虑明渠挖方的利用。国外有些大型导流明渠,出渣料均用于填筑土石坝,如巴基斯坦的塔贝拉导流明渠。

⑤防冲刷问题。在良好岩石中开挖出的明渠,可能无须衬砌,但应尽量减小糙率。软基上的明渠应有可靠的衬砌和防冲刷措施。有时为了尽量利用较小的过水断面以增大泄流能力,即使是岩基上的明渠,也用混凝土衬砌。出口消能问题应受到特别重视。

⑥在明渠设计时,应考虑封堵措施。因为明渠施工是在干地进行的,所以应同时布置闸墩,方便导流结束时采用下闸封堵方式。个别工程对此考虑不周,不仅增加了封堵的难度,而且拖延了工期,影响整个枢纽按时发挥效益,应引以为戒。

(2)明渠进出口位置和高程的确定。

进口高程按截流设计选择,出口高程一般由下游消能控制,进出口高程和渠道水流流态应满足施工期通航、过木和排冰要求。在满足上述条件的前提下,应尽可能抬高进出口高程,以减少水下开挖量。其目的在于使明渠进出口不冲、不淤和不产生回流,还可通过水力模型试验调整进出口形状和位置。

(3)导流明渠断面设计。

①明渠断面尺寸的确定。明渠断面尺寸由设计导流流量控制,并受地形、地质和允许抗冲刷流速影响,应按不同的明渠断面尺寸与围堰的组合,通过综合分析确定。

②明渠断面形式的选择。明渠断面一般设计成梯形,当渠底为坚硬基岩时,可设计成矩形,有时为满足截流和通航的目的,也可设计成复式梯形断面。

③明渠糙率的确定。明渠糙率直接影响明渠的泄水能力,而影响糙率的因素有衬砌的材料、开挖的方法、渠底的平整度等,可根据具体情况查阅有关手册确定,对大型明渠工程,应通过水力模型试验选取糙率。

3. 导流底孔及坝体缺口的布置

(1)导流底孔的布置。

早期工程的底孔通常布置在每个坝段内,称跨中布置。例如,三门峡工程,在一个坝段内布置两个宽 3 m、高 8 m 的方形底孔。新安江工程在一个坝段内布置一个宽 10 m、高 13 m 的门洞形底孔,进口处加设中墩,以减轻封堵闸门重量。另外,国内从柘溪工程开始,相继在凤滩、白山工程中采用骑缝布置(也称跨缝布置),孔口高宽比越来越大,钢筋耗用量显著减少。白山导流底孔为满足排冰需要,进口不加中墩,且进口处孔高达 21 m(孔宽 9 m),设计成自动满管流进

口。国外也有些工程采用骑缝布置,如非洲的卡里巴工程、苏联的克拉斯诺亚尔斯克工程等。巴西的伊泰普工程则采用跨中与骑缝相间的混合布置,孔口宽6.7 m、高22 m。

导流底孔高程一般比最低下游水位低一些,主要根据通航、过木及截流要求,通过水力计算确定。导流底孔若为封闭式框架结构,其高程则需要结合基岩开挖高程和框架底板所需厚度综合确定。

(2)坝体预留缺口的布置。

坝体预留缺口宽度与高程主要由水力计算确定。如果缺口位于底孔之上,孔顶板厚度应大于3m。各坝块的预留缺口高程可以不同,但缺口高差一般以4~6 m为宜。当坝体采用纵缝分块浇筑法,未进行接缝灌浆过水,且流量大、水头高时,应校核单个坝块的稳定性。

在轻型坝上采用缺口泄洪时,应校核支墩的侧向稳定性。

4.导流涵管的布置

对导流涵管的水力问题,如管线布置、进口体形、出口消能等问题的考虑,均与导流底孔和隧洞相似。但是,涵管与底孔也有很大的不同,涵管被压在土石坝体下面,若布置不妥或结构处理不善,可能造成管道开裂、渗漏,导致土石坝失事。因此,在布置涵管时,还应注意以下几个问题。

①应使涵管坐落在基岩上。若有可能,宜将涵管嵌入新鲜基岩。大、中型涵管应有一半高度埋入基岩。有些中、小型工程,可先在基岩中开挖明渠,顶部加上盖板形成涵管。苏联的谢列布良电站,其涵管是在基岩中开挖出来的,枯水流量通过涵管下泄,第一次洪水导流是同时利用涵管和管顶明渠下泄,当管顶明渠被土石坝拦堵后,下一次洪水则仅由涵管宣泄。

②涵管外壁与大坝防渗土料接触部位应设置截流环,以延长渗径,防止接触渗透破坏。环间距一般可取10~20 m,环高1~2 m,厚0.5~0.8 m。

③大型涵管断面也常用方圆形。若上部土荷载较大,顶拱宜采用抛物线形。

3.2　截　流　施　工

3.2.1　截流的基本方法

河道截流有立堵法、平堵法、综合法、下闸法及定向爆破法等,但基本方法为立堵法和平堵法两种。

1. 立堵法

立堵法截流是将截流材料从一侧戗堤或两侧戗堤向中间抛投进占,逐渐束窄河床,直至全部拦断。

立堵法截流不需架设浮桥,准备工作比较简单,造价较低,但截流时水力条件较为不利,龙口单宽流量较大,流速也较大,易造成河床冲刷,需抛投单个质量较大的截流材料。由于工作前线狭窄,抛投强度受到限制。立堵法截流适用于大流量、岩基或覆盖层较薄的岩基河床,对于软基河床,应采取护底措施后才能使用。

2. 平堵法

平堵法截流是沿整个龙口宽度全线抛投截流材料,抛投料堆筑体全面上升,直至露出水面,因此,合龙前必须在龙口架设浮桥。因为它是沿龙口全宽均匀地抛投,所以其单宽流量小,流速也较小,需要的单个材料的质量也较轻。沿龙口全宽同时抛投强度较大,施工速度快,但有碍于通航,因此,平堵法截流适用于软基河床、架桥方便且对通航影响不大的河流。

3. 综合法

(1)立平堵法。

为了既发挥平堵水力条件较好的优点,又降低架桥的费用,有的工程采用先立堵、后在栈桥上平堵的方法截流,即立平堵法。

(2)平立堵法。

对于软基河床,单纯立堵易造成河床冲刷,可采用先平抛护底,再立堵合龙的方法截流,即平立堵法。平抛多利用驳船进行。我国青铜峡、丹江口、大化及葛洲坝和三峡工程在截流时均采用了该方法,取得了满意的效果。由于护底均为局部性的,这类措施本质上属于立堵法截流。

3.2.2　截流日期及截流设计流量

截流年份应结合施工进度的安排来确定。截流年份内截流时段的选择,既要把握截流时机,选择在枯水流量、风险较小的时段进行,又要为后续的基坑工作和主体建筑物施工留有余地,不致影响整个工程的施工进度。在确定截流时段时,应考虑以下要求。

①截流以后,需要继续加高围堰,完成排水、清基、基础处理等大量基坑工

作,并把围堰或永久建筑物在汛期到来前抢修到一定高程以上。为了保证这些工作的完成,截流时段应尽量提前。

②在通航的河流上进行截流时,截流时段最好选择对航运影响较小的时段。这是因为在截流过程中,航运必须停止,即使船闸已经修好,但因截流时水位变化较大,亦须停航。

③在北方有冰凌的河流上,截流不应在流冰期进行。这是因为冰凌很容易堵塞河道或导流泄水建筑物,壅高上游水位,给截流带来极大困难。

综上所述,截流时段应根据河流水文特征、气候条件、围堰施工及通航、过木等因素综合分析确定。一般选在枯水期初,流量已有显著下降的时候。严寒地区应尽量避开河道流冰及封冻期。

截流设计流量是指某一确定的截流时段的截流流量,一般按频率法确定,根据已选定的截流时段,采用该时段内一定频率的流量作为设计流量。截流设计标准一般可采用截流时段重现期5~10年的月或旬平均流量。除频率法外,也有不少工程采用实测资料分析法。当水文资料系列较长,河道水文特性稳定时,这种方法可应用。

在大型工程截流设计中,通常多以选取一个流量为主,再考虑较大、较小流量出现的可能性,用几个流量进行截流计算和模型试验研究。对于有深槽和浅滩的河道,若导流建筑物布置在浅滩上,对截流的不利条件要特别进行研究。

3.2.3　龙口位置和宽度

龙口位置的选择与截流工作有密切关系。一般来说,龙口附近应有较宽阔的场地,以便布置截流运输线路和制作、堆放截流材料。它要设置在河床主流部位,方向力求与主流顺直,并选择在耐冲刷河床上,以免截流时因流速增大,引起过分冲刷。

原则上龙口宽度应尽可能窄一些,这样可以减少合龙工程量,缩短截流延续时间,但应以不引起龙口及其下游河床的冲刷为限。

3.2.4　截流水力计算

截流水力计算的目的是确定龙口各水力参数的变化规律。它主要解决两个问题:①确定截流过程中龙口各水力参数,如单宽流量q、落差z及流速v等的变化规律;②确定截流材料的尺寸或质量及相应的数量等。这样就可以在截流前有计划、有目的地准备各种尺寸或质量的截流材料,规划截流现场的场地布置,选择起重、运输设备;在截流时,能预先估计不同龙口宽度的截流参数(如抛投截流材料的时间、地点、尺寸、质量、数量等)。

截流时的水量平衡方程见式(3.3)

$$Q_0 = Q_1 + Q_2 \tag{3.3}$$

式中:Q_0 为截流设计流量,$\mathrm{m^3/s}$;Q_1 为导流建筑物的泄流量,$\mathrm{m^3/s}$;Q_2 为龙口泄流量,可按宽顶堰计算,$\mathrm{m^3/s}$。

随着截流戗堤的进占,龙口逐渐被束窄,因此经导流建筑物和龙口的泄流量是变化的,但二者之和恒等于截流设计流量。变化规律为:开始时,大部分截流设计流量经龙口下泄,随着龙口断面不断被进占的戗堤所束窄,龙口上游水位不断上升,当上游水位高出导流建筑物以后,经龙口的泄流量就越来越小,经导流建筑物的泄流量则越来越大,龙口合龙闭气后,截流设计流量全部经由导流建筑物下泄。

3.3 施 工 排 水

3.3.1 明式排水

1. 初期排水

初期排水主要涉及基坑积水和围堰与基坑渗水两大部分。因为初期排水是在围堰或截流戗堤合龙闭气后立即进行的,且枯水期的降雨量很少,一般可不予考虑。除积水和渗水外,有时还需考虑填方和基础中的饱和水。

初期排水渗流量原则上可按有关公式计算得出,但是,初期排水时的渗流量估算往往很难符合实际。因此,通常不单独估算渗流量,而将其与积水排除流量合并在一起,依靠经验估算初期排水总流量 Q,见式(3.4)

$$Q = Q_j + Q_s = k\frac{V}{T} \tag{3.4}$$

式中:Q_j 为积水排除的流量,$\mathrm{m^3/s}$;Q_s 为渗水排除的流量,$\mathrm{m^3/s}$;V 为基坑积水体积,$\mathrm{m^3}$;T 为初期排水时间,s;k 为经验系数,主要与围堰种类、防渗措施、地基情况、排水时间等因素有关,根据国外一些工程的统计,$k = 4 \sim 10$。

基坑积水体积 V 可根据基坑积水面积和积水深度计算,这是比较容易的,

但是排水时间 T 的确定就比较复杂,排水时间主要受基坑水位下降速度的限制,基坑水位的允许下降速度视围堰种类、地基特性和基坑内水深而定。水位下降太快,则围堰或基坑边坡中动水压力变化过大,容易引起坍坡;水位下降太慢,则影响基坑开挖时间。一般认为,土围堰的基坑水位下降速度应限制在 0.5~0.7 m/昼夜,木笼及板桩围堰等基坑水位下降速度应小于 1.0 m/昼夜。初期排水时间,大型基坑一般可采用 5~7 d,中型基坑一般不超过 3 d。

通常,若填方和覆盖层体积不太大,在初期排水且基础覆盖层尚未开挖时,可以不必计算饱和水的排除。若需计算,可按基坑内覆盖层总体积和孔隙率估算饱和水总水量。在初期排水过程中,可以通过试抽法进行校核和调整,并为经常性排水计算积累一些必要资料。试抽时如果水位下降很快,则显然是所选择的排水设备容量过大,此时应关闭一部分排水设备,使水位下降速度符合设计规定。试抽时若水位不变,则显然是设备容量过小或有较大渗漏通道,此时应增加排水设备容量或找出渗漏通道予以堵塞,然后进行抽水。还有一种情况是水位降至一定深度后就不再下降,这说明此时排水流量与渗流量相等,据此可估算出需增加的设备容量。

2. 基坑排水

基坑排水要考虑基坑开挖过程中和开挖完成后修建建筑物时的排水系统布置,使排水系统尽可能不影响施工。

基坑开挖过程中的排水系统布置应以不妨碍开挖和运输工作为原则。一般常将排水干沟布置在基坑中部,以利于两侧出土。随基坑开挖工作的推进,逐渐加深排水干沟和支沟。通常保持干沟深度为 1~1.5 m,支沟深度为 0.3~0.5 m。集水井多布置在建筑物轮廓线外侧,井底应低于干沟沟底,但是,由于基坑坑底高程不一,有的工程就采用层层设截流沟、分级抽水的办法,即在不同高程上分别布置截水沟、集水井和水泵站,进行分级抽水。建筑物施工时的排水系统通常布置在基坑四周。排水沟应布置在建筑物轮廓线外侧,且距离基坑边坡坡脚不小于 0.3 m。排水沟的断面尺寸和底坡大小取决于排水量的大小,一般排水沟底宽不小于 0.3 m,沟深不大于 1.0 m,底坡不小于 0.2%。在密实土层中,排水沟可以不用支撑,但在松散土层中,则需用木板或麻袋装石来加固。

为防止降雨时地面径流进入基坑而增加抽水量,通常在基坑外缘边坡上挖截水沟,以拦截地面水。截水沟的断面及底坡应根据流量和土质而定,一般沟宽和沟深不小于 0.5 m,底坡不小于 0.2%,基坑外地面排水系统最好与道路排水系统相结合,以便自流排水。为了降低排水费用,当基坑渗水水质符合饮用水或其他施工用水要求时,可将基坑排水与生活、施工供水相结合。

3. 经常性排水

经常性排水主要涉及围堰和基坑的渗水、降雨、地基岩石冲洗及混凝土养护用废水等。设计中一般考虑两种不同的组合,选出排水量较大的组合,用以选择排水设备。一种组合是渗水加降雨,另一种组合是渗水加施工废水。降雨和施工废水不必组合在一起,这是因为二者不会同时出现。

(1)降雨量的确定。

在基坑排水设计中,对降雨量的确定尚无统一的标准。大型工程可采用 20 年一遇 3 d 降雨中最大的连续 6 h 雨量,再减去估计的径流损失值(1 mm/h),作为降雨强度;也有的工程采用日最大降雨强度。基坑内的降雨量可根据上述内容计算降雨强度和基坑集雨面积求得。

(2)施工废水。

施工废水主要考虑混凝土养护用水,其用水量估算应根据气温条件和混凝土养护的要求而定。一般初估时可按每立方米混凝土每次用水 5 L、每天养护 8 次计算。

(3)渗透量计算。

通常,基坑渗透总量包括围堰渗透量和基础渗透量两大部分。在初步估算时,往往不可能获得较详尽且可靠的渗透系数资料,此时可采用更简便的估算方法。当基坑在透水地基上时,可按照相关规定所列的参考指标来估算整个基坑的渗透量。

3.3.2　人工降低地下水位

在经常性排水过程中,为了保持基坑开挖工作始终在干地上进行,常常要多次降低排水沟和集水井的高程,变换水泵站的位置,这难免影响开挖工作的正常进行。此外,在开挖细砂土、砂壤土类地基时,随着基坑底面的下降,坑底与地下水位的高差愈来愈大,在地下水渗透压力作用下,容易产生边坡脱滑、坑底隆起等事故,甚至危及邻近建筑物的安全,给开挖工作带来不良影响。

采用人工降低地下水位,可以改变基坑内的施工条件,防止流砂现象的发生,基坑边坡陡一些,可以大大减少挖方量。人工降低地下水位的基本做法是:在基坑周围钻设一些井,地下水渗入井中后,随即被抽走,使地下水位线降到开

挖的基坑底面以下,一般应使地下水位降到基坑底面以下 $0.5\sim1.0$ m。人工降低地下水位的方法按排水工作原理可分为管井法和井点法两种。管井法是单纯重力作用排水,适用于渗透系数为 $10\sim250$ m/d 的土层;井点法还附有真空或电渗排水的作用,适用于渗透系数为 $0.1\sim50$ m/d 的土层。

1. 管井法降低地下水位

管井法降低地下水位是在基坑周围布置一系列管井,管井中放入水泵的吸水管,在重力作用下流入井中的地下水即可用水泵抽走。用管井法降低地下水位时,须先设置管井,管井通常由钢管制成,在缺乏钢管时也可用木管或预制混凝土管代替。井管的下部安装滤水管节(滤头),有时在井管外还需设置反滤层,地下水从滤水管进入井内,水中的泥沙则沉淀在沉淀管中。滤水管是井管的重要组成部分,其构造对井的出水量和可靠性影响很大。对滤水管的要求是:过水能力大,进入的泥沙少,有足够的强度和耐久性。

井管埋设可采用射水法、振动射水法及钻孔法。射水下沉时,先用高压水冲土下沉套管,较深时可配合振动或锤击(振动水冲法),然后在套管中插入井管,最后在套管与井管的间隙中间填反滤层和拔套管,反滤层每填高一次便拔一次套管,逐层上拔,直至完成。

2. 井点法降低地下水位

与管井法不同,井点法降低地下水位是把井管和水泵的吸水管合二为一,简化了井的构造。井点法降低地下水位的设备,根据其降深能力分轻型井点(浅井点)和深井点等。其中,最常用的是轻型井点。轻型井点是由井管、集水总管、普通离心式水泵、真空泵和集水箱等设备所组成的一个排水系统。

轻型井点系统中地下水从井管下端的滤水管借真空泵和水泵的抽吸作用流入管内,沿井管上升汇入集水总管,流入集水箱,由水泵排出。轻型井点系统开始工作时,先开动真空泵,排除系统内的空气,待集水井内的水面上升到一定高度后,再启动水泵排水。水泵开始抽水后,为了保持系统内的真空度,仍需真空泵配合水泵工作。这种井点系统也叫真空井点。井点系统排水时,地下水位的下降深度取决于集水箱内的真空度与管路的漏气性和水位损失。一般集水箱内真空度为 80 kPa,相当于吸水高度为 8 m,扣除各种损失后,地下水位的下降深度为 $4\sim5$ m。当要求地下水位降低的深度超过 5 m 时,可以像管井一样分层布置井点,每层控制范围为 $3\sim4$ m,但以不超过 3 层为宜。分层太多,基坑范围内管路纵横,妨碍交通,影响施工,同时也会增加挖方量,而且当上层井点发生故障时,下层水泵能力有限,地下水位回升,基坑有被淹没的可能。

布置井点系统时,为了充分发挥设备能力,集水总管、集水管和水泵应尽量接近天然地下水位。当需要几套设备同时工作时,各套总管之间最好接通,并安装开关,以便相互支援。

井管一般用射水法下沉安设。距孔口 1.0 m 范围内,应用黏土封口,以防漏气。排水工作完成后,可利用杠杆将井管拔出。

深井点与轻型井点不同,它的每一根井管上都装有扬水器(水力扬水器或压气扬水器),因此,它不受吸水高度的限制,有较大的降深能力。

深井点有喷射井点和压气扬水井点两种。

喷射井点由集水池、高压水泵、输水干管和喷射井管等组成。通常一台高压水泵能为 30～35 个井点服务,其最适宜的降水位范围为 5～18 m。喷射井点的排水效率不高,一般用于渗透系数为 3～50 m/d、渗流量不大的场合。

压气扬水井点是用压气扬水器进行排水。排水时压缩空气由输气管送来,由喷气装置进入扬水管,于是管内容重较轻的水气混合液在管外水压力的作用下,沿水管上升到地面排走。为达到一定的扬水高度,就必须将扬水管沉入井中足够的深度,使扬水管内外有足够的压力差。压气扬水井点降低地下水位最大可达 40 m。

3.4　施工度汛

3.4.1　坝体拦洪的标准

施工期坝体拦洪度汛包括两种情况:一种是坝体高程修筑到无须围堰保护或围堰已失效时的临时挡水度汛;另一种是导流泄水建筑物封堵后,永久泄洪建筑物已初具规模,但尚未具备设计的最大泄洪能力,坝体尚未完工时的度汛。这一施工阶段,通常称为水库蓄水阶段或大坝施工期运用阶段。此时,坝体拦洪度汛的洪水重现期标准取决于坝型及坝前拦洪库容。

3.4.2　拦洪高程的确定

一般导流泄水建筑物的泄水能力远不及原河道。入流和泄流洪水过程如图3.1 所示。

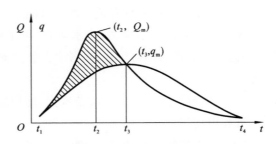

图 3.1　入流和泄流洪水过程

t_1—t_2 时段，进入施工河段的洪水流量大于泄水建筑物的泄量，使部分洪水暂时存蓄在水库中，上游水位抬高，形成一定容积的水库，此时泄水建筑物的泄量随着上游水位的升高而增大，达到洪峰流量 Q_m。t_2—t_3 时段，入流量逐渐减少，但入流量仍大于泄量，蓄水量继续增大，水库水位继续上升，泄量 q 也随之增加，直到 t_3 时刻，入流量与泄量相等时，蓄水容积达到最大值，相应的上游水位也达到最高值，即坝体挡水或拦洪水位，泄水建筑物的泄量也达最大值 q_m，即泄水建筑物的设计流量。t_3 时刻以后，Q 继续减小，水库水位逐渐下降，q 也开始减小，但此时水库水位较高，泄量 q 仍较大，且大于入流量 Q，使水库存蓄的水量逐渐排出，直到 t_4 时刻，蓄水全部排完，恢复到原来的状态。以上便是水库调节洪水的过程。

显然，由于水库的这种调节作用削减了通过泄水建筑物的最大泄量（由 Q_m 削减为 q_m），但却抬高了坝体上游的水位，因此要确定坝体的挡水或拦洪高程，可以通过调洪计算，求得相应的最大泄量 q_m 与上游最高水位。上游最高水位再加上安全超高便是坝体的挡水或拦洪高程，可用式（3.5）表示

$$H_f = H_m + \delta \qquad (3.5)$$

式中：H_f 为挡水或拦洪高程，m；H_m 为上游最高水位，m；δ 为安全超高，m，δ 依据坝的级别而定，1 级 $\delta \geqslant 1.5\ \text{m}$，2 级 $\delta \geqslant 1.0\ \text{m}$，3 级 $\delta \geqslant 0.75\ \text{m}$，4 级 $\delta \geqslant 0.5\ \text{m}$。

3.4.3　拦洪度汛措施

若汛期到来之前坝体不可能修筑到拦洪高程，则必须考虑采取其他拦洪度汛措施。尤其当主体建筑物为土坝或堆石坝且坝体填筑又相当高时，更应给予足够的重视，因为一旦坝身过水，就会造成严重的溃坝后果。其他拦洪度汛措施因坝型不同而不同。

1. 混凝土坝的拦洪度汛

混凝土坝体是允许漫洪的,若坝身在汛期到来之前不可能浇筑到拦洪高程,为了避免坝身过水时造成停工,可以在坝面上预留缺口以度汛,待洪水过后再封填缺口,全面上升坝体。另外,根据混凝土浇筑进度安排,虽然在汛期到来之前坝身可以浇筑到拦洪高程,但一些纵向施工缝尚无法灌浆封闭,则可考虑用临时断面挡水。在这种情况下,必须充分论证,采取相应措施,以消除应力恶化的影响。

2. 土石坝拦洪度汛措施

土坝、堆石坝一般是不允许过水的,若坝身在汛期到来之前不可能填筑到拦洪高程,一般可以考虑采取降低溢洪道高程、设置临时溢洪道并用临时断面挡水,或经过论证采取临时坝面过水等措施。

(1)采用临时断面挡水。

采用临时断面挡水时,应注意以下几点。

①临时挡水断面顶部应有足够的宽度,以便在紧急情况下仍有余地抢筑子堰,确保度汛安全。边坡应保证稳定,其安全系数一般应不低于正常设计标准。为防止施工期间因暴雨冲刷和其他原因而坍坡,必要时应采取简单的防护措施和排水措施。

②上游垫层和块石护坡应按设计要求筑到拦洪高程,否则应考虑临时的防护措施。下游坝体部位,为满足临时挡水断面的安全要求,在基础清理完毕后,应按全断面填筑若干米后再收坡,必要时应结合设计的反滤排水设施统一安排考虑。

(2)采用临时坝面过水。

采用临时坝面过水时,应注意以下几点。

①为保证过水坝面下游边坡的抗冲稳定,应加强保护或做成专门的溢流堰,如将反滤体加固后作为过水坝面溢流堰体等,并应注意堰体下游的防冲刷保护。

②靠近岸边的溢流体的堰顶高程应适当抬高,以减小坝面单宽流量,减轻水流对岸坡的冲刷。过水坝面的顶高程一般应低于溢流堰体顶高程 $0.5 \sim 2.0$ m 或做成反坡式,以避免过水坝面的冲淤。

③根据坝面过流条件合理选择坝面保护形式,防止淤积物渗入坝体,特别要注意防渗体、反滤层等的保护。必要时在上游设置拦污设施,防止杂物淤积坝面,撞击下游边坡。

第4章　爆破工程施工

4.1　爆破的概念、常用术语及分类

4.1.1　爆破的概念

爆破是炸药爆炸作用于周围介质的结果。埋在介质内的炸药引爆后,在极短的时间内由固态转变为气态,体积增加数百倍至几千倍,伴随产生极大的压力和冲击力,同时产生很高的温度,使周围介质受到各种不同程度的破坏,称为爆破。

4.1.2　爆破的常用术语

1.爆破作用圈

当具有一定质量的球形药包在无限均质介质内部爆炸时,在爆炸作用下,距离药包中心不同区域的介质,因受到的作用力有所不同,会产生不同程度的破坏或震动现象。整个被影响的范围叫作爆破作用圈。爆破作用圈指的是炸药爆炸时所产生的膨胀力和冲击波,以药包为中心向四周传播的同心圆,从中心向外依次为压缩圈、抛掷圈、破坏圈和震动圈。

（1）压缩圈。

在压缩圈的范围内,介质会直接承受药包爆炸产生的巨大作用力,如果是可塑性的土壤介质,会因为受到巨大的压缩形成孔腔,如果是坚硬的脆性岩石介质,便会因为巨大的作用力而粉碎,因此,压缩圈又叫破碎圈。

（2）抛掷圈。

抛掷圈紧邻压缩圈的外部。其受到的爆破作用力虽然比压缩圈小,但爆炸的能量破坏了介质的原有结构,使其分裂成具有一定运动速度的碎块。如果这个地带的某一部分处于自由面上,碎块便会产生抛掷现象。

（3）破坏圈。

破坏圈又叫作松动圈。它是抛掷圈外的一部分介质,其受到的作用力更弱,爆炸的能量只能使介质结构受到不同程度的破坏,不能使被破坏的碎片产生抛掷运动。

（4）震动圈。

震动圈为破坏圈以外的范围,爆炸的能量甚至不能使介质产生破坏,介质只能在应力波的传播下,发生震动现象。震动圈以外,爆破作用的能量就完全消失了。

以上各圈是为说明爆破作用划分的,并无明显界限,其作用半径的大小与炸药的用量、药包结构、起爆方法和介质特性等有关。

2. 爆破漏斗

把药包埋入有限介质中,爆破产生的气体沿着裂隙冲出,使裂隙扩大,介质移动,于是靠近自由面一侧的介质被完全破坏而形成漏斗状的坑,叫作爆破漏斗。

爆破漏斗的几何特征参数有:药包中心至临空面的最短距离,即最小抵抗线长度 W;爆破漏斗底半径 r;可见漏斗深度 h;爆破作用指数 n。n 可由式(4.1)求得

$$n = r/W \tag{4.1}$$

爆破漏斗的几何特征反映了爆破作用的影响范围,它与岩土性质、炸药量和药包埋置深度有密切关系。n 值大形成宽浅式漏斗,n 值小形成窄深式漏斗,甚至不出现爆破漏斗。工程应用中,通常根据 n 值的大小对爆破进行分类。

当 $n=1$ 时,漏斗的张开角度为 $90°$,称为标准抛掷爆破;当 $n>1$ 时,漏斗的张开角度大于 $90°$,称为加强抛掷爆破;当 $0.75<n<1$ 时,漏斗的张开角度小于 $90°$,称为减弱抛掷爆破;当 $0.33<n\leqslant0.75$ 时,无岩块抛出,称为松动爆破;当 $n\leqslant0.33$ 时,地表无破裂现象,称为药壶爆破或隐藏式爆破。

3. 自由面

自由面又叫作临空面,是指被爆破介质与空气或水的接触面。

4. 单位耗药量

单位耗药量指的是爆破单位体积岩石的炸药消耗量。

4.1.3 爆破的分类

①按药包形式分类,爆破分为集中爆破、延长爆破、平面爆破、异形爆破。

②按装药方式与装药空间形状的不同分类,爆破分为药室法爆破、药壶法爆破、炮孔法爆破、裸露药包法爆破。

③按爆破要求分类,爆破分为标准抛掷爆破、加强抛掷爆破、减弱抛掷爆破、松动爆破等。

4.2 爆破材料与起爆方法

4.2.1 爆破材料

1.炸药

炸药是指在一定能量作用下,无须外界供氧,能够发生快速化学反应,生成大量的热和气体的物质。单一化合物的炸药称为单质炸药,两种或两种以上物质组成的炸药称为混合炸药。

(1)炸药的爆炸性能。

①感度。炸药的感度是指炸药在外界能量(如热能、电能、光能、机械能及爆能等)的作用下发生爆炸的难易程度,不同的炸药在同一地点的感度不同。影响炸药感度的因素很多,主要有以下几种。

a.温度。随着温度的升高,炸药的各种感度指标都升高。

b.密度。随着炸药密度的增大,其感度通常是降低的。

c.杂质。杂质对炸药的感度有很大的影响,不同的杂质有不同的影响。一般来说,固体杂质,特别是硬度大、有尖棱和高熔点的杂质,如砂、玻璃屑和某些金属粉末等,能增加炸药的感度。

②威力。威力是指炸药爆炸时做功的能力,即对周围介质的破坏能力。

③猛度。猛度是指炸药在爆炸后爆轰产物对药包附近的介质进行破坏、局部压缩和击穿的猛烈程度。猛度越大,表示该炸药对周围介质的粉碎破坏程度越大。

④殉爆。殉爆是指炸药药包爆炸时引起位于一定距离外与其不接触的另一

个炸药药包也发生爆炸的现象。起始爆炸的药包称为主发药包,受它爆炸影响而爆炸的药包称为被发药包。因主发药包爆炸而引起被发药包爆炸的最大距离,称为殉爆距离。殉爆反映了炸药对冲击波的感度。

⑤安定性。安定性是指炸药在一定储存期间内保持其物理性质、化学性质和爆炸性质的能力。

(2)常用的工程炸药。

①铵油炸药。铵油炸药是指由硝酸铵和燃料组成的一种粉状或粒状爆炸性混合物,铵油炸药取材方便,成本低廉,使用安全,易于加工,被广泛用于爆破,但因其具有吸湿结块性,最好现拌现用。

②三硝基甲苯(TNT)。TNT 为白色或淡黄色针状结晶,无臭,能耐受撞击和摩擦,比较安全,难溶于水,可用于水下爆破。爆炸时产生有毒的一氧化碳气体,因此不适用于通风不畅的环境。

③黑火药。黑火药是由硝酸钾、硫黄和木炭混合而成的深灰色的坚硬颗粒,对摩擦、火花和撞击极其敏感,容易受潮,制作简单。

④胶质炸药。胶质炸药是以硝酸盐和胶化的硝酸甘油或胶化的爆炸油为主要组分的胶状硝酸甘油类炸药。其威力大,起爆感度高,抗水性强,可用于水下和地下爆破工程,具有较高的密度和可塑性。它的冻结温度高达 13.2℃,冻结后,敏感度高,安全性差,可加入二硝基乙二醇形成难冻状态,降低敏感度。国产SHJ-K 水胶炸药,不仅威力大,抗水性好,而且敏感度低,运输、储存、使用均较安全。

2. 起爆器材

激发炸药爆炸反应的装置或材料应能安全可靠地按要求的时间和顺序起爆炸药。常用的起爆器材包括导火索、导爆索、火雷管、电雷管、导爆管等。

(1)导火索。

导火索是以黑火药为索芯,用棉线包裹索芯和芯线,将防湿剂涂在表层的一种传递火焰的索状点火器材,常用来引爆火雷管与黑火药。一般导火索的外径不大于 6.2 mm,每米的燃烧时间为 100～125 s。

(2)导爆索。

导爆索是一种药芯为太安(季戊四醇四硝酸酯)或黑索金(三亚甲基三硝胺)的传递爆轰波的索状器材,其结构与导火索的结构基本相同,外表涂成红色,以示区别,可直接起爆炸药,但自身需要雷管起爆。药量为 12～14 g/m,爆破速度不低于 6500 m/s。导爆索起爆使网络连接简便,使用安全,不受杂散电流、静电和射频电的影响,与继爆管配合使用,可实现非电毫秒爆破,但成本较高。

(3) 火雷管。

火雷管由管壳、加强帽和正副起爆药组成。管壳用来装填药剂,减少其受外界的影响,同时可以增大起爆能力和提高震动安全性。加强帽用来"密封"雷管药剂,阻止燃烧气体从上部逸出,缩短燃烧转爆轰的时间,增大起爆能力和提高震动安全性。加强帽中间有一穿火孔,用来接受导火索传递的火焰。

(4) 电雷管。

电雷管的装药部分与火雷管相同,电雷管是用电气点火装置点火引爆正起爆药,再激发副起爆药产生爆炸。毫秒延期电雷管是在引火头与起爆药之间插入一段精制的导火索,引火头点燃导火索,由导火索长度控制延期时间。毫秒延期电雷管利用延期药的药量和配方控制毫秒延期的时间。

4.2.2　起爆方法

常用的起爆方法有电力起爆和非电力起爆两类。其中,非电力起爆又包括火花起爆、导爆管起爆和导爆索起爆。

1. 电力起爆

电力起爆是电源通过电线传输电能激发电雷管引发炸药爆炸的起爆方法,该法可以一次引发多个药包,也可间隔地按一定时间和顺序对药包进行有效的控制,比较安全可靠。缺点是长距离的起爆电路复杂,成本高,准备工作量大等。

2. 非电力起爆

(1) 火花起爆。

火花起爆是最早使用的起爆方法。它是用导火索燃烧的火花来引爆雷管和炸药的方法。火花起爆法操作简单,准备工作少,为保证操作人员的安全,导火索的长度不可短于 1.2 m。

(2) 导爆管起爆。

导爆管起爆是通过激发源轴向激发导爆管,在管内形成稳定的冲击波使末端的导爆管起爆,并进而引起药包爆炸的一种新式起爆方法。它亦可同时起爆多个药包,并不受电场的干扰,但导爆管的连接系统和网络较为复杂。

（3）导爆索起爆。

导爆索起爆是通过导爆索来传递炮轰波以引爆药包的方法。这种起爆方法所用的器材有导爆索、继爆管、雷管等。导爆索起爆法的准爆性好，连接形式简单，但成本较高且不能用仪表检查线路的好坏。

4.3 爆 破 工 序

4.3.1 装药

装药前先对炮孔参数、炮孔位置、炮孔深度进行检查，看是否符合设计要求，再对钻孔进行清孔，可用风管通入孔底，利用压缩空气将孔内的岩渣和水分吹出。

确认炮孔合格后，即可进行装药工作。应严格按照预先计算好的每孔装药量和装药结构进行装药，当炮孔中有水或潮湿时，应采取防水措施或改用防水炸药。

装炸药时，注意起爆药包的安放位置要符合设计要求。当采用散装药时，应在装入药量的 80%～85% 之后再放入起爆药包，这样做有利于防止静电等因素引起的早爆事故。

4.3.2 堵塞

炮孔装药后孔口未装药部分应该用堵塞物进行堵塞。堵塞良好能阻止爆轰气体产物过早地从孔门冲出，提高爆炸能量的利用率。常用的堵塞材料有砂、黏土、岩粉等。

4.3.3 起爆网络连接

采用电雷管或塑料导爆管雷管起爆系统时，应根据具体设计要求进行网络连接。

4.3.4 警戒后起爆

警戒人员应在规定的警戒点进行警戒，在未确认撤除警戒前不得擅离职守。

要有专人核对装药量、起爆炮孔数,并检查起爆网络、起爆电源开关及起爆主线。爆破指挥人员要确认周围的安全警戒和起爆准备工作完成,爆破信号已发布起效后,方可发出起爆命令。起爆中由专人观察起爆情况,起爆后,经检查确认炮孔全部起爆后,方可发出解除警戒信号、撤除警戒人员。若发现哑炮,在采取安全防范措施后,才能解除警戒信号。

4.3.5 哑炮处理

产生哑炮后,应立即封锁现场,由现场技术人员针对装药时的具体情况,找出拒爆原因,采取相应措施处理。处理哑炮一般可采用二次爆破法、冲洗法及炸毁法。属于漏起爆的拒爆药包,可再找出原来的导火索、塑料导爆管或雷管脚线,经检查确认完好后,进行二次起爆;对于不防水的硝铵炸药,可用水冲洗炮孔中的炸药,使其失去爆炸能力;对用防水炸药装填的炮孔,可用掏勺细心地掏出堵塞物,再装入起爆药包将其炸毁。如果拒爆孔周围岩石尚未发生松动破碎,可以在距拒爆孔 30 cm 处钻一平行新孔,重新装药起爆,将拒爆孔引爆。

4.4 爆破安全控制

4.4.1 爆炸空气冲击波和水中冲击波

炸药爆炸产生的高温高压气体直接压缩周围空气,或通过岩体裂缝及药室通道高速冲入大气,并对其压缩形成空气冲击波。空气冲击波超压达到一定量值后,就会导致建筑物破坏和人体器官损伤。因此,在爆破作业中,需要根据被保护对象的允许超压确定爆炸空气冲击波安全距离。

进行水下爆破时,同样会在水中产生冲击波。同时,需要针对水中的人员及施工船舶等保护对象,按有关规定确定最小安全距离。

4.4.2 爆破飞石

(1) 洞室爆破。

洞室爆破飞石安全距离按式(4.2)计算

$$R_F = 20K_F n^2 W \tag{4.2}$$

式中:R_F 为洞室爆破的飞石安全距离,m;W 为最小抵抗线,m;n 为爆破作用指数;K_F 为与地形、风向、风速和爆破类型有关的安全系数,一般取 1.0～1.5,最小抵抗线方向取大值,当风大而又顺风时取 1.5～2.0 或更大的值,山谷或垭口地形应取 1.5～2.0。

(2) 钻孔爆破。

《爆破安全规程》(GB 6722—2014)对飞石安全距离仅规定了最小值。

4.4.3　爆破公害的控制与防护

爆破公害的控制与防护可以从爆破源、传播途径以及保护对象三方面采取措施。

1. 从爆破源控制公害强度

(1) 采用合理的爆破参数、炸药单耗和装药结构。

(2) 爆破过程严格按照设计或计算的结果操作。

(3) 保证炮孔的堵塞长度与质量。

2. 在传播途径上削弱公害强度

(1) 在爆区的开挖线轮廓进行预裂爆破或开挖减震槽,可有效降低传播至保护区岩体中的爆破地震波强度。

(2) 对爆区临空面进行覆盖、架设防波屏可削弱空气冲击波强度,阻挡飞石。

3. 保护对象的防护

(1) 对保护对象的直接防护措施有防震沟、防护屏以及表面覆盖等。

(2) 严格遵行爆破作业的规章制度,对施工人员进行安全教育也是保证安全施工的重要环节。

第5章 土石坝工程施工

5.1 坝 料 规 划

5.1.1 空间规划

空间规划是指对料场的空间位置、高程作出恰当选择和合理布置。为加快运输速度,提高效率,土石料的运距要尽可能短一些,高程要利于重车下坡,避免因料场的位置高、运输坡陡而引发事故。坝的上下游和左右岸都有料场,这样可以上下游和左右岸同时采料,减少施工干扰,保证坝体均衡上升。料场位置要有利于开采设备的放置,保证车辆运输的通畅及地表水和地下水的排水通畅。取料时离建筑物的轮廓线不要太近,不要影响枢纽建筑物防渗。在选取石料场时还要使石料场与重要建筑物和居民区有一定的防爆、防震安全距离,以减少安全隐患。

5.1.2 时间规划

时间规划是指施工时要考虑施工强度和坝体填筑部位的变化,以及季节引起的坝前蓄水能力的变化等。先用近料和上游易淹的坝料,后用远料和下游不易淹的坝料。在上坝强度高时用运距近、开采条件好的料场,上坝强度低时用运距远的料场。旱季时要选用含水量大的料场,雨季时要选用含水量小的料场。为满足拦洪度汛和筑坝合龙时大量用料的要求,在料场规划时还要在近处留有大坝合龙用料。

5.1.3 质与量规划

质与量规划是指对料场的质量和储料量的合理规划。它是料场规划的基础,在选择和规划料场时,要对料场进行全面的勘测,包括料场的地质成因、产状、埋藏深度、储量和各种物理力学指标等。料场的总储量要满足坝体总方量的要求,并且用料要满足各阶段施工中的最大用料强度要求。勘探精度要随设计深度的加深而提高。

充分利用建筑物基础开挖时的弃料,减少往外运输的工作量和运输干扰,减少废料堆放场地。考虑弃料的出料、堆料、弃放的位置,避免干扰施工,加快开采和运输的速度。规划时除考虑主料场外,还应考虑备用料场,主料场一般要质量好、储量大,其储量不应少于设计总量的 1.5 倍,运距近,有利于常年开采;备用料场要在淹没范围以外,当主料场被淹没或由于其他原因中断使用时,使用备用料场,备用料场的储量应为主料场总储量的 20%~30%。

5.2　土石料开采、运输与压实

5.2.1　土石料开采

1.挖掘机械

(1) 单斗式挖掘机。

单斗式挖掘机是只有一个铲土斗的挖掘机械,其工作装置有正向铲、反向铲、拉铲和抓铲四种。

①正向铲挖掘机。电动正向铲挖掘机是单斗挖掘机中最主要的形式,其特点是铲斗前伸向上,强制铲土,挖掘力较大,主要用来挖掘停机面以上的土石方,一般用于开挖无地下水的大型基坑和料堆,适合挖掘 Ⅰ~Ⅳ 级土或爆破后的岩石渣。

②反向铲挖掘机。电动反向铲挖掘机是电动正向铲挖掘机更换工作装置后的工作形式,其特点是铲斗后扒向下,强制挖土。它主要用于挖掘停机面以下的土石方,一般用于开挖小型基坑或地下水位较高的土方,适合挖掘 Ⅰ~Ⅲ 级土或爆破后的岩石渣,硬土需要先行刨松。

③拉铲挖掘机。电动拉铲挖掘机用于挖掘停机面以下的土方。由于卸料是利用自重和离心力的作用在机身回转过程中进行的,湿黏土也能卸净,因此最适于开挖水下及含水量大的土料。但由于铲斗仅靠自重切入土中,铲土力小,因此一般只能挖掘 Ⅰ~Ⅲ 级土,不能开挖硬土。挖掘半径、卸土半径和卸载高度较大,适合直接向弃土区弃土。

④抓铲挖掘机。抓铲挖掘机利用其瓣式铲斗自由下落的冲力切入土中,而

后抓取土料提升,回转后卸掉。抓铲挖掘深度较大,适于挖掘窄深基坑或沉井中的水下淤泥及砂卵石等松软土方,也可用于装卸散粒材料。

（2）多斗式挖掘机。

多斗式挖掘机是一种由若干个挖斗依次、连续、循环进行挖掘的专用机械,生产效率和机械化程度较高,在大量土方开挖工程中运用。它的生产率从每小时几十立方米到上万立方米,主要用于挖掘不夹杂石块的 Ⅰ～Ⅳ 级土。多斗式挖掘机按工作装置不同,可分为链斗式挖掘机和斗轮式挖掘机两种。链斗式挖掘机是多斗式挖掘机中最常用的形式,主要进行下采式工作。

2. 土石料开挖的综合原则

土石坝施工时,从料场的开采、运输,到坝面的铺料和压实等工序,应力争实现综合机械化。施工组织时应遵循以下原则。

①确保主要机械发挥作用。主要机械是指在机械化生产线中起主导作用的机械,充分发挥它的生产效率,有利于加快施工进度,降低工程成本。

②根据机械工作特点进行配套组合,充分发挥配套机械的作用。连续式开挖机械和连续式运输机械配合,循环式开挖机械和循环式运输机械配合,形成连续生产线。在选择配套机械,确定配套机械的型号、规格和数量时,其生产能力要略大于主要机械的生产能力,以保证主要机械生产能力的充分发挥。

③加强保养,合理布置,提高工效。严格执行机械保养制度,使机械处于最佳状态,合理布置流水作业工作面和运输道路,能极大地提高工效。

3. 挖运方案的选择

坝料的开挖与运输是保证上坝强度的重要环节。开挖运输方案主要根据坝体结构布置特点、坝料性质、填筑强度、料场特性、运距远近、可供选择的机械型号等因素,综合分析比较确定。坝料的开挖运输方案主要有以下几种。

（1）挖掘机开挖,自卸汽车运输上坝。

使用正向铲挖掘机开挖、装车,自卸汽车运输直接上坝,适宜运距小于 10 km。自卸汽车可运各种坝料,通用性好,运输能力强,能直接铺料,转弯半径小,爬坡能力较强,机动灵活,使用管理方便,设备易于获得。

在施工布置上,正向铲挖掘机一般采用立面开挖,汽车运输道路可布置成循环路线,装料时停在挖掘机一侧的同一平面上,即汽车鱼贯式地装料与行驶,这种布置形式可避免产生汽车的倒车时间,正向铲挖掘机采用 60°～90° 角侧向卸料,回转角度小,生产率高,能充分发挥正向铲挖掘机与汽车的效率。

（2）挖掘机开挖，胶带机运输上坝。

胶带机的爬坡能力强，架设简易，运输费用较低，与自卸汽车相比可降低费用 1/3～1/2，运输能力也较强，适宜运距小于 10 km。胶带机可直接从料场运输上坝；也可与自卸汽车配合，在坝前经漏斗卸入汽车作长距离运输，转运上坝；或与有轨机车配合，用胶带机作短距离运输，转运上坝。

（3）采砂船开挖，机车运输，转胶带机上坝。

国内一些大、中型水电工程施工时，广泛采用采砂船开采水下的砂砾料，配合有轨机车运输。当料场集中、运输量大、运距大于 10 km 时，可用有轨机车进行水平运输。有轨机车不能直接上坝，要在坝脚经卸料装置转胶带机运输上坝。

（4）斗轮式挖掘机开挖，胶带机运输，转自卸汽车上坝。

当填筑方量大、上坝强度高、料场储量大而集中时，可采用斗轮式挖掘机开挖。斗轮式挖掘机挖料转入移动式胶带机，其后采用长距离的固定式胶带机运至坝面或坝面附近，经自卸汽车运至填筑面。这种布置方案可使挖、装、运连续进行，简化了施工工艺，提高了机械化水平和生产率。

坝料的开挖运输方案很多，但无论采用何种方案，都应结合工程施工的具体条件，组织好挖、装、运、卸的机械化联合作业，提高机械利用率；减少坝料的转运次数；各种坝料的铺筑方法及设备应尽量一致，减少辅助设施；充分利用地形条件，统筹规划和布置。

5.2.2　土石料运输

1. 运输道路布置原则及要求

①运输道路宜自成体系，并尽量与永久道路相结合。运输道路不要穿越居民点或工作区，应尽量与公路分离。根据地形条件、枢纽布置、工程量大小、填筑强度、自卸汽车吨位，应用科学的规划方法进行运输网络优化，统筹布置场内施工道路。

②连接坝体上下游交通的主要干线，应布置在坝体轮廓线以外。干线与不同高程的上坝道路相连接，应避免穿越坝肩处岸坡。坝面内的道路应结合坝体的分期填筑规划统一布置，在平面与立面上协调好不同高程的进坝道路，使坝面内临时道路的形成与覆盖（或削除）满足坝体填筑要求。

③运输道路的标准应符合自卸汽车吨位和行车速度的要求。实践证明，修建高质量标准道路增加的投资，足以用降低的汽车维修费用及提高的生产效率

来补偿。运输道路要求路基坚实,路面平整,靠山坡一侧设置纵向排水沟,顺畅排除雨水和泥水,以避免雨天运输车辆将路面泥水带入坝面,污染坝料。

④道路沿线应有较好的照明设施,运输道路应经常维护和保养,及时清除路面上影响运输的杂物,并经常洒水,这样能减少运输车辆的磨损。

2. 上坝道路布置方式

坝料运输道路的布置方式有岸坡式、坝坡式和混合式三种。坝料运输道路进入坝体轮廓线内,与坝体内临时道路连接,组成到达坝料填筑区的运输体系。

①岸坡式上坝道路。由于单车环形线路比往复双车线路行车效率更高、更安全,应尽可能采用单车环形线路。一般干线多用双车道,尽量做到会车不减速,坝区及料场多用单车道。岸坡式上坝道路宜布置在地形较为平缓的坡面,以减少开挖工程量。

②坝坡式上坝道路。当两岸陡峻,地质条件较差,沿岸坡修路困难,工程量大时,可在坝下游坡面设计线以外布置临时或永久性的上坝道路,称为坝坡式上坝道路。其中的临时道路在坝体填筑完成后消除。在岸坡陡峻的狭窄河谷内,根据地形条件,有的工程用交通洞通向坝区。用竖井卸料以连接不同高程的道路,有时也是可行的。

③混合式上坝道路。非单纯的岸坡式或坝坡式上坝道路,称为混合式上坝道路。

3. 坝内临时道路布置

①堆石体内道路。根据坝体分期填筑的需要,除防渗体、反滤过渡层及相邻的部分堆石体要求平起填筑外,不限制堆石体内设置临时道路,其布置为"之"字形,道路随着坝体升高而逐步延伸,连接不同高程的两级上坝道路。为了缩短上坝道路的长度,临时道路的纵坡一般较陡,为 10％左右,局部可达 12％～15％。

②防渗体道路。心墙、斜墙防渗体应避免重型车辆频繁压过,以免破坏。如果上坝道路布置困难,而运输坝料的车辆必须压过防渗体,应调整防渗体填筑工艺,在防渗体局部布置压过的临时道路。

5.2.3　土石料压实

1. 压实机械

压实机械采用碾压、夯实、振动三种作用力来达到压实的目的。碾压的作用力是静压力,其大小不随作用时间而变化。夯实的作用力为瞬时动力,其大小跟高度有关系。振动的作用力为周期性的重复动力,其大小随时间呈周期性变化,振动周期的长短随振动频率的大小而变化。

常用的压实机械有羊脚碾、振动碾、夯实机械。

(1)羊脚碾。

羊脚碾的滚筒表面设有交错排列的截头圆锥体,状如羊脚。碾压时,羊脚碾的羊脚插入土中,不仅使羊脚端部的土料受到压实,也使侧向土料受到挤压,从而达到均匀压实的效果。

羊脚碾的开行方式有两种:进退错距法和圈转套压法。进退错距法操作简便,碾压、铺土和质检等工序相互协调,便于分段流水作业,压实质量容易得到保证。圈转套压法适合于多碾滚组合碾压,其生产效率高,但碾压时转弯套压交接处重压过多,容易超压;当转弯半径小时,容易引起土层扭曲,产生剪切破坏;转弯的角部容易漏压,质量难以得到保证。

(2)振动碾。

振动碾是一种静压和振动同时作用的压实机械。它是由起振柴油机带动碾滚内的偏心轴旋转,通过连接碾面的隔板,将振动力传至碾滚表面,然后以压力波的形式传到土体内部。非黏性土的颗粒比较粗,在这种小振幅、高频率的振动力的作用下,内摩擦力大大降低,因颗粒不均匀,所受惯性力大小不同而产生相对位移,细粒滑入粗粒之间的空隙而使空隙体积减小,从而使土料达到密实。然而,黏性土颗粒间的黏结力是主要的,且土粒相对比较均匀,在振动作用下,不能取得像非黏性土那样的压实效果。

(3)夯实机械。

夯实机械是一种利用冲击能来击实土料的机械,用于夯实砂砾料或黏性土。其适于在碾压机械难于施工的部位压实土料。

①强夯机。它是由高架起重机和铸铁块或钢筋混凝土块做成的夯砣组成的。夯砣的质量一般为 10～40t,由起重机提升一定高度后自由下落冲击土层,压实效果好,生产率高,用于杂土填方及软基和水下地层夯实。

②挖掘机夯板。夯板一般做成圆形或方形,面积约 1 m^2,质量为 1～2 t,提升高度为 3～4 m。挖掘机夯板的主要优点是压实功能大,生产率高,有利于雨季、冬季施工,但当被夯石块直径大于 50 cm 时,工效大大降低,压实黏土料时,表层容易发生剪切破坏,目前有逐渐被振动碾取代之势。

2. 压实标准

土料压实得越好,物理力学性能指标就越高,坝体填筑质量就越有保证,但对土料过分压实,不仅提高了费用,还会产生剪切破坏,因此,应确定合理的压实标准。对不同土质的压实标准概括如下。

(1) 黏性土和砾质土。

黏性土和砾质土的压实标准,主要以压实干密度和施工含水量这两个指标来控制。

压实干密度由击实试验来确定。我国采用南实仪 25 击[87.95(t•m)/m³]作为标准压实功能,得出一般不少于 30 组最大干密度的平均值 γ_{dmax}(t/m³)作为依据,从而确定设计干密度 γ_d(t/m³)。

此法对大多数黏土料是合理的、适用的,但是,土料的塑限含水量(W_p)、黏粒含量不同,对压实度都有影响,标准压实功能 87.95(t•m)/m³ 只是经验数值,应进行以下修正。

①以塑限含水量为最优含水量(W_{op}),由试验从压实功能与最大干密度、最优含水量曲线上初步确定压实功能。

②考虑沉降控制的要求,即通过选定的干密度满足压缩系数 $a=0.0098\sim0.0196$ cm²/kg,控制压缩系数。

③当天然含水量与塑限含水量接近且易于施工时,选择天然含水量作为最优含水量来确定压实功能。

此外,由于施工含水量是由标准击实条件时的最大干密度确定的,最大干密度对应的最优含水量是一个点值,而实际的天然含水量总是在某一个范围内变动。为适应施工的要求,必须围绕最优含水量规定一个范围,即含水量的上下限。

(2) 砂土及砂砾石。

砂土及砂砾石的压实程度与颗粒级配及压实功能关系密切,一般用相对密度 D_r 表示,其表达式见式(5.1)

$$D_r = \frac{e_{max} - e}{e_{max} - e_{min}} \tag{5.1}$$

式中:e_{max} 为砂石料的最大孔隙比;e 为设计孔隙比;e_{min} 为砂石料的最小孔隙比。

(3) 石渣及堆石体。

石渣及堆石体为坝壳填筑料,压实指标一般用空隙率表示。根据国内外的工程实践经验,碾压式堆石坝坝体压实后空隙率应小于 30%,为了防止产生过大的沉陷，一般规定为 22%～28%（压实平均干密度为 2.04～2.24 t/m³）。面板堆石坝上游主堆石区空隙率标准为 21%～25%（压实平均干密度为 2.24～2.35 t/m³）；用砂砾料填筑的面板坝，砂砾料压实平均空隙率为 15%。

3. 压实试验

坝料填筑必须通过压实试验，确定合适的压实机具、压实方法、压实参数及其他处理措施，并核实设计填筑标准的合理性。试验应在填筑施工开始前一个月完成。

（1）压实参数。

压实参数包括机械参数和施工参数两大类。当压实设备型号选定后，机械参数已基本确定。施工参数有铺料厚度、碾压遍数、开行速度、土料含水量、堆石料加水量等。

（2）试验组合。

压实试验组合方法有经验确定法、循环法、淘汰法（逐步收敛法）和综合法。一般多采用逐步收敛法。先以室内试验确定的最优含水量进行现场试验，通过设计计算并参照已建类似工程的经验，初选几种压实机械和拟定几组压实参数。先固定其他参数，变动一个参数，通过试验得到该参数的最优值；然后固定此最优参数和其他参数，再变动另一个参数，用试验求得第二个最优参数值。依此类推，通过试验得到每个参数的最优值。最后用这组最优参数再进行一次复核试验。倘若试验结果满足设计、施工的技术经济要求，即可作为现场使用的施工压实参数。

黏性土料压实含水量可分别取 $\omega_1 = \omega_p + 2\%$，$\omega_2 = \omega_p$，$\omega_3 = \omega_p - 2\%$ 三种进行试验。

（3）试验分析整理。

按不同压实遍数 n、不同铺土厚度 h 和不同含水量 ω 进行压实、取样。每一个组合取样数量为：黏土、砂砾石 10～15 个，砂及砂砾 6～8 个，堆石料不少于 3 个。分别测定其干密度、含水量、颗粒级配，可作出不同铺土厚度时压实遍数与干密度、含水量曲线。根据上述关系曲线，再作铺土厚度 h、压实遍数 n、最大干密度 ρ_{max}、最优含水量 ω_{op} 关系曲线。在施工中选择合理的压实方式、铺土厚度及压实遍数，这些都是综合各种因素通过试验确定的。

有时对同一种土料采用两种压实机具、两种压实遍数是更经济合理的。例如，陕西省石头河工程心墙土料压实，铺土厚度 37 cm，先采用 8.5t 羊脚碾碾压

6 遍,后用 25～35t 气胎碾碾压 4 遍,取得了经济合理的压实效果。

5.3 土料防渗体坝

5.3.1 铺料

坝基经处理合格后或下层填筑面经压实合格后,即可开始铺料。铺料由卸料和平料两道工序相互衔接,紧密配合完成。选择铺料方法主要考虑上坝运输方法、卸料方式和坝料的类型。

1.自卸汽车卸料、推土机平料

铺料的基本方法有进占法、后退法和混合法三种。

堆石料一般采用进占法铺料,堆石为强度 60～80 MPa 的中等硬度岩石,施工可操作性好。对于特硬岩(强度大于 200 MPa),其岩块边棱锋利,会造成施工机械的轮胎、链轨节等的严重损坏;同时,特硬岩堆石料往往级配不良,表面不平整,从而影响振动压实质量,因此施工中要采取一定的措施(如在铺层表面增铺一薄层细料),以改善平整度。

级配较好的软岩(如强度 30 MPa 以下的)堆石、砂砾(卵)石料等,宜用后退法铺料,以减少分离,提高密度。

不管采用何种铺料方法,卸料时要控制好料堆分布密度,使其摊铺后厚度符合设计要求,不要因过厚而不予以处理。尤其是以后退法铺料时更需注意。

(1)支撑体料。

心墙上下游或斜墙下游的支撑体(简称坝壳)各为独立的作业区,在区内各工序进行流水作业。坝壳一般选用砂砾料或堆石料。堆石料中往往含有大量的大粒径石料,这些大粒径石料不仅影响汽车在坝料堆上行驶和卸料,也影响推土机平料,并易损坏推土机履带和汽车轮胎。为此采用进占法卸料,即自卸汽车在铺平的坝面上行驶和卸料,推土机在同一侧随时平料。其优点是:大粒径块石易被推至铺料的前沿下部,细料填入堆石料空隙,使表面平整,便于车辆行驶。坝壳料的施工要点是防止坝料粗细颗粒分离和使铺层厚度均匀。

(2)反滤料和过渡料。

反滤层和过渡层常用砂砾料,铺料方法采用常规的后退法。自卸汽车在压实面上卸料,推土机在松土堆上平料。优点是可以避免平料造成的粗细颗粒分离,汽车行驶方便,可提高铺料效率。要控制上坝料的最大粒径,允许最大粒径不超过铺层厚度的 1/3,当含有特大粒径(如 0.5～1.0 m)的石料时,应将其清除至填筑体以外,以免产生局部松散甚至空洞,造成隐患。砂砾料铺层厚度根据施工前现场碾压试验确定,一般不大于 1.0 m。

(3) 防渗体土料。

心墙、斜墙防渗体土料主要有黏性土和砾质土等,选择铺料方法主要考虑两点:一是坝面平整,铺料层厚均匀,不得超厚;二是对已压实合格土料不过压,防止产生剪切破坏。铺料时应注意以下问题。

①采用进占法卸料。进占法卸料即为推土机和汽车都在刚铺平的松土上行进,逐步向前推进。要避免所有的汽车行驶在同一条道路上,如果中、重型汽车反复多次在压实土层上行驶,会使土体产生弹簧、光面与剪切破坏,严重影响土层间结合质量。

②推土机功率必须与自卸汽车载重吨位相匹配。如果汽车斗容过大,而推土机功率过小(刀片过小),则每一车料要经过推土机多次推运,才能将土料铺散、铺平。推土机履带的反复碾压,会将局部表层土压实,甚至出现弹簧土和剪切破坏,造成汽车卸料困难,更严重的是,很易产生平土厚薄不均。

③采用后退法定量卸料。汽车在已压实合格的坝面上行驶并卸料,为防止对已压实的土料产生过压,一般会采用轻型汽车。根据每一填土区的面积,按铺土厚度定出所需的土方量,以保证推土机平料均匀,不产生大面积过厚或过薄的现象。

④沿坝轴线方向铺料。防渗体填筑面一般较窄,为了防止两侧坝料混入防渗体,杜绝因漏压而形成贯穿上下游的渗流通道,一般不允许车辆穿越防渗体,所以严禁垂直坝轴线方向铺料。特殊部位,如两岸接坡处、溢洪道边墙处以及穿越坝体建筑物等结合部位,当只能垂直坝轴线方向铺料时,在施工过程中,质检人员应现场监视,严禁坝料掺混。

2. 移动式皮带机上坝卸料、推土机平料

皮带机上坝卸料适用于黏性土、砂砾料和砾质土。利用皮带机直接上坝,配合推土机平料,或配合铲运机运料和平料,其优点是不需要专门的道路,但随着坝体升高,需要经常移动皮带机。为防止粗细颗粒分离,推土机采取分层平料,每次铺层厚度为要求的 1/3～1/2,推距最好在 20 m 左右,最大不超过 50 m。

3. 铲运机上坝卸料和平料

铲运机是一种能综合完成挖、装、运、卸、平料等工序的施工机械。当料场距大坝 800~1500 m,距散料 300~600 m 时,使用铲运机上坝卸料和平料是经济有效的。铲运机铺料时,平行于坝轴线依次卸料,从填筑面边缘逐行向内铺料,空机从压实合格面上返回取土区。铺到填筑面中心线约一半(宽度)后,铲运机反向运行,接续已铺土料逐行向填筑面另一半的外缘铺料,空机从刚铺填好的松土层上返回取土区。

5.3.2 压实

1. 非黏性土的压实

非黏性土透水料和半透水料的主要压实机械有振动平碾、气胎碾等。

振动平碾适用于堆石以及含有漂石的砂卵石、砂砾石和砾质土的压实。振动平碾压实功率大,碾压遍数少(4~8 遍),压实效果好,生产效率高,应优先选用。气胎碾可用于压实砂、砂砾料、砾质土。

除坝面特殊部位外,碾压方向应沿轴线方向进行。一般均采用进退错距法作业。在碾压遍数较少时,也可采用一次压够后再行错车的方法,即搭接法。铺料厚度、碾压遍数、加水量、振动平碾的行驶速度、振动频率和振幅等主要施工参数要严格控制。分段碾压时,相邻两段交接带的碾迹应彼此搭接,垂直碾压方向,搭接宽度应不小于 0.3 m,顺碾压方向应不小于 1.0 m。

适当加水能提高堆石、砂砾料的压实效果,减少后期沉降量,但大量加水需增加工序和设施,影响填筑进度。堆石料加水的主要作用,除润滑颗粒以便压实外,更重要的是软化石块接触点,在压实时搓磨石块尖角和边棱,使堆石料更为密实,以减少坝体后期沉降量。砂砾料在洒水充分饱和的条件下,才能被有效地压实。

对于软化系数大、吸水率低(饱和吸水率小于 2%)的硬岩,加水效果不明显,可经对比试验决定是否加水。对于软岩及风化岩石,其填筑含水量必须大于湿陷含水量,最好充分加水,但应视其当时的含水量而定。对砂砾料或细料较多的堆石,宜在碾压前洒水一次,然后边加水、边碾压,力求加水均匀。对含细粒较少的大块堆石,宜在碾压前洒水一次,以冲掉填料层面上的细粒料,利于层间结合,但在碾压前洒水,大块石裸露会给振动平碾碾压带来不利。对软岩堆石,由于振动平碾碾压后表面会产生一层岩粉,碾压后也应洒水,尽量冲掉表面岩粉,以利层间结合。

当加水碾压会引起泥化现象时,加水量应通过试验确定。堆石的加水量因其岩性、风化程度而异,一般为填筑量的 10%～25%;砂砾料的加水量宜为填筑量的 10%～20%;粒径小于 5 mm、含水量大于 30%及含泥量大于 5%的砂砾石,其加水量宜通过试验确定。

2. 黏性土的压实

黏土心墙料压实机械主要用凸块振动碾,也可采用气胎碾。

(1)压实方法。

碾压机械压实方法均采用进退错距法,要求的碾压遍数很少时,可采用一次压够遍数再错距的方法。分段碾压的碾迹搭接宽度:垂直碾压方向的不小于 0.3 m,顺延碾压方向的应为 1.0～1.5 m。碾压应沿坝轴方向进行。在特殊部位,如防渗体截水槽内或与岸坡结合处,应用专用设备在划定范围沿接坡方向碾压,碾压行车速度一般取 2～3 km/h。

(2)坝面土料含水量调整。

土料含水量调整应在料场进行,仅在特殊情况下可考虑在坝面作少许调整。

①土料加水。当上坝土料的平均含水量与碾压施工含水量相差不大,仅需增加 1%～2%时,可在坝面直接洒水。

加水方式分为汽车洒水和管道加水两种。汽车喷雾洒水均匀,施工干扰小,效率高,宜优先采用。管道加水方式多用于施工场面小、施工强度较低的情况。加水后的土料一般应以圆盘耙或犁使其含水量均匀。

粗粒残积土在碾压过程中,随着粗粒被破碎,细粒含量不断地增多,压实最优含水量也在提高。碾压开始时比较湿润的土料,随着碾压可能变得干燥,因此在碾压过程中要适当地补充洒水。

②土料的干燥。当土料的含水量大于施工控制含水量上限的 1%以内时,碾压前可用圆盘耙或犁在填筑面进行翻松晾晒。

(3)填土层结合面处理。

当使用振动平碾、气胎碾及轮胎牵引凸块碾等机械碾压时,在坝面将形成光滑的表面。为保证土层之间结合良好,对于中、高坝黏土心墙或窄心墙,铺土前必须将已压实合格面洒水湿润并刨毛 1～2 cm 深。对于低坝,经试验论证后可以不刨毛,但仍须洒水湿润,严禁在表土干燥状态下在其上铺填新土。

5.3.3　结合部位处理

1. 非黏性土结合部位

（1）坝壳与岸坡结合部位的施工。

坝壳与岸坡（或混凝土建筑物）结合部位施工时，汽车卸料及推土机平料时易出现大块石集中、架空现象，且局部碾压机械不易碾压。该部位宜采取的措施：与岸坡结合处 2 m 宽范围内，可沿岸坡方向碾压；不易压实的边角部位应减薄铺料厚度，用轻型振动碾或平板振动器等压实机具压实；在结合部位可先填 1～2 m 宽的过渡料，再填堆石料；在结合部位铺料后出现的大块石集中、架空处，应予以换填。

（2）坝壳填筑接缝处理。

坝壳分期分段填筑时，在坝壳内部形成了横向接缝或纵向接缝，因此，坝壳填筑应采取适当措施，将接缝部位压实，其处理方法如下。

①留台阶法。先期铺料时，每层预留 1.0～1.5 m 的平台，新填料松坡接触，采用碾碌骑缝碾压。留台阶法适用于填筑面大、无须削坡处理的情况。

②削坡法。削坡可分为推土机削坡、反铲或装载机削坡及人工削坡三种。

a. 推土机削坡。推土机逐层削坡，其工作面比新铺料层面抬高一层，削除松料水平宽度为 1.5～2.0 m，新填料与削坡松料相接，共同碾压。推土机削坡可在铺料之前平行作业，施工机动灵活，能适应不同的施工条件。

b. 削坡。反铲或装载机削坡须在铺新料前进行，新填料与压实料相接。

c. 人工削坡。人工削坡只适用于用砂砾料等小粒径石料填筑的坝壳。

2. 黏性土结合部位

黏土防渗体与坝基（包括齿槽）、两岸岸坡、溢洪道边墙、坝下埋管及混凝土墙等结合部位的填筑，须采用专用机具、专门工艺进行施工，以确保填筑质量。

（1）截水槽回填。

当槽内填土厚度在 0.5 m 以内时，可采用轻型机具（如蛙式夯等）薄层压实；当填土厚度超过 0.5 m 时，可采用压实试验选定的压实机具和压实参数压实。基槽处理完成后，排除渗水，从低洼处开始填土。不得在有水情况下填筑。

（2）铺盖填筑。

铺盖在坝体内与心墙或斜墙连接的部分，应与心墙或斜墙同时填筑，坝外铺盖的填筑,应于库内充水前完成。铺盖完成后,应及时铺设保护层。已建成的铺盖上不允许进行打桩、挖坑等作业。

（3）黏土心墙与坝基结合部位填筑。

无黏性土坝基铺土前,坝基应洒水压实,然后按设计要求回填反滤料和第一层土料。铺土厚度可适当减薄,土料含水量调节至施工含水量上限,宜用轻型压实机具压实。黏性土或砾质土坝基,应将表面含水量调至施工含水量上限,用与黏土心墙相同的压实参数压实,然后洒水、刨毛、铺填新土。坚硬岩基或混凝土盖板上,前几层填料可用轻型碾压机具直接压实,填筑至少 0.5 m 后才允许用凸块碾或重型气胎碾碾压。

（4）黏土心墙与岸坡或混凝土建筑物结合部位填筑。

①填土前,必须清除混凝土表面或岩面上的杂物。在混凝土或岩面上填土时,应洒水湿润,并边涂刷浓泥浆、边铺土、边夯实,泥浆涂刷高度须与铺土厚度一致,并应与下部涂层衔接,严禁泥浆干后再铺土和压实。

②裂隙岩面处填土时,首先应按设计要求对岩面进行妥善处理,其次对岩面进行洒水处理,最后边涂刷浓水泥黏土浆或水泥砂浆、边铺土、边压实（砂浆初凝前必须碾压完毕）。涂层厚度可为 5～10 mm。

③黏土心墙与岸坡结合部位的填土,其含水量应调至施工含水量上限,选用轻型碾压机具薄层压实,不得使用凸块碾压实,黏土心墙与结合带碾压搭接宽度不应小于 1.0 m。局部碾压不到的边角部位可使用小型机具压实。

④混凝土墙、坝下埋管两侧及顶部 0.5 m 范围内填土,必须用小型机具压实,其两侧填土应保持均衡上升。

⑤岸坡、混凝土建筑物与砾质土、掺合土结合处,应填筑宽 1～2 m 的塑性较高的黏土（黏粒含量和含水量都偏高）过渡,避免直接接触。

⑥如果岸坡过缓,对结合处进行碾压时,应注意土料因侧向位移出现的爬坡、脱空现象,并采取防治措施。

（5）填土接缝处理要求。

斜墙和窄心墙内一般不应留有纵向接缝。均质土坝可设置纵向接缝,宜采用不同高度的斜坡与平台相间的形式,平台间高差不宜大于 15 m。坝体接缝坡面可使用推土机自上而下削坡,适当保留保护层,随坝体填筑上升,逐层清至合格层。结合面削坡合格后,要控制其含水量为施工含水量范围的上限。

5.4 面板堆石坝

5.4.1 钢筋混凝土面板的分块和浇筑

1.钢筋混凝土面板的分块

钢筋混凝土面板包括趾板和面板两部分。趾板设伸缩缝,面板设垂直伸缩缝、周边伸缩缝等永久缝和临时水平施工缝。面板要满足强度、抗渗、抗侵蚀、抗冻要求。垂直伸缩缝从底到顶通缝布置,中部受压区分缝间距一般为 12~18 m,两侧受拉区按 6~9 m 布置。受拉区设两道止水,受压区在底侧设一道止水,水平施工缝不设止水,但竖向钢筋必须相连。

2.钢筋混凝土面板的浇筑

(1)趾板施工。

趾板施工应在趾基开挖处理完毕,经验收合格后进行,按设计要求进行绑扎钢筋、设置锚筋、预埋灌浆导管、安装止水片及浇筑上游铺盖。混凝土浇筑时,应及时振实,注意止水片与混凝土的结合质量,结合面不平整度应小于 5 mm。混凝土浇筑后 28 d 以内,20 m 之内不得进行爆破;20 m 之外的爆破要严格控制装药量。

(2)面板施工。

面板施工在趾板施工完毕后进行。考虑到堆石体沉陷和位移对面板产生的不利影响,面板应在堆石体填筑全部结束后施工。面板混凝土浇筑宜采用无轨滑模,起始三角块宜与主面板块一起浇筑。面板混凝土宜采用跳仓浇筑。滑模应具有安全设施,固定卷扬机的地锚应可靠,滑模应有制动装置。面板钢筋采用现场绑扎或焊接,也可用预制网片现场拼接。混凝土浇筑时,布料要均匀,每层铺料 250~300 cm。止水片周围需人工布料,防止分离。振捣混凝土时,要垂直插入,至下层混凝土内 5 cm,止水片周围用小振捣器仔细振捣。

振捣过程中,应防止振捣器触及滑模、钢筋、止水片。脱模后的混凝土要及时修整和压面。浇筑质量检查要求如下。

①趾板浇筑。每浇一块或每 50~100 m³ 至少有一组抗压强度试件;每 200 m³ 成型一组抗冻、抗渗检验试件。

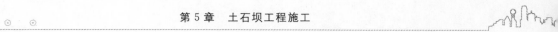

②面板浇筑。每班取一组抗压强度试件,抗渗检验试件每 $500\sim1000$ m^3 成型一组,抗冻检验试件每 $1000\sim3000$ m^3 成型一组,不足以上数量者,也应取一组试件。

5.4.2　沥青混凝土面板施工

1. 沥青混凝土面板的施工方法

沥青混凝土面板的施工方法有碾压法、浇筑法、预制装配法和填石振压法四种。碾压法是将热拌沥青混合料摊铺后碾压成型的施工方法,用于土石坝的心墙和斜墙施工。浇筑法是将高温流动性热拌沥青混合材料灌注到防渗部位,一般用于土石坝心墙。预制装配法是把沥青混合料预制成板或块。填石振压法是先将热拌的细粒沥青混合材料摊铺好,填放块石,然后用巨型振动器将块石振入沥青混合料中。

2. 沥青混凝土面板的施工特点

①沥青混凝土面板施工需用专门的施工设备,由经受过施工培训的专业人员完成。沥青混凝土面板较薄,其施工工程量小,机械化程度高,施工速度快。

②高温施工,施工顺序和相互协调要求严格。

③面板不需要分缝分块,但与基础、岸坡及刚性建筑物的连接需谨慎施工。

④不因开采土料而破坏植被,利于环保。

3. 沥青混凝土面板施工内容

(1) 沥青混凝土面板施工的准备工作。

①趾墩和岸墩是保证面板与坝间可靠连接的重要部位,一定要按设计要求施工。岸墩与基岩连接,一般设有锚筋,并用作基础帷幕及固结灌浆的压盖。其周线应平顺,拐角处应有曲线过渡,避免倒坡,以便于与沥青混凝土面板连接。

②与沥青混凝土面板相连接的水泥混凝土趾墩、岸墩及刚性建筑物的表面,在沥青混凝土面板铺筑之前必须进行清洁处理,潮湿部位用燃气或喷灯烤干。然后在表面喷涂一层稀释沥青或乳化沥青,待稀释沥青或乳化沥青完全干燥后,再在其上面敷设沥青胶或橡胶沥青胶。沥青胶涂层要平整均匀,不得流淌。若涂层较厚,可分层涂抹。

③对于土坝,在整修好的填筑土体或土基表面先喷洒除草剂,然后铺设垫层。堆石坝体表面可直接铺设垫层。垫层料应分层填筑压实,并对坡面进行修

整，使坡度、平整度和密实度等符合设计要求。

（2）沥青混合料运输。

①热拌沥青混合料应采用自卸汽车或保温料罐运输。自卸汽车运输时应防止沥青与车厢黏结。车厢内应保持清洁。从拌和机向自卸汽车上装料时，应防止粗细骨料离析，每卸一斗混合料应挪动一下汽车位置。保温料罐运输时，底部卸料口应根据混合料的配合比和温度设计得略大一些，以保证出料顺畅。一般沥青混合料运输车或料罐的运量应满足拌和能力和摊铺速度的要求。

②运料车应采取覆盖篷布等保温、防雨、防污染的措施，夏季运输时间较短时，也可不加覆盖。

③沥青混合料运至地点后应检查拌和质量。不符合规定或已经结成团块、已被雨淋湿的混合料不得用于铺筑。

（3）沥青混合料摊铺。

土石坝碾压式沥青混凝土面板多采用一级铺筑。当坝坡较长或因拦洪度汛需要设置临时断面时，可采用二级或二级以上铺筑。一级斜坡铺筑长度通常不超过 120 m。当采用多级铺筑时，临时断面顶宽应根据牵引设备的布置及运输车辆交通的要求确定，一般不小于 10 m。

沥青混合料铺筑时，多是沿最大坡度方向分成若干条幅，自下而上依次铺筑。当坝体轴线较长时，也有沿水平方向铺筑的，但多用于蓄水池和渠道衬砌工程。

（4）沥青混合料压实。

沥青混合料应采用振动平碾碾压，要在上行时振动、下行时不振动。待摊铺机从摊铺条幅上移出后，用 2.5～8t 振动平碾进行碾压。条幅之间的接缝在铺设沥青混合料后应立即进行碾实，以获得最佳的压实效果。在碾压过程中有沥青混合料黏轮现象时，可向碾压轮洒少量水或洒加洗衣粉的水，严禁涂洒柴油。

（5）沥青混凝土面板接缝处理。

为提高整体性，接缝边缘通常由摊铺机铺筑成 45°。当接缝处沥青混合料温度较低（小于 60℃）时，对接缝处的松散料应予以清除，并用红外线或燃气加热器将接缝处 20～30 cm 加热到 100～110℃后再铺筑新的条幅并进行碾压。有时在接缝处涂刷热沥青，以增强防渗效果。对于防渗层铺筑后发现的薄弱接缝处，仍须用加热器加热并用小型夯实器压实。

5.5　砌石坝施工

5.5.1　筑坝材料

1.石料开采、储存与上坝

砌石坝所采用的石料有细料石、粗料石、块石和片石。细料石主要用作坝面石、拱石及栏杆石等,粗料石多用于浆砌石坝,块石用于砌筑重力坝内部,片石则用于填塞空隙。石料必须质地坚硬、新鲜,不得有剥落层或裂纹。

坝址附近应设置储料场,必须对料场位置、石料储量、运距和道路布置作全面规划。在中、小型工程中,主要靠人工进行石料及胶结材料的上坝运输。若坝面过高,则使用常用设备运输上坝,如简易缆式起重机、塔式起重机、钢井架提升塔、卷扬道、履带式起重机等。

2.胶结材料制备

砌石坝的胶结材料主要有水泥砂浆和一、二级配混凝土。胶结材料应具有良好的和易性,以保证砌体质量和砌筑工效。

（1）水泥砂浆。

水泥砂浆由水泥、砂、水按一定比例配合而成。水泥砂浆常用的强度等级为M5.0、M7.5、M10.0、M12.5 四种。对于较高或较重要的浆砌石坝,水泥砂浆的配合比应通过试验确定。

（2）细石混凝土。

细石混凝土由水泥、水、砂和石按一定比例配合而成。细石多采用 5～20 mm和 20～40 mm 二级配,配比大致为 1∶1,也可根据料源及试验情况确定。混凝土常用的强度等级分为 10.0 MPa、15.0 MPa、20.0 MPa 三种。为改善胶结材料的性能、降低水泥用量,可在胶结材料中掺入适量掺合料或外加剂,但必须通过试验确定其最优掺量。

5.5.2　坝体砌筑

坝基开挖与处理结束,经验收合格后,方能进行坝体砌筑。块石砌筑是砌石坝施工的关键工作,砌筑质量直接影响坝体的整体强度和防渗效果,故应根据不

同坝型,合理选择砌筑方法,严格控制施工工艺。

1. 拱坝的砌筑

①全拱逐层全断面均匀上升砌筑,即沿坝体全长砌筑,每层面石、腹石同时砌筑,逐层上升,一般采用一顺一丁砌筑法或一顺二丁砌筑法。

②全拱逐层上升,面石、腹石分开砌筑,即沿拱圈全长逐层上升,先砌面石,再砌腹石。该方法用于拱圈断面大、坝体较高的拱坝。

③全拱逐层上升,面石内填混凝土,即沿拱圈全长先砌内外拱圈面石,形成厢槽,再在槽内浇筑混凝土。这种方法用于拱圈较薄、混凝土防渗体设在中间的拱坝。

④分段砌筑,逐层上升,即将拱圈分成若干段,每段先砌四周面石,然后砌筑腹石,逐层上升。这种方法的优点是便于劳动组合,适用于跨度较大的拱坝,但增加了径向通缝。

2. 重力坝的砌筑

重力坝砌筑工作面开阔,通常采用沿坝体全长不分段地逐层砌筑的施工方法,但当坝轴线较长、地基不均匀时,也可根据情况进行分段砌筑,每个施工段逐层均匀上升。若不能保证均匀上升,则要求相邻砌筑面高差不大于 1.5 m,并做成台阶形连接。重力坝砌筑多用水平通缝法施工,并且上下层错缝。为了减少水平渗漏,可在坝体中间砌筑一水平错缝段。

5.5.3　施工质量检查与控制

1. 浆砌石体的质量检查

砌石工程在施工过程中,要对砌体进行抽样检查。常规的检查项目及检查方法有下列几种。

(1)浆砌石体表观密度检查。

浆砌石体的表观密度检查是质量检查中比较关键的地方。浆砌石体表观密度检查有试坑灌砂法和试坑灌水法两种。以灌砂、灌水的手段测定试坑的体积,并根据试坑挖出的浆砌石体各种材料的重量,计算出浆砌石体的单位重量。

(2)胶结材料的检查。

砌石所用的胶结材料应检查其拌和是否均匀,并取样检查其强度。

（3）砌体密实性检查。

砌体的密实性是反映砌体砌缝饱满程度、衡量砌体砌筑质量的一个重要指标。砌体的密实性以其单位吸水量表示。其值愈小，砌体的密实性愈好。单位吸水量用压水试验进行测定。

2. 砌筑质量的简易检查

（1）在砌筑过程中翻撬检查。

对已砌砌体抽样翻起，检查砌体是否符合砌筑工艺要求。

（2）钢钎插扎注水检查。

在竖向砌缝中的胶结材料初凝后至终凝前，以钢钎沿竖缝插孔，待孔眼成型稳定后向孔中注入清水，观察 5～10 min，若水面无明显变化，说明砌缝饱满密实；若水迅速漏失，说明砌缝不密实。

（3）外观检查。

砌体应稳定，灰缝应饱满，无通缝；砌体表面应平整，尺寸符合设计要求。

第6章 混凝土坝工程施工

6.1 混凝土生产

6.1.1 混凝土生产系统的设置和布置要求

1.设置

水利工程根据其工程大小、目的、要求及施工组织的不同,可设置一个混凝土生产系统或几个混凝土生产系统。混凝土生产系统设置方式可分为集中设置、分期设置、分标段设置三种。集中设置多用于建筑物密集、运输线路短且流畅、全河床可一次性截流的水利工程。分期设置一般用于在河流流量大且宽阔的河段上,用分期导流、分期施工的工作方式的水利工程。分标段设置多用于项目被分段单独招标,各中标单位各自规划设计自己的工程的水利工程。

2.布置要求

在施工前除根据实际情况对混凝土生产系统进行设置外,还要知道混凝土生产系统的一些布置要求。其具体布置要求如下。

（1）选择地形平坦、地质优良的地方作为厂址,并且拌和楼尽量选择在稳定、承载能力强的地基上。

（2）为避免供应困难,拌和楼要尽量靠近浇筑点,生产系统到坝址的距离一般为 500m,爆破距离在 300m 以上。

（3）常温和低温条件下混凝土的生产能力是不同的,所以要考虑好冬季和夏季的混凝土出产时间,保证混凝土出线顺畅。

（4）综合考虑场地、建筑物位置和高度,厂区的高程要满足浇筑方案的要求。

（5）根据近 20 年的洪水情况来确定主建筑物的高程,确保在突发情况时主建筑物的安全。在生产系统选址时确保其不受山洪或泥石流的威胁。

6.1.2　混凝土生产系统

1. 混凝土

（1）施工准备。

在进行混凝土施工前，要先进行基础处理，对土基要先将保护层挖除，清理地基中的杂物，将碎石等埋入其中，浇筑混凝土以打牢地基。若有地下水，要做截水墙，并将积水排出。

施工缝是指施工时浇筑块之间新老混凝土间的结合面。在进行施工缝处理时要将老混凝土表面的浮皮清除干净，露出有石子的麻面，便于新老混凝土的结合。

开仓浇筑前，对模板、钢筋、预埋物等进行全面认真的检查。

检查脚手架、照明设备、工作平台、混凝土原料等基础设备是否准备完毕。混凝土工程是一项具有一定危险性的工程，应在事前对各个工具、设备的安全性、可用性等进行检查，确保安全施工。

（2）混凝土拌制。

混凝土拌制是指对混凝土原料按照一定的配合比进行搅拌形成均匀混凝土的过程。

混凝土的配料精度直接影响混凝土的质量，所以配料需要按计划要求进行称量。将砂、石、水泥、掺合料按质量称量，水和其他溶液按所需的质量换算成相应的体积。

混凝土拌和有人工拌和和机械拌和两种。人工拌和一般是先倒入砂和水泥，反复搅拌均匀后，在中间扒开的坑中加入水和石子，再进行搅拌，直到颜色均匀，人工拌和是早期采用的一种方法，它的工作量大，工作效率不高，现在一般采用机械拌和。

混凝土搅拌机有自落式和强制式两种。

自落式混凝土搅拌机通过筒身的旋转，带动搅拌叶片带着原料升高，在重力的作用下原料自由下落，因此原料被反复翻拌，达到均匀搅拌的目的。

强制式混凝土搅拌机是筒身固定，搅拌叶片旋转，从而使原料被反复翻拌而混合均匀。

（3）混凝土运输。

混凝土搅拌后不宜久放，运输方法和外界环境都会影响混凝土的质量，从而影响施工工程的质量。混凝土运输时要尽量缩短运输时间,减少转运次数。运输道路应基本平坦,避免搅拌物分离。有时还需用一些遮挡物覆盖混凝土,避免日晒、雨水等影响混凝土质量。常用的混凝土运输设备有机动翻斗车和混凝土搅拌运输车。

(4)混凝土浇筑。

浇筑前,在老混凝土面上先铺一层水泥砂浆,保证新老混凝土能良好结合。铺料厚度根据拌和能力、运输距离、浇筑速度、气温等而定。

铺料之后是平仓,它是把仓内卸入的混凝土均匀铺开,并达到一定的厚度要求。在用振捣器平仓时不可将平仓和振捣合在一起,而是将振捣器斜插入混凝土料堆下部,慢慢地推着混凝土向前移动,反复多次,直到混凝土的厚度均匀。

振捣是影响混凝土浇筑质量的关键步骤。振捣可以压实混凝土中的空隙,使混凝土更紧实地与模板、钢筋等结合良好,保证混凝土坝结实。

(5)混凝土养护。

混凝土浇筑完毕后,要保持适当的温度和湿度,以便于混凝土更好地硬化,这就是混凝土的养护。养护方法分为自然养护和加热养护两种。自然养护的基本要求是:浇筑完成后,在混凝土上覆盖草、麻袋等物,不断洒水保持其表面湿润,严禁任何人在上面行走、安装模板支架,更不得作冲击性或任何劈打的操作。加热养护是用蒸汽或电热等对混凝土进行湿热养护。

2. 拌和楼

拌和楼按结构布置形式分为单阶式、双阶式、移动式三种。

(1)单阶式拌和楼。

单阶式拌和楼是将所有混凝土物料由上而下垂直布置在一座楼里,按照工艺流程依次分为进料层、储料层、配料层、拌和层、出料层。这种楼形是应用最为广泛的一种形式,比较适用于工程量大、工期长的水利工程。该种拌和楼是先将骨料和水泥分别运送到储料层的分隔仓中,料仓中的自动称将称好的各种物料汇入集料斗,由回转式给料器送到拌和机中,机器自动称量好所需的水后加入拌和机中开始搅拌。

(2)双阶式拌和楼。

双阶式拌和楼是由两部分组成的,一部分用于骨料进料、料仓储藏和称量,另一部分用于拌和、混凝土出料等。两部分由皮带机连接,一般在同一高度,也可利用不同高度所形成的高度差。

（3）移动式拌和楼。

移动式拌和楼适用于线路长、施工便道远且被间断的情况，一般用于小型的水利工程。

3. 拌和设备的容量问题

一般根据施工组织安排的高峰月混凝土浇筑强度，来计算混凝土生产系统小时生产能力，见式（6.1）

$$P = Q_m K_h / (mn) \tag{6.1}$$

式中：P 为混凝土生产系统小时生产能力，m^3/h；Q_m 为高峰月混凝土浇筑强度，$m^3/月$；m 为月工作时间，一般取 25d；n 为日工作时间，一般取 20 h；K_h 为小时不均匀系数，一般取 1.5。

应按设计安排的浇筑最大仓面面积、混凝土初凝时间、浇筑层厚度、浇筑方法等条件，校核所选拌和楼的小时生产能力，以及与拌和楼配套的辅助设备的生产能力等是否满足相应要求。

4. 水平输送设备

水平输送主要包括有轨运输与皮带机运输两种方式。

（1）有轨运输。

有轨运输一般分为机车拖平板车立罐和机车拖侧卸罐车两种。

机车拖平板车立罐的运输能力强，管理方便，运输过程中震动小，特别适用于工程量大、浇筑强度高的工程，是我国水利工程中常用的一种方式。其主要缺点是：要求混凝土工厂与混凝土浇筑供料点之间高差小、线路的纵坡小、转弯的半径大，对复杂的地形变化适应性差，土建工程量大，修建工期长。

机车拖挂 3～5 节平台列车，上放混凝土立式吊罐 2～4 个，直接到拌和楼装料。列车上预留 1 个罐的空位，以备转运时放置起重机吊回的空罐。这种运输方法有利于提高机车和起重机的效率，缩短混凝土运输时间。

立罐容积有 1 m^3、3 m^3、6 m^3 和 9 m^3，容量应与拌和机及起重机的能力相匹配。

立罐外壳为钢制品，装料口大，出料口小，并设弧门控制，用人力或气压启闭。

（2）皮带机运输。

皮带机运输的优点是设备简单，操作方便，成本低，生产率高，其缺点如下。

① 运输流态混凝土时容易分层离析，砂浆损失较为严重，所以在运输中要

特别注意避免砂浆损失,必要时适当增加配合比的砂率,并且皮带机卸料处应设置挡板、卸料导管和刮板。

②薄层运输与大气接触面大,容易改变物料的温度和含水量,影响混凝土质量。当输送混凝土的最大骨料粒径大于 80 mm 时,应进行适应性试验,保证混凝土质量符合要求。此外,露天皮带机上最好搭设盖棚,避免混凝土受日照、风、雨等影响;低温季节施工时,应有适当的保温措施,及时清洗皮带上黏附的水泥砂浆,并应防止冲洗水流入仓内。

5.垂直输送设备

(1)履带式起重机。

履带式起重机直接在地面上开行,无须轨道。它的提升高度不大,但机动灵活、适应狭窄的地形,在开工初期能及早使用,生产率高。常与自卸汽车配合浇筑混凝土墩、墙,或基础、护坦、护坡等。

(2)门式起重机和塔式起重机。

门式起重机简称门机,是一种大型移动式起重设备。它的下部为钢结构门架,门架底部装有车轮,可沿轨道移动。门架下可供运输车辆在同一高程上运行,具有结构简单、运行灵活、起重量大、控制范围较大、工作效率较高等优点,因此在大型水利工程中应用较普遍。

塔式起重机又称塔机或塔吊,是在门架上装置数十米高的钢塔,用于增加起重高度。其起重臂多是水平的,不能仰伏,靠起重小车(带有吊钩)沿起重臂水平移动来改变起重幅度,所以控制范围是一个长方形的空间。塔机的稳定性和运行灵活性不如门机,当有 6 级以上大风时,必须停止工作。由于塔顶旋转由钢绳牵引,塔机只能向一个方向旋转180°或360°之后,再回转。相邻塔机运行时的安全距离要求大,相邻中心距不得小于 34 m,而门机却可以任意转动。塔机适用于浇筑高坝,若将多台塔机安装在不同的高程上,可以发挥控制范围大的优点。

(3)缆式起重机。

缆式起重机简称缆机,主要由一套凌空架设的缆索系统、起重小车、首塔架、尾塔架等组成,机房和操纵室一般设在首塔内。

缆索系统为缆机的主要组成部分,它包括承重索、起重索、牵引索和各种辅助索。承重索两端系在首塔和尾塔顶部,承受很大的拉力,通常用光滑、耐磨、抗拉强度很高的钢丝制成,是缆索系统中的主索。起重索用于垂直方向升降起重钩。牵引索用于牵引起重小车沿承重索移动。首、尾钢塔架为三角形空间结构,分别布置在两岸较高的地方。

缆机的类型一般按首、尾塔的移动情况划分,有固定式、平移式和辐射式三种。首、尾塔都固定者,为固定式缆机;首、尾塔都可移动的,为平移式缆机;尾塔固定,首塔沿弧形轨道移动者,为辐射式缆机。

缆机适用于狭窄河床处的混凝土坝浇筑。它不仅具有控制范围大、起重量大、生产率高的特点,而且能提前安装和使用,使用期长,不受河流水文条件和坝体高的影响,对加快主体工程施工具有明显的作用。如五强溪、东江、安康、乌江渡等工程均采用缆机。缆机的起重量一般为 10~20 t,最大可达 50 t,跨度一般为 600~1000 m,起重小车移动速度为 360~670 m/min,吊钩垂直升降速度为 100~290 m/min,每小时可吊运混凝土罐 8~12 次。20 t 缆机的浇筑强度可达 80000 m³/月。三峡工程采用了两台跨度 1416 m、塔架高 125 m、起重量 20 t 的摆动式缆机。

（4）泵送混凝土运输机械。

采用混凝土泵及其导管输送混凝土,能够保持混凝土原来的性能,它既可水平输送,也可垂直输送,常用在工作面狭窄的地方,如隧洞衬砌、导流底孔封堵等。采用较多的是柱塞式混凝土泵,利用柱塞在缸体内的往复运动,将混凝土拌和物沿管道连续压送到浇筑工作面。

电动活塞式混凝土泵是活塞缸内做往返运动的柱塞,将承料斗中的混凝土吸入并压出,经管道送至浇筑仓内。

电动活塞式混凝土泵的输送能力有 15 m³/h、20 m³/h、40 m³/h 等几种。导管管径为 150~200 mm,输送混凝土骨料最大料径为 50~70 mm,最大水平运距可达 300 m,或竖直升距 40 m。

在使用电动活塞式混凝土泵的过程中,要注意泵送混凝土料的特殊要求和防止导管堵塞。一般在泵开始工作时,应先压送适量的水泥砂浆以润滑管壁;当工作中断时,应每隔 5 min 将泵运转两三圈;若停工时间在 0.5 h 以上,应先清除泵及导管内的混凝土,并用水清洗。泵送混凝土最大骨料粒径不得大于导管内径的 1/3,不允许有超径骨料,坍落度以 8~14 cm 为宜,含砂率应控制在 40% 左右,混凝土的水泥用量不少于 250 kg/m³。

风动输送混凝土泵工作时,利用压缩空气(气压为 6.4×10^5~8×10^5 Pa)将密闭在罐内的混凝土料压入输送管内,并沿管道吹送到终端的减压器,降低速度和压力,改变运动方向后喷出管口。

风动输送是一种间歇性作业,每次装入罐内的混凝土量约为罐容积的

80%；其水平运距可达 350 m，垂直运距可达 60 m，生产率可达 50 m³/h。整套风动装置可安装在固定的机架上或移动的车架上，风动输送泵对混凝土配合比的要求基本上与活塞式混凝土泵相同。

（5）塔带机。

塔带机是集水平运输与垂直运输于一体，将塔机与皮带机输送有机结合的专用皮带机，要求混凝土拌和、水平供料、垂直运输及仓面作业配套进行，以发挥高效率。

塔带机是一种新型混凝土浇筑设备，一般布置在坝内，要求大坝坝基开挖完成后，快速进行塔带机系统的安装、调试和运行，使其尽早投入正常生产。它适用于混凝土工程量较大、浇筑强度较高的高大型闸、坝工程。其可适应浇筑常态混凝土及碾压混凝土，运送两种以上品种混凝土时改变混凝土品种较困难，国内工程除三峡工程外均较缺乏实践经验，所以塔带机的布置及选择要根据坝或厂房布置、混凝土系统布置通过技术经济、工期分析比较后确定。

6. 用溜筒、溜管、溜槽、负压（真空）溜槽运输混凝土

溜槽和溜管曾一度被用作运输混凝土的辅助设备，在混凝土的浇筑生产中得到了广泛的应用，主要用在高度不大的情况下滑送混凝土，可以将用皮带机、自卸汽车、吊罐等运输的来料转运入仓，也曾是大型混凝土运输机械设备难以顾及部位的有效入仓手段。随着水利施工技术的不断发展，特别是由于水工大型竖井高几十米至上百米，斜管道长几百米，大坝两岸陡坡高几十米甚至数百米，常规浇筑手段入仓困难，溜槽和溜管作为这些部位混凝土浇筑的主要运送设备，正被更多工程所采用。

使用溜筒、溜管、溜槽、负压（真空）溜槽运输混凝土时，应遵守下列规定。

①溜筒（管、槽）内壁应光滑，开始浇筑前应用砂浆润滑筒（管、槽）内壁；当用水润滑时应将水引出仓外，仓面必须有排水措施。

②使用溜筒（管、槽）应经过试验论证，确定溜筒（管、槽）高度与合适的混凝土坍落度。

③溜筒（管、槽）宜平顺，每节之间应连接牢固，应有防脱落保护措施。

④运输和卸料过程中应避免混凝土分离，严禁向溜筒（管、槽）内加水。

⑤当运输结束或溜筒（管、槽）堵塞经处理后，应及时清洗，且应防止清洗水进入新浇混凝土仓内。

结合施工规范及相关水电站施工经验给出以下参考数据：当混凝土坍落度

为 5～7 cm 时,溜管垂直运输可在 150 m 以内,斜管运输倾角宜大于 30°,长度可在 250 m 以内;当采用溜槽运输时,倾角 30°～60°,长度宜在 100 m 以内,当超过此长度时,应改用溜管。

6.2　混凝土的温度控制和分缝分块

6.2.1　混凝土的温度控制

混凝土在凝固过程中,水泥水化会释放大量水化热,使混凝土内部温度上升。对尺寸小的结构,由于散热较快,温升不高,不致引起严重后果;但对大体积混凝土,混凝土导热性能随热传导距离增加呈非线性衰减,大部分水化热将积蓄在浇筑块内,使块内温度高达 50℃。

浇筑完成后的初期混凝土内部温度上升引起混凝土膨胀变形,升温过程中受基岩影响,混凝土产生的压应力很小。日后随着温度的逐渐降低,混凝土会收缩变形并产生很大的拉应力,如基础混凝土在降温过程中受基岩或老混凝土的约束、非线性温度场引起各单元体之间变形不一致的内部约束、气温骤降情况下表层混凝土的急剧收缩变形、受内部热胀混凝土的约束等产生的应力。当温度降低,混凝土产生的拉应力大于压应力时,混凝土表面就会出现裂缝。在国内外水利工程大体积混凝土裂缝统计中显示,大多数的裂缝是因为温度不均引起的,因此制定相应的控制混凝土温度、防止裂缝的措施是保证混凝土施工质量的重要方向。

1. 温度裂缝

(1) 表面裂缝。

混凝土浇筑后,其内部由于水化热升温,体积膨胀,如果受到岩石或老混凝土约束,在初期将产生较小的压应力,当后期出现较小的降温时,即可将压应力抵消。而当混凝土温度继续下降时,混凝土块内将出现较大的拉应力,但混凝土的强度和弹性模量随龄期而增长,只要对混凝土块进行适当的温度控制即可防止开裂。危险的情况是:当遇到寒潮时,气温会骤降,表层降温收缩,内胀外缩会在混凝土内产生压应力,在表层则产生拉应力。各点温度应力的大小取决于该点温度梯度的大小。在混凝土内处于内外温度平均值的点应力为零,高于内外温度平均值的点承受压应力,低于内外温度平均值的点承受拉应力。

117

当表层温度拉应力超过混凝土的允许抗拉强度范围时，将产生裂缝，从而形成表面裂缝，其深度不超过 30 cm。这种裂缝大多发生在浇筑块侧壁上，方向不定，短而浅。随着混凝土内部温度下降，外部气温回升，有重新闭合的可能。

大量工程实践表明，混凝土坝温度裂缝中绝大多数为表面裂缝，且大多数表面裂缝是由混凝土浇筑初期遇气温骤降引起的，少数表面裂缝是因中后期受年气温变化或水温影响，内外温差过大造成的。表面保护是防止表面裂缝的有效措施，特别是混凝土浇筑初期内部温度较高时更应注意表面保护。

（2）贯穿裂缝和深层裂缝。

变形和约束是产生应力的两个必要条件，由于混凝土浇筑温度较高，加上水泥水化释放大量水化热，混凝土达到最高温度，当混凝土温度降到施工期的最低温度或水库运行期的稳定温度时，即产生基础温差，这种均匀降温会使混凝土产生裂缝，这种裂缝是因混凝土的变形受外界约束而产生的，它的整个断面均匀受拉应力，一旦发生，就会形成贯穿裂缝。由温度变化引起的温度变形是普遍存在的，有无温度应力出现的关键在于有无约束。人们不仅把基岩视为刚性基础，也把已凝固、弹性模量较大的下部老混凝土视为刚性基础。这种基础对新浇不久的混凝土产生的温度变形所施加的约束作用称为基础约束。这种约束在混凝土升温膨胀时引起压应力，在降温收缩时引起拉应力。当拉应力超过混凝土的极限抗拉强度时，就会产生裂缝，称为基础约束裂缝。由于这种裂缝自基础面向上发展，严重时可能贯穿整个坝段，又称为贯穿裂缝。此种裂缝对气温变化很敏感，表面宽度沿延伸方向的变化很明显。此外，裂缝从接近基岩处到顶端是逐渐尖灭的，切割深度可达 5 m，故又称为深层裂缝。裂缝的宽度可达 3 mm，且多垂直基面向上延伸，既可能平行纵缝贯穿，也可能沿流向贯穿。

刚浇筑的筑块的内部温度分布均匀，由于基础对塑性混凝土的变形无约束，故无应力产生。由于温升过程时间不长，可将筑块温升视为绝热温升，其内部温度均匀上升。由于升温过程中筑块尚处于塑性状态，变形自由，故无温度应力产生。事实上，只有降温结硬的混凝土在接近基础面的部分才会受到刚性基础的双向约束，难以变形。混凝土冷却收缩时基础对其产生拉应力，当此拉应力大于混凝土的抗拉强度时，将引起贯穿裂缝。温度变化引起的变形与基础的约束应力产生的变形相抵消，表现为紧贴基础部位无变形产生。

2. 大体积混凝土温度控制的任务

大体积混凝土紧靠基础产生的贯穿裂缝，无论是对坝的整体受力，还是对防渗效果的影响,比之浅层表面裂缝的危害都大得多。表面裂缝虽然可能成为深层裂缝的诱发因素,对坝的抗风化能力和耐久性有一定的影响,但毕竟其深度浅、长度短,一般不致形成危害坝体安全的决定因素。

大体积混凝土温度控制的首要任务是通过控制混凝土的拌和温度来控制混凝土的入仓温度,再通过一期冷却来降低混凝土内部的水化热温升,从而降低混凝土内部的最高温度,使温差降低到允许范围。

大体积混凝土温度控制的另一个任务是通过二期冷却,使坝体温度从最高温度降到接近稳定温度,以便在达到灌浆温度后及时进行纵缝灌浆。众所周知,为了施工方便和满足温度控制要求对坝体所设的纵缝,在坝体完工时应通过接缝灌浆使之结合成为整体,方能保证蓄水安全。倘若坝体内部的温度未达到稳定温度就进行灌浆,灌浆后坝体温度进一步下降,又会将胶结的缝重新拉开。因此,将坝体温度迅速降低到接近稳定温度的灌浆温度是接缝灌浆和坝体蓄水安全的重要前提。

需要采取人工冷却降低坝体混凝土温度的另一个重要原因,是大体积混凝土散热条件差,单靠自然冷却使混凝土内部温度降低到稳定温度需要的时间很长,少则十几年,多则几十年、上百年,从工程及时完工的要求来看,必须采取人工冷却措施。

3. 混凝土的温度控制措施

混凝土温度控制的具体措施常从混凝土的减热和散热两方面入手。所谓减热,就是减少混凝土内部的发热量,如降低混凝土的拌和出机温度,以降低入仓浇筑温度;降低混凝土的水化热温升,以降低混凝土可能达到的最高温度。所谓散热,就是采取各种散热措施,如增加混凝土的散热面,在混凝土温升期采取人工冷却降低其温升,当到达最高温度后,采取人工冷却措施,缩短降温冷却期,将混凝土块内的温度尽快降到灌浆温度,以便进行接缝灌浆。

(1) 降低混凝土水化热温升。

减少每立方米混凝土的水泥用量,主要措施如下。

①根据坝体的应力场对坝体进行分区,不同分区采用不同强度等级的混凝土。

②采用低流态或无坍落度干硬性贫混凝土。

③改善骨料级配,减小砂率,优化配合比设计,采取综合措施,以减少每立方米混凝土水泥用量。

④掺用混合材料。粉煤灰、掺合料的用量可达水泥用量的 25%～40%。

⑤采用高效减水剂。高效减水剂不仅能节约水泥用量约 20%，使 28 d 龄期混凝土的发热量减少 25%～30%，且能提高混凝土早期强度和极限拉伸值。

⑥采用水化热低的水泥。在满足混凝土各项设计指标的前提下，应采用水化热低的水泥，如中热水泥和低热硅酸盐水泥，但低热硅酸盐水泥因早期强度低、成本高，已逐渐被淘汰。近年来已开始生产低热微膨胀水泥，它不仅水化热低，且有膨胀作用，对降温收缩还可以起到补偿作用，减小收缩引起的拉应力，有利于防止裂缝的产生。

（2）降低混凝土的入仓温度。

在施工组织上，安排春、秋季多浇，夏季早晚浇而中午不浇，这是经济有效降低入仓温度的措施。

加冰或加冷水拌和混凝土时，要注意以下内容。

①混凝土拌和时，将部分拌和水改为冰屑，利用冰的低温和冰融解时吸收潜热的作用。实践证明，混凝土拌和水温降低 1℃，可使混凝土出机口温度降低 0.2℃ 左右。

②规范规定，加冰量不得大于拌和用水量的 80%。加冰拌和时，冰与拌和材料直接作用，冷量利用率高，降温效果显著，但加冰后，混凝土拌和时间要适当延长，相应会影响生产能力。若采用冰水拌和或地下低温水拌和，则可避免这一弊端。

在降低骨料温度方面，可采取以下措施。

①成品料仓骨料的堆料高度不宜低于 6m，并应有足够的储备。

②搭盖凉棚，用喷雾机喷雾降温（砂除外），水温降低 2～5℃，可使骨料温度降低 2～3℃。

③通过就近取料，防止骨料运输过程中温度回升，运输设备均应有防晒隔热措施。

④水冷。使粗骨料浸入循环冷却水中 30～45 min，或在通入拌和楼料仓的皮带机廊道、地弄或隧洞中装设喷洒冷却水的水管。喷洒冷却水皮带段的长度由降温要求和皮带机运行速度而定。

⑤可在拌和楼料仓下部通入冷气，冷风经粗料的空隙，由风管返回制冷厂。砂难以采用冰冷，若用风冷，又由于砂的空隙小，效果不显著，故只有采用专门的风冷装置吹冷。

⑥真空气化冷却。利用真空气化吸热原理，将放入密闭容器的骨料利用真

空装置抽气并保持真空状态约 0.5 h,使骨料气化降温冷却。

（3）加速混凝土散热。

①采用自然散热冷却降温。采用低块薄层浇筑,并适当延长散热时间,即适当增加间歇时间。基础混凝土和老混凝土约束部位浇筑层厚以 1～2 m 为宜,上下层浇筑间歇时间宜为 5～10 d。在高温季节已采取预冷措施时,则应采用后块浇筑,缩短间歇时间,防止因气温过高而热量倒流,以保持预冷效果。

②在混凝土内预埋水管通水冷却。在混凝土内预埋蛇形冷却水管,通循环冷水进行降温冷却。在国内以往的工程中,多采用直径约为 2.54 cm 的黑铁管进行通水冷却,该种水管施工经验较多,施工方法成熟,水管导热性能好,但水管需要在工地附属加工厂进行加工制作,制作、安装均不方便,且费时较多。此外,接头渗漏或堵管现象时有发生,材料费及制作、安装费用也较高,目前应用较多的是塑料水管。塑料软管充气埋入混凝土内,待混凝土初凝后再放气拔出,清洗后以备重复利用。冷却水管平面布置为蛇形,断面为梅花形,也可布置成棋盘形。蛇形管弯头由硬质材料制作,当塑料软管放气拔出后,弯头仍留在混凝土内。

6.2.2　混凝土的分缝分块

为控制坝体施工期间混凝土坝的温度应力并适应施工机械设备的浇筑能力,需要用垂直于坝轴线的横缝和平行于坝轴线的纵缝以及水平缝,将坝体划分为许多浇筑块进行浇筑。浇筑块的划分应考虑结构受力特征以及土建施工和设备埋件安装的方便。

1. 纵缝分块法

纵缝为平行于坝轴线、带键槽的竖直缝。纵缝将坝段分成独立的柱状体,水平缝则将柱状体分成浇筑块。这种分块方法又称为柱状分块,目前在我国应用最为普遍。

设置纵缝的目的在于给温度变形留出余地,以避免产生基础约束裂缝。纵缝间距一般为 20～40 m,间距太小则降温后接缝张开宽度达不到 0.5 mm 以上的要求,不利于灌浆。纵缝分块的优点是:温度控制比较有把握,混凝土浇筑工艺比较简单,各柱状体可以分别上升,相互干扰小,施工安排灵活。缺点是:纵缝将仓面分得较窄小,模板工作量增加,且不便于大型机械化施工;为了恢复坝的整体性,纵缝需要进行接缝灌浆处理,坝体蓄水兴利受到灌浆冷却的限制。

为了增加纵缝灌浆后的抗剪能力,在纵缝面上应设键槽。键槽常呈直角三角形,其短边和长边应分别与坝的第一、第二主应力正交,使键槽面承压而不受剪。

2. 斜缝分块法

斜缝为大致沿坝体两组主应力之一的轨迹面设置的伸缩缝,一般往上游倾斜,其缝面与坝体第一主应力方向大体一致,从而使缝面上的剪应力基本消除。因此,斜缝面只需要设置梯形键槽、加插筋和凿毛处理,不必进行斜缝灌浆。为了坝体防渗的需要,斜缝的上端应在离迎水面一定距离处终止,并在终点顶部加设并缝钢筋或并缝廊道。

从施工方面考虑,选择斜缝往往有两个原因:①坝内埋设有引水钢管,斜缝与钢管的斜段平行,便于钢管安装;②为了拦洪,采用斜缝分块可以及时形成临时挡水断面。

斜缝分块的缺点是:只有先浇筑上游正坡坝块,才能浇筑倒坡坝块,施工干扰大,选择仓位的灵活性较小;斜缝前后浇筑块的高差和温差需要严格控制,否则会产生很大的温度应力。因为斜缝面可以不灌浆,所以坝体建成后即可蓄水受益,节约工程投资。

3. 错缝分块法

错缝分块是将块间纵缝错开,互不贯通,错距等于层厚的 $1/3 \sim 1/2$,坝的整体性好,也不需要进行纵缝灌浆,但错缝分块高差要求严格,由于浇筑块相互搭接,浇筑次序需按一定规律安排,施工干扰很大,施工进度很慢,同时在纵缝上下端因应力集中容易开裂。

4. 通仓浇筑法

采用通仓浇筑法时,在坝段内不设纵缝,逐层往上浇筑,不存在接缝灌浆问题。由于浇筑仓面大,可节省大量模板,便于大型机械化施工,有利于加快施工进度,提高坝的整体性,但是,大面积浇筑受基础和老混凝土的约束力强,容易产生温度裂缝。为此,通仓浇筑法对温度要求很严格,除采用薄层浇筑、充分利用自然散热外,还必须采取多种预冷措施,允许温差控制在 $15 \sim 18℃$。

上述四种分块方法,以纵缝分块法应用最为普遍;中低坝可采用错缝分块法或不灌浆的斜缝分块法;若采用通仓浇筑法,应有专门论证和全面的温度控制措施。

6.3　常态混凝土筑坝

6.3.1　模板的基本类型

模板按使用材料可分为木模板、钢模板、钢木混合模板、预制混凝土模板、钢筋混凝土模板、铝合金模板、塑料模板以及竹胶混合材料制作的模板等。

模板按形状可分为平面模板和曲面模板。

模板按受力条件可分为承重模板和侧面模板,侧面模板按其支撑受力方式又分为简支模板、悬臂模板和半悬臂模板。

模板按架立和工作特征可分为固定式模板、拆移式模板、移动式模板、自升式模板和滑升模板。固定式模板多用于起伏的基础部位或特殊的异形结构,如蜗壳或扭曲面,因大小不等、形状各异,难以重复使用。拆移式模板、移动式模板、自升式模板、滑升模板可重复或连续在形状一致及变化不大的部位使用,有利于实现标准化和系列化。

6.3.2　模板使用的材料

1. 木模板

木模板由木材面板、加劲肋和支架三个基本部分组成。加劲肋把面板连接起来,并由支架安装在混凝土浇筑块上,形成浇筑仓。对于应用在水电站的蜗壳、尾水管等因形状复杂,断面随结构形体曲线而变化的部位的模板,应先按结构设计尺寸制作若干形状不同的排架,再分段拼装成整体,表面用薄板覆盖,吊装就位,形成浇筑仓。

2. 钢模板

钢模板由面板和支撑体系两部分组成。工程上常用组合钢模板,其面板一般是由标准化单块模板组成,支撑体系由纵横联系梁及连接件组成。联系梁一般采用薄壁槽钢、薄壁矩形或圆形断面钢管。连接件包括 U 形卡、L 形插销、钩头螺栓、蝶形扣件等。

组合钢模板常用于水闸、混凝土坝、水电站厂房等工程。

3. 预制混凝土模板

预制混凝土模板及钢筋混凝土预埋式模板既是模板,也可以浇筑后不拆除作为建筑物的护面结构使用。

(1) 素混凝土模板。

素混凝土模板靠自重稳定,可做直壁模板,也可做倒悬模板。

直壁模板除面板外,还靠两肢等厚的肋墙维持稳定。若将此模板反向安装,让肋墙置于仓外,在面板上涂以隔离剂,待新浇混凝土达到一定强度后,可拆除重复使用,这时相邻仓位高程大致一样。例如,可在浇筑廊道的侧壁或把坝的下游面浇筑成阶梯状使用。倒悬式混凝土预制模板可取代传统的倒悬式模板,一次埋入现浇混凝土内不再拆除,既省工,又省木料。

(2) 钢筋混凝土模板。

钢筋混凝土模板既可作建筑物表面的镶面,也可作厂房、空腹顶拱坝和廊道顶拱的承重模板。这样避免了高架立模,既有利于施工安全,又有利于加快施工进度、节约材料、降低成本。

预制混凝土模板和钢筋混凝土模板自重均较大,需要起重设备吊运就位,所以在模板预制时都应预埋吊环。对于不拆除的预制模板,模板与新浇混凝土的结合面需进行凿毛处理。

6.3.3 模板架立和工作特征

按架立和工作特征,模板可分为固定式模板、拆移式模板、移动式模板、自升式模板和滑升模板。

1. 固定式模板

固定式模板是指在预制构件厂或现场按构件形状、尺寸制作的位置固定的模板。如预制重力式素混凝土模板及厚仅 $80\sim100$ mm 的钢筋混凝土模板,其外表面与结构外表形状一致,可安装于建筑物的表面、廊道、竖井或大跨度承重结构的底部,浇筑混凝土后不再拆除。

固定式模板可节约大量木材、支架,减少现场施工干扰和立模困难,加快施工进度,多用于起伏的基础部位或特殊的异形结构(如蜗壳或扭曲面)。固定式模板因大小不等,形状各异,难以重复使用。

2. 拆移式模板

拆移式模板是模板在一处拼装,待混凝土达到适当强度后拆除的模板。拆移式模板可重复或连续在形状一致或变化不大的结构上使用,有利于实现标准化和系列化。

拆移式模板在水利工程中应用较广,适用于浇筑块表面为平面的情况,可做成定型的标准模板。其标准尺寸:大型的为 1 m×(3.25~5.25)m;小型的为 (0.75~1)m×1.5 m。大型拆移式模板适用于 3~5 m 高的浇筑块,需用小型机具吊装:小型拆移式模板适用于薄层浇筑的构件,可由人力搬运。

架立模板的支架常用斜拉条和桁架梁固定。桁架梁多用方木和钢筋制作。立模时,将桁架梁下端插入预埋在下层混凝土块内的 U 形埋件中。当浇筑块较薄时,上端用钢拉条对拉;当浇筑块较大时,则采用斜拉条固定,以防模板变形。钢拉条直径大于 8 m,间距为 1~2 m,斜拉角度为 30°~45°。

3. 移动式模板

对定型的建筑物,可根据建筑物外形轮廓特征做一段定型模板,在支撑钢架下部装上行驶轮,沿建筑物长度方向铺设轨道,分段移动,分段浇筑混凝土。移动时只需将顶推模板的花篮螺丝或千斤顶收缩,使模板与混凝土面脱开,模板可随同钢架移动到拟浇筑混凝土部位,再用花篮螺丝或千斤顶调整模板到设计浇筑尺寸。移动式模板多用钢模,在浇筑混凝土墙和隧洞混凝土衬砌时使用。

4. 自升式模板

自升式模板由面板、支承桁架和杆等组成。其突出优点是自重轻,自升电动装置具有力矩限制和行程控制功能,运行安全可靠,升程准确。自升式模板采用插挂式锚钩,简单实用,定位准,拆装快。

5. 滑升模板

滑升模板也称滑模,是在混凝土浇筑过程中,利用液压提升设备,模板系统随浇筑而滑移(滑升、拉升或水平滑移)的模板。其中,竖向滑升模板应用最广。

滑升模板由模板系统、操作平台系统和液压支撑系统三部分组成。滑模施工最适于断面形状尺寸沿高度基本不变的高耸建筑物,如竖井、沉井、墩墙、烟囱、水塔、筒仓、框架结构等的现场浇筑,也可用于大坝溢流面、双曲线冷却塔及水平长条形的规则结构、构件施工。

为使模板上滑时新浇筑的混凝土不坍塌,要求新浇筑的混凝土达到初凝,并具有 150 kPa 的强度。滑升速度受气温影响,当气温为 20~25 ℃时,平均滑升速度为 20~30 cm/h。当混凝土中加速凝剂或采用干硬性混凝土时,可提高滑升速度。

6.3.4 模板的制作、安装和拆除

1. 模板的制作

大、中型混凝土工程通常由专门的加工厂制作模板,可采用机械化流水作业,有利于提高模板的生产率和质量。模板制作的允许偏差要符合相关的规定。

2. 模板的安装

模板的安装必须按设计图纸测量放样,对重要结构应多设控制点,以利检查校正。模板安装过程中,必须经常保持足够的临时固定设施,以防倾覆。模板与混凝土的接触面以及各块模板接缝处必须平整、密合,以保证混凝土表面的平整度和混凝土的密实性。模板的面板应涂脱模剂,但应避免脱模剂污染或侵蚀钢筋和混凝土结合面。模板安装完成后,要进行质量检查,检查合格后才能进行下一道工序。模板安装的允许偏差应根据结构物的安全、运行、经济和美观等要求确定。一般除大体积混凝土以外的一般现浇结构模板安装的允许偏差和预制构件模板安装的允许偏差按现行规范执行。

3. 模板的拆除

拆模时间影响着混凝土质量和模板的使用周转率,《水利水电工程模板施工规范》(DL/T 5110—2013)规定如下。

(1)现浇混凝土结构的模板拆除。

现浇混凝土结构的模板拆除时,混凝土强度应符合设计要求,当设计无具体要求时应符合下列规定。

①不承重的侧模:混凝土强度能保证其表面和棱角不因拆除模板而受损坏。

②承重模板及支架:混凝土强度应符合相应规定。

(2)预制构件的模板拆除。

预制构件模板拆除时,混凝土强度应符合设计要求,当设计无具体要求时,应符合下列规定。

①侧模:当混凝土强度能保证构件不变形、棱角完整时,方可拆除。

②芯模或预留孔洞的内模：在混凝土强度能保证构件和孔洞表面不发生坍塌和裂缝后，方可拆除。

③底模：当构件跨度不大于 4 m 时，在混凝土强度符合设计的混凝土强度标准值的 50％的要求后，方可拆除；当构件跨度大于 4 m 时，在混凝土强度符合设计的混凝土强度标准值的 75％的要求后，方可拆除。

（3）后张法预应力混凝土结构构件的模板拆除。

后张法预应力混凝土结构构件的模板拆除，除要符合相应规定外，侧模还应在预应力张拉前拆除，底模应在结构构件建立预应力后拆除。

拆模程序和方法：拆模时，按照在同一浇筑仓的模板"先装的后拆，后装的先拆"的原则，根据锚固情况，分批拆除锚固连接件，防止大片模板坠落。拆模应使用专门工具，以减少混凝土及模板的损坏。拆下的模板、支架及配件应及时清理和维修。暂时不用的模板应分类堆放，妥善保管；钢模应做好防锈工作，设置仓库存放。大型模板堆放时，应垫平放稳，并适当加固，以免翘曲变形。

6.4　碾压混凝土筑坝

6.4.1　碾压混凝土筑坝技术的特点

1.采用低稠度干硬混凝土

碾压混凝土的稠度用 VC 值来表示，即在规定的振动台上将碾压混凝土振动到表面液化所需时间（以 s 计），VC 值用来检测碾压混凝土的可碾性，并用来控制碾压混凝土相对压实度。VC 值既要保证混凝土被压实，又要满足碾压机具不陷车的要求。较低的 VC 值便于施工，可提高碾压混凝土的层间结合性能和抗渗性能，随着混凝土制备技术和浇筑作业技术的改进，碾压混凝土施工的稠度也在向降低方向发展。

2.掺粉煤灰并简化温度控制措施

由于碾压混凝土是干贫混凝土，掺水量少，水泥用量也很少。为保持混凝土有必要的胶凝材料，必须掺入大量的粉煤灰。这样不仅可以减少混凝土的初期发热量，增加混凝土的后期强度，简化混凝土的温度控制措施，而且有利于降低工程成本。当前我国碾压混凝土坝广泛采用中等胶凝混凝材料用量（低水泥用

量,高粉煤灰掺量)的干硬混凝土,粉煤灰的掺量占总胶凝材料的 50%～70%,而且选用的粉煤灰要求达到二级以上。中等胶凝材料用量使得层面泛浆较多,有利于改善层面自我结合情况,但对于较低重力坝而言,可能会造成混凝土强度的过度富裕,这时可以考虑使用较低胶凝材料用量的干硬混凝土。

3. 采用通仓薄层浇筑

碾压混凝土坝不采用传统的块状浇筑法,而采用通仓薄层浇筑。这样可加强散热效果,取消冷却水水管,减少模板工程量,简化仓面作业,有利于加快施工进度。碾压层的厚度不仅与碾压机械性能有关,而且与采用的设计准则和施工方法密切相关。

4. 大坝横缝采用切缝法形成诱导缝

混凝土坝一般都设横缝,分成若干坝段以防止横向裂缝。碾压混凝土坝也是如此,但由于碾压混凝土坝是若干个坝段一起施工,横缝要采用振动切缝机切缝,或设置诱导孔等方法形成横缝。坝段横缝填缝材料一般为塑料膜、铁片和干砂等。

5. 靠振动压实机械使混凝土达到密实

普通流态混凝土靠振捣器械使混凝土达到密实,而碾压混凝土靠振动碾碾压使混凝土达到密实。碾压机械的振动力是一个重要指标,在正式使用之前应通过碾压试验来检验碾压机械的碾压性能,确定碾压遍数及行走的速度。

6.4.2 碾压混凝土原材料及配合比

1. 胶凝材料

碾压混凝土一般采用硅酸盐水泥或矿渣硅酸盐水泥,掺 30%～65% 的粉煤灰,胶凝材料用量一般为 $120～160 \text{ kg/m}^3$。大体积建筑物内部,碾压混凝土胶凝材料用量不宜低于 130 kg/m^3,其中水泥熟料用量不宜低于 45 kg/m^3。

2. 骨料

与一般混凝土一样,可采用天然骨料或人工骨料,骨料最大粒径一般为 80 mm,当迎水面用碾压混凝土自身作为防渗体时,一般在一定宽度范围内采用二级配碾压混凝土。碾压混凝土砂率比一般混凝土高,二级配砂率范围为 32%～37%,三级配砂率范围为 28%～32%。碾压混凝土对砂的含水量的要求比一般混凝土严格,当砂的含水量不稳定时,碾压混凝土施工层面易出现局部集中泌水现象。砂的含水量在混凝土拌和前应控制在 6% 以下,砂的细度模数控制在 2.4～3.0。

3. 外加剂

碾压混凝土一般应掺用缓凝减水剂,并掺用引气剂,增强抗冻性。

4. 碾压混凝土配合比

碾压混凝土配合比应满足工程设计的各项指标及施工工艺要求,具体如下。

①混凝土质量均匀,施工过程中粗骨料不易发生离析。如减小骨料最大粒径、增加胶凝材料总量、选用适当的外加剂、增大砂率等都是有效防止骨料分离的措施。

②工作度(稠度)适当,拌和物较易碾压密实,混凝土容重较大。一般来说,碾压混凝土愈软(VC 值愈小),压实愈容易,但是碾压混凝土过软,会出现陷碾现象。

③拌和物初凝时间较长,易于保证碾压混凝土施工层面的黏结,层面物理力学性能好。可在拌和物中掺入缓凝剂,以延长混凝土保塑时间。

④混凝土的力学强度、抗渗性能等满足设计要求,具有较高的拉伸应变能力。由于碾压混凝土不同于一般混凝土,其与一般混凝土的配合比设计相比有如下差异:一般混凝土配合比设计强度是以出机口随机取样平均值为其设计强度,使用常规的通用计算公式,而碾压混凝土由于受到混凝土出机至混凝土碾压结束各节点工艺条件的制约,往往产生骨料离析、出机到碾压结束时间过长、稠度丧失过多、碾压不实等情况,以致坝体碾压混凝土实际质量要低于出机口取样质量,为此,在配合比设计时应适当考虑这一情况,并留有一定余地。

⑤对于外部碾压混凝土,要求其具有适应建筑物环境条件的耐久性。一般通过对胶凝材料总量及砂细颗粒含量的最低用量(粒径小于 0.15 mm 的颗粒含量为 8%～12%)作必要限制,来确保碾压混凝土的耐久性。

⑥碾压混凝土配合比要经现场试验后确定、调整。

第7章 渠系工程施工

7.1 水 闸 施 工

7.1.1 水闸施工概述

水闸施工涉及上游连接段、闸墩、岸墙、下游连接段、上下游翼墙和护岸。地基多为软土地基,基础处理较难,开挖时施工排水困难。拦河闸施工导流较困难。

水闸施工前,应具备按基建程序经审查批准的设计文件和满足施工需要的图纸及技术资料,研究并编制施工措施设计。遇到松软地基、复杂的施工导流、特大构件的制作与安装、混凝土温度控制等重要问题时,应作专门研究。

水闸施工的主要内容有:施工导流工程与基坑排水,基坑开挖、基础处理及防渗排水设施的施工,闸室段的底板、闸墩、边墩、胸墙及交通桥、工作桥等的施工,上下游连接段工程的铺盖、护坦、海漫、防冲槽的施工,两岸工程的上下游翼墙、刺墙、上下游护坡施工,闸门及启闭设备安装等。

一般大、中型水闸的闸室多为混凝土及钢筋混凝土工程,其施工原则是:以闸室为主,岸墙、翼墙为辅,插空进行上下游连接段施工,次要项目服从主要项目。

7.1.2 施工导流与地基开挖

水闸的施工导流与地基开挖一般包括引河段的开挖与筑堤、导流建筑物的开挖与填筑,以及施工围堰的修筑与拆除、基坑的开挖与回填等项目,工程量较大,为此,在施工中应对土石方进行综合分析,做到次序合理,挖填结合。综合考虑施工方法(采用人工还是机械开挖)、渗流、降雨等实际因素,研究制定出切实合理的施工计划。

其他有关内容可参阅第3章"导截流工程施工"中的有关内容。

7.1.3　混凝土分块分缝与浇筑顺序

混凝土的分块与分缝请参阅第 6 章"混凝土坝工程施工"中的有关内容。

在水闸施工时,混凝土浇筑是施工的主要环节,各部分应遵循以下浇筑顺序。

1. 先深后浅

先深后浅即先浇深基础,后浇浅基础,以避免深基础的施工扰动破坏浅基础土体,并可降低排水工作的难度。

2. 先重后轻

先重后轻即先浇荷重较大的部分,待其完成部分沉陷以后,再浇筑与其相邻的荷重较小的部分,以减少两者间的沉陷差。

3. 先高后低

先高后低即先浇影响上部施工或高度较大的工程部位。如闸底板与闸墩应尽量先安排施工,以便上部桥梁与启闭设备安装施工,而翼墙、消力池等可安排稍后施工。

4. 穿插进行

穿插进行即在闸室施工的同时,可穿插铺盖、海漫等上下游连接段的施工。

7.1.4　止水与填料施工

为适应地基的不均匀沉降和伸缩变形,在水闸设计中均设置有结构缝(包括温度缝和沉降缝)。凡位于防渗范围内的缝,都设有止水设施,止水设施分为垂直止水和水平止水两种,缝宽一般为 1.0~2.5 cm,且所有缝内均应有填料。缝中填料及止水设施在施工时应按设计要求确保质量。

1. 填料施工

常用的填料有沥青油毛毡、沥青杉木板及沥青芦席等。其安装方法有以下两种。

①将填料用铁钉固定在模板内侧,铁钉不能完全钉入,至少要留有 1/3,再浇混凝土,拆模后填料即可贴在混凝土上。

②先在缝的一侧立模浇混凝土,并在模板内侧预先钉好安装填充材料的铁钉数排,并使铁钉的 1/3 留在混凝土外面,然后安装填料、敲弯钉尖,使填料固定在混凝土面上。缝墩处的填缝材料,可借固定模板用的预制混凝土块和对销螺栓夹紧,使填充材料竖立平直。

2. 止水施工

(1)水平止水。

水闸水平止水大多利用塑料止水带或橡胶止水带。

在浇筑前,将止水片上的污物清理干净,水平止水的紫铜片的凹槽应向上,以便于用沥青灌填密实。水平止水片下的混凝土难以浇捣密实,因此止水片翼缘不应在浇筑层的界面处,而应将止水片翼缘置于浇筑层的中间。

(2)垂直止水。

垂直止水可以用止水带或金属止水片(紫铜片),按照沥青井的形状,预制混凝土槽板,安装时需用水泥砂浆胶结,随缝的上升分段接高。沥青井的沥青可一次灌注,也可分段灌注。

7.1.5 水闸底板施工

作为闸墩基础的水闸底板及其上部的闸墩、胸墙和桥梁,高度较大、层次较多、工作量较集中,需要的施工时间也较长。在混凝土浇筑完成后,接着就要进行闸门、启闭机安装等工序,为了平衡施工力量,加速施工进度,这些工序必须集中力量优先进行。其他如铺盖、消力池、翼墙等部位的混凝土,则可穿插其中施工,以利于施工力量的平衡。

水闸底板有平底板与反拱底板两种。目前,平底板较为常用。

1. 平底板施工

闸室地基处理完成后,对软基宜先铺筑 8~10 cm 的素混凝土垫层,以保护地基,找平基面。垫层达到一定强度后,可进行扎筋、立模、搭设脚手架、清仓等工作。

在中、小型工程中,采用小型运输机具直接入仓时需搭设仓面脚手架。在搭设脚手架之前,应先预制混凝土支柱,支柱的间距视横梁的跨度而定,再在混凝土柱顶上架立短木柱、斜撑、横梁等以组成脚手架。当底板浇筑接近完成时,可将脚手架拆除,并立即对混凝土表面进行抹面。

当底板厚度不大时,混凝土可采用斜层浇筑法。当底板顺水流长度在 12 m 以内时,可安排两个作业组分层平层浇筑,该方法称为连坯滚法浇筑。先由两个作业组共同浇筑下游齿墙,待齿墙浇平后,第一组由下游向上游浇筑第一坯混凝土,抽出第二组去浇上游齿墙,当第一组浇到底板中部时,第二组的上游齿墙已基本浇平,然后将第二组转到下游浇筑第二坯,当第二坯浇到底板中部时,第一组已达到上游底板边缘,此时第一组再转回浇第三坯,如此连续进行。

齿墙主要起阻滑作用,同时可增加地下轮廓线的防渗长度。齿墙一般用混凝土和钢筋混凝土做成。如果出现以下两种情况,则采用深齿墙:当水闸在闸室底板后面紧接斜坡段,并与原河道连接时,一般在与斜坡连接处的底板下游侧采用深齿墙,主要是防止斜坡段冲坏后危及闸室安全;当闸基透水层较浅时,可用深齿墙截断透水层,齿墙底部深入不透水层 0.5~1.0 m。

2. 反拱底板施工

(1)施工程序。

反拱底板不适合用于地基有不均匀沉陷的情况,因此必须注意施工程序,通常采用以下两种施工程序。

①先浇闸墩及岸墙,后浇反拱底板。可先行浇筑自重较大的闸墩、岸墙等,并在控制基底不产生塑性变形的条件下,尽快均衡上升到顶,这样可以减少水闸各部分在自重作用下的不均匀沉陷。岸墙要尽量将墙后还土夯填到顶,使闸墩、岸墙预压沉实,然后浇反拱底板,从而使底板的受力状态得到改善。此法目前采用较多,适用于黏性土或砂性土,对于砂土、粉砂地基,由于土模较难成型,适用于较平坦的矢跨比。

②反拱底板与闸墩、岸墙底板同时浇筑。此法不利于反拱底板的受力状态,但较为适用于地基较好的水闸,可以减少施工工序,加快进度,并保证建筑物的整体性。

(2)施工技术要点。

反拱底板一般采用土模,所以必须先做好基坑排水工作,保证基土干燥,降低地下水位,挖模前必须将基土夯实,根据设计圆弧曲线放样挖模,并严格控制曲线的准确性,土模挖出后,先铺垫一层 10 cm 厚砂浆,待其具有一定强度后加盖保护,以待浇筑混凝土。采用反拱底板与闸墩、岸墙底板同时浇筑,在拱脚处预留一缝,缝底设临时铁皮止水,缝顶设"假铰",待大部分上部结构荷载施加以后,便在低温期浇筑二期混凝土。先浇筑闸墩及岸墙,后浇筑反拱底板,在浇筑

133

岸、墩墙底板时,应将接缝钢筋一头埋在岸、墩墙底板之内,另一头插入土模中,以备下一阶段浇筑反拱底板。岸、墩墙浇筑完毕后,应尽量推迟底板的浇筑,以便岸、墩墙基础有更多的时间沉陷。为了减小混凝土的温度收缩应力,浇筑应尽量选择在低温季节进行,并注意施工缝的处理。

7.1.6　闸墩与胸墙施工

1. 闸墩施工

闸墩施工的特点是高度大、厚度薄,门槽处钢筋稠密,预埋件多,工作面狭窄,模板易变形且闸墩相对位置要求严格等,因此,闸墩施工时的主要工作是立模和混凝土浇筑。

(1)模板安装。

①对销螺栓、铁板螺栓、对拉撑木支模法。此法虽需耗用大量木材、钢材,工序繁多,但对中、小型水闸施工仍较为方便。立模时应先立墩侧的平面模板,后立墩头的曲面模板。应注意两点:一是要保证闸墩的厚度,二是要保证闸墩的垂直度。单墩浇筑时,一般采用对销螺栓固定模板,斜撑和缆风固定整个闸墩模板;多墩同时浇筑时,则采用对销螺栓、铁板螺栓、对拉撑木固定。

②钢组合模板翻模法。钢组合模板在闸墩施工中应用广泛,常采用翻模法施工。立模时一次至少立三层,当第二层模板内混凝土浇至腰箍下缘时,第一层模板内腰箍以下部分的混凝土须达到脱模强度(以 98 kPa 为宜),这样便可拆掉第一层模板,用于第四层支模,并绑扎钢筋。依次类推,以避免产生冷缝,保持混凝土浇筑的连续性。

(2)混凝土浇筑。

闸墩模板立好后,即可进行清仓,用压力水冲洗模板内侧和闸墩底面,污水由底层模板上的预留孔排出,清仓完毕堵塞预留孔,经检验合格后,方可进行混凝土浇筑。闸墩混凝土一般采用溜管进料,溜管间距 2~4 m,溜管底距混凝土面的高度应不大于 2 m。施工中要注意控制混凝土面上升速度,以免产生跑模现象,并保证每块底板上闸墩混凝土浇筑的均衡上升,防止地基产生不均匀沉降。

由于仓内工作面窄,浇捣人员走动困难,可把仓内浇筑面划分成几个区段,每区段内固定浇捣工人,这样可以提高工效。每坯混凝土厚度可控制在 30 cm 左右。

2.胸墙施工

胸墙施工在闸墩浇筑后、工作桥浇筑前进行,全部重量由底梁及下面的顶撑承受。下梁下面立两排排架式立柱,以顶托底板。立好下梁底板并固定后,立圆角板再立下游面板,然后用吊线控制垂直。接着安放围檩及撑木,使其临时固定在下游立柱上,待下梁及墙身扎铁后由下而上地立上游面模板,再立下游面模板及顶梁。模板用围檩和对销螺栓与支撑脚手架相连接。胸墙多属板梁式简支薄壁构件,在立模时,先立外侧模板,等钢筋安装后再立内侧模板。最后,要注意胸墙与闸门顶止水设备安装。

7.1.7　门槽二期混凝土施工

1.平板闸门门槽施工

采用平板闸门的水闸,闸墩部位都设有门槽,门槽混凝土中埋有导轨等铁件,如滑动导轨、主轮、侧轮,以及反轮导轨、止水座等。这些铁件的埋设有以下两种方法。

(1)直接预埋、一次浇筑混凝土。

在闸墩立模时将导轨等铁件直接预埋在模板内侧,施工时闸墩混凝土一次浇筑成型。这种方法适用于小型水闸,在导轨较小时施工方便,且能保证质量。

(2)预留槽二期浇筑混凝土。

中型以上水闸导轨较大、较重,在模板上固定较为困难,宜采用预留槽二期浇筑混凝土的施工方法。在浇筑第一期混凝土时,在门槽位置留出一个大于门槽宽的槽位,并在槽内预埋一些地脚螺栓或插筋,作为安装导轨的固定埋件。

导轨安装前,要对基础螺栓进行校正,安装导轨过程中应随时检测垂直度。施工中应严格控制门槽垂直度,发现偏斜应及时予以调整。埋件安装检查合格,一期混凝土达到一定强度后,需用凿毛的方法对施工缝认真处理,以确保二期混凝土与一期混凝土的结合。安装直升闸门的导轨之前,要对基础螺栓进行校正,再将导轨初步固定在预埋螺栓或钢筋上,然后利用垂球逐点校正,使其铅直无误,最终固定并安装模板。模板安装应随混凝土浇筑逐步进行。

2.弧形闸门的导轨安装及二期混凝土浇筑

弧形闸门虽不设门槽,但闸门两侧亦设置转轮或滑块,因此也有导轨安装及二期混凝土施工。弧形闸门的导轨安装,需在预留槽两侧,先设立垂直闸墩侧面

并能控制导轨安装垂直度的若干对称控制点,再将校正好的导轨分段与预埋的钢筋临时点焊接数点,待按设计坐标位置逐一校正无误,并根据垂直平面控制点,用样尺检验调整导轨垂直度后,再焊接牢固。

导轨就位后即可立模浇筑二期混凝土。二期混凝土应采用较细骨料并细心捣固,不要振动已装好的金属构件。门槽较高时,不能直接从高处下料,可以分段安装和浇筑。二期混凝土拆模后应对埋件进行复测,并做好记录,同时检查混凝土表面尺寸,清除遗留的杂物,以免影响闸门启闭。

7.2　装配式渡槽施工

7.2.1　构件的预制

1. 槽架的预制

槽架是渡槽的支承构件,槽架预制时选择就近场地平卧制作。构件多采用地面立模和阴胎成模制作。

①地面立模。地面立模制作应在平整场地后将地面夯实整平,按槽架外形放样定位,用1∶3∶8的水泥、黏土、砂浆混合料抹面,厚约1 cm,压抹光滑作为底模,立上侧模后就地浇制,在底模上架立槽架构件的侧面模板,并在底模及侧面模板上预涂废机油或肥皂液制作的隔离剂,然后架设钢筋骨架(钢筋骨架应先在工厂绑扎好),浇筑混凝土并捣固成型。一两天后即可拆除侧面模板,并洒水养护。拆模后,当槽架强度达到设计强度的70%时,即可移出存放,以便重复利用场地。

②阴胎成模。阴胎成模制作是采用砌砖或夯实土料制作的阴胎,与构件接触的部分均用水泥、黏土、砂浆混合料抹面并涂上脱模隔离剂。构件养护到一定强度后即可把模型挖开,清除构件表面的灰土,便可进行吊装。高度在15 m以上的排架,若受起重设备能力的限制,可以分段预制。吊装时,分段定位,用焊接法固定接头,待槽身就位后,再浇筑二期混凝土。阴胎成模制作可以节省模板,但生产效率低,制件外观质量差。

2. 槽身的预制

模板架立好之后,将钢筋骨架运往预制现场施工。对于反置槽身,需先布置架立筋或放置混凝土小垫块,用以承托主筋,并借以控制主筋的位置与尺寸,再立横向主筋,布置纵向钢筋,在纵横向钢筋相交处用铅丝绑扎或点焊。为了便于预制后直接吊装,整体槽身预制宜在两排架之间或排架一侧进行。槽身的方向可以垂直或平行于渡槽的纵向轴线,根据吊装设备和方法而定。要避免因预制位置选择不当,而在起吊时发生摆动或冲击现象。

U 形薄壳梁式槽身的预制有正置和反置两种浇筑方式。正置浇筑是槽口向上,优点是内模板拆除方便,吊装时无须翻身,但底部混凝土不易捣实,适用于大型渡槽或槽身不便翻身的工地。反置浇筑是槽口向下,优点是捣实较易,质量容易保证,且拆模快、用料少等,缺点是增加了翻身的工序。

矩形槽身可以整体预制,也可分块预制。对于中、小型工程,槽身预制可采用砖土材料制模。矩形槽身的整体预制与 U 形槽身基本相同,但矩形槽身的预制可分块进行,通常可分成三块或两块浇制。分块预制的优点是吊装重量轻,预制方便;缺点是接头处需用水泥砂浆填充,多一道工序,并且影响渡槽的整体性和防渗性能。分块预制适用于吊装设备的起重能力不够大或槽身重量大的大、中型渡槽的施工。

7.2.2　装配式渡槽的吊装

装配式渡槽的吊装工作是渡槽施工中的主要环节,必须根据渡槽的形式、尺寸、构件重量、吊装设备能力、地形和自然条件、施工队伍的素质以及进度要求等因素,进行具体分析比较,选定快速简便、经济合理和安全可靠的吊装方案。

构件吊装的设备有绳索、吊具、滑车及滑车组、倒链及千斤顶、牵引设备、锚碗、扒杆、简易缆索、常用起重机械等。应对已有材料、设备进行必要的技术鉴定、检查和试验,确认安全可靠后才能使用,以免造成安全事故。

1. 槽架的吊装

槽架下部结构有支柱、横梁和整体排架等。支柱和排架的吊装通常有垂直起吊插装和就地转起立装两种。

垂直起吊插装是用吊装机械将整个槽架滑行、竖直吊离地面,插入基础预留的杯形孔穴中,先用木楔(或钢楔)临时固定,校正标高和平面位置后,再填充混凝土作永久固定。

就地转起立装是在两支柱间的横梁仍用起重设备吊装,吊装次序为由下而上,将横梁先放置在临时固定于支柱上的三角撑铁上,待位置校正无误后,再焊

接梁与柱连系钢筋,并浇筑二期混凝土,使支柱与横梁成为整体。这种方法比较省力,但基础孔穴一侧需要有缺口,并预埋铰圈,槽架预制时,必须对准基础孔穴缺口,槽架脚处亦应预埋铰圈。槽架吊装随着采用不同的机械(如独脚扒杆、人字扒杆等)和不同的机械数量(如一台、两台、三台等),可以有不同的吊装方法,实际工程中应结合具体情况拟定恰当的方案。

2. 槽身的吊装

装配式渡槽槽身的吊装方法基本上可分为两类,即起重设备架立于地面上吊装及起重设备架立于槽墩或槽身上吊装。

起重设备架立于地面进行吊装,工作比较方便,起重设备的组装和拆除比较容易,但起重设备的高度大,且易受地形限制。因此,这种吊装方法只适用于起重设备的高度不大和地势比较平坦的工程。

当槽身质量和起吊高度不大时,可采用两台或四台独脚扒杆抬吊。当槽身起吊到空中后,用副滑车组将枕梁吊装在排架顶上。这种方法起重扒杆移行费时,吊装速度较慢。龙门架抬吊的顶部设有横梁和轨道,并装有行车。操作上使四台卷扬机提升速度相同,并用带蝴蝶铰的吊具,使槽身 4 个吊点受力均匀,槽身铅直起吊,平移就位。为使行车易于平移,横梁轨道顶面要有一定坡度,以便行车在自重作用下能顺坡下滑,从而使槽身平移在排架顶上降落就位。采用此法吊装渡槽者较多。

起重设备架立于地面进行槽身吊装,还可采用悬臂扒杆、摇臂扒杆以及简易缆索吊装等方式。悬臂扒杆、摇臂扒杆的吊装方式的基本特点与独脚扒杆立于地面进行吊装的方式类似,实际使用中可结合各类扒杆的性能和工程具体情况加以考虑选用。

起重设备架立于槽墩或槽身上进行吊装,不受地形条件限制,起重设备的高度不大,故得到了广泛的使用,但起重设备的组装和拆除需在高空进行,有些吊装方法还会使已架立的槽架承受较大的偏心荷载,必须对槽架结构进行加强。

采用 T 形钢架抬吊槽梁法时,为了使槽梁能平移就位,在钢架顶部设置横梁和平移小车,钢架用螺栓连接,以便重复使用。此桁架包括前端导架、中段起重架和后端平衡架三部分。桁架首尾的摇臂扒杆用来安装和拆除行走用的滚轮托架。为了使槽身在起吊时能错开牛腿,槽身的预制位置偏离渡槽中心线一定距离,并在槽底两端各留一缺口。当槽身上升高出牛腿后,再由平行装置移动到支承位置,平移装置由安装在底盘上的胶木滑道和螺杆驱动装置组成。钢架是沿临时安放在现浇短槽身顶部的滚轮托架向前移动的,在钢架首部用牵引绳拉紧并控制前进方向,同时收紧推拖索,钢架便向前移动。

缆索吊装也是吊装机械进行吊装的一种方法。当渡槽横跨峡谷、两岸地形陡峻、谷底较深,扒杆长度难以达到要求的吊装高度,并且构件无法在河谷内制作时,一般采用缆索吊装。缆索吊装的控制长度大,受地形限制小,可应用于平原和深山峡谷地区,机动性较强,全部设备拆卸、搬运和组装都比较方便,并可以沿建筑物轴线设置缆索,适用于长条形建筑物的吊装,但对分布面积较小、布置比较集中的建筑物,不如扒杆吊装方便。同时,缆索吊装需要较多的高空作业,具有一定的危险性。

7.3　渠道与涵洞施工

7.3.1 渠道施工

渠道施工包括渠道开挖、渠堤填筑和渠道衬护。其施工特点是工程量大,施工线路长,场地分散,施工工作面宽,可同时组织较多劳动力施工,但工种单纯,技术要求较低。

1. 渠道开挖

渠道开挖的施工方法有人工开挖、机械开挖和爆破开挖等,由技术条件、土壤种类、渠道纵横断面尺寸、地下水位等因素来决定。渠道开挖的土方多堆在渠道两侧,用作渠堤,因此铲运机、推土机等机械得到了广泛的应用。对于冻土及岩石渠道,采用爆破开挖方法最有效。田间渠道断面尺寸很小,可采用开沟机开挖。在缺乏机械设备的情况下,则采用人工开挖方法。

(1)人工开挖渠道。

渠道开挖的关键是排水。排水应本着上游照顾下游、下游服从上游的原则,即向下游放水的时间和流量应照顾下游的排水条件,同时下游应服从上游的需要。一般下游应先开工,且不得阻碍上游水量的排泄,以保证水流畅通。当需要排除降水和地下水时,还必须开挖排水沟。渠道开挖时,可根据土质、地下水位、地形条件、开挖深度等选择不同的开挖方法。

①龙沟一次到底法。龙沟一次到底法适用于土质较好(如黏性土)、地下水来量小、总挖深 2～3 m 的渠道。一次将龙沟开挖到设计高程以下 0.3～0.5 m,

然后由龙沟向左右扩大。

②分层开挖法。当开挖深度较大，土质较差，龙沟一次开挖到底有困难时，可以根据地形和施工条件分层开挖龙沟，分层挖土。

③边坡开挖与削坡。开挖渠道若一次开挖成坡，将影响开挖进度。因此，一般先按设计坡度要求挖成台阶状，其高宽比按设计坡度要求开挖，最后进行削坡。这样施工削坡方量小，但施工时必须严格掌握，台阶平台应水平，侧面必须与平台垂直，否则会产生较大误差，增加削坡方量。

（2）机械开挖渠道。

①推土机开挖渠道。采用推土机开挖渠道，其深度一般不宜超过 1.5 m，填筑渠堤高度不宜超过 2.0 m，其边坡不宜陡于 1：2。在渠道施工中，推土机还可以用于平整渠底、清除植土层、修整边坡、压实渠堤等。

②铲运机开挖渠道。半挖半填渠道或全挖方渠道就近弃土时，采用铲运机开挖最为有利。需要在纵向调配土方的渠道，若运距不远，也可用铲运机开挖。

③反铲挖掘机开挖渠道。当渠道开挖较深时，采用反铲挖掘机开挖较为理想。该方案有方便快捷、生产率高的特点，在生产实践中应用相当广泛，其布置方式有沟端开挖和沟侧开挖两种。

（3）爆破开挖渠道。

开挖岩基渠道和盘山渠道时，宜采用爆破开挖法。开挖程序是先挖平台再挖槽。开挖平台时，一般采用抛掷爆破，尽量将待开挖土体抛向预定地方，形成理想的平台。挖槽爆破时，先采用预裂爆破或预留保护层，再采用浅孔小爆破或人工清边清底。

2. 渠堤填筑

筑堤用的土料，以黏土略含砂质为宜。如果用几种透水性不同的土料，应将透水性小的填在迎水坡，透水性大的填在背水坡。土料中不得掺有杂质，并应保持一定的含水量，以利于压实。填方渠道的取土坑与堤脚应保持一定距离，挖土深度不宜超过 2 m，且中间应留有土埂。取土宜先远后近，并留有斜坡道以便于运土。半填半挖渠道应尽量利用挖方筑堤，只有在土料不足或土质不适用时，才在取土坑取土。

铺土前应先进行清基，并将基面略加平整，然后进行刨毛，铺土厚度一般为 20～30 cm，并应铺平铺匀。每层铺土宽度应略大于设计宽度，以免削坡后断面不足。堤顶应做成坡度为 2%～5% 的坡面，以利于排水。填筑高度应考虑沉陷,一般可预加 5% 的沉陷量。对于机械不能填筑到的部位和小型渠道土堤,宜采用人力夯或蛙式打夯机夯实。对砂卵石填堤,在水源充沛时可用水力夯实,否则应选用轮胎碾或振动碾夯实。

3. 渠道衬护

渠道衬护的类型有灰土、砌石、混凝土、沥青材料、钢丝网水泥及塑料薄膜等。在选择衬护类型时,应考虑以下因素:防渗效果好,因地制宜,就地取材,施工简易,能提高渠道输水能力和抗冲刷能力,减小渠道断面尺寸,造价低廉,有一定的耐久性,便于管理养护,维修费用低等。

(1)砌石衬护。

在砂砾石地区,坡度大、渗漏性强的渠道,采用浆砌卵石衬护,有利于就地取材,是一种经济的抗冲刷防渗措施,同时具有较高的抗磨能力和抗冻性,一般可减少渗漏量 80%～90%。

施工时应先按设计要求铺设垫层,然后砌卵石。砌卵石的基本要求是使卵石的长边垂直于边坡,并砌紧、砌平、错缝,坐落在垫层上。为了防止砌面被局部冲毁,每隔 10～20 m 用较大的卵石砌一道隔墙。渠坡隔墙可砌成平直形,渠底隔墙可砌成拱形,其拱顶迎向水流方向,以加强抗冲刷能力。隔墙深度可根据渠道可能的冲刷深度确定。渠底卵石的砌缝最好垂直于水流方向,这样抗冲刷效果较好。不论是渠底还是渠坡,砌石缝面必须用水泥砂浆压缝,以保证施工质量。

(2)混凝土衬护。

混凝土衬护由于防渗效果好,一般能减少渗漏量 90% 以上,耐久性强,糙率小,强度高,便于管理,适应性强,因而成为一种广泛采用的衬护方法。

渠道混凝土衬砌目前多采用板形结构,但小型渠道也采用槽形结构。素混凝土板常用于水文地质条件较好的渠段;钢筋混凝土与预应力钢筋混凝土板则用于地质条件较差和防渗要求较高的重要渠段。混凝土板按其截面形状的不同,又有矩形板、楔形板、肋梁板等不同形式。矩形板适用于无冻胀地区的各种渠道,楔形板、肋形板多用于冻胀地区的各种渠道。

大型渠道的混凝土衬砌多为就地浇筑,渠道在开挖和压实处理以后,先设置排水,铺设垫层,然后浇筑混凝土。渠底采用跳仓法浇筑,但也有依次连续浇筑的。渠坡分块浇筑时,先立两侧模板,然后随混凝土的升高,边浇筑边安设表面模板。当渠坡较缓,用表面振动器捣实混凝土时,则不安设表面模板。在浇筑中间块时,应按伸缩缝宽度设立两边的缝子板。缝子板在混凝土凝固以后拆除,以便灌注沥青油膏等填缝材料。装配式混凝土衬砌是在预制场制作混凝土板,运至现场安装和灌注填缝材料。预制板的尺寸应与起吊运输设备的能力相适应,装配式衬砌预制板的施工受气候条件影响较小,在已运用的渠道上施工,可减少施工与放水间的矛盾,但装配式衬砌的接缝较多,防渗、抗冻性能差,一般在中、小型渠道中采用。

(3)沥青材料衬护。

沥青材料具有良好的不透水性,一般可减少渗漏量90%以上,并具有抗碱类物质腐蚀能力,其抗冲刷能力则随覆盖层材料而定。沥青材料渠道衬护有沥青薄膜与沥青混凝土两类。

沥青薄膜类衬护按施工方法可分为现场浇筑和装配式两种。现场浇筑又可分为喷洒沥青和沥青砂浆两种。

①现场喷洒沥青薄膜施工,首先要将渠床整平、压实,并洒水少许,然后将温度为200 ℃的软化沥青用喷洒机具,在354 kPa的压力下均匀地喷洒在渠床上,形成厚6～7 mm的防渗薄膜。各层间需结合良好。喷洒沥青薄膜后,应及时进行质量检查和修补工作。最后在薄膜表面铺设保护层。一般素土保护层的厚度,小型渠道多为 10～30 cm,大型渠道多为 30～50 cm。渠道内坡以不陡于1∶1.75为宜,以免保护层产生滑动。

②沥青砂浆防渗多用于渠底。施工时先将沥青和砂浆分别加热,然后进行拌和,拌好后保持在 160～180℃,即可进行现场摊铺,然后用大方铣反复烫压,直至出油,再作保护层。

沥青混凝土衬护分现场铺筑与预制安装两种施工方法。

①沥青混凝土衬护现场铺筑与沥青混凝土面板施工相似。

②预制安装多采用矩形预制板。施工时为保证运用过程中不被折断,可设垫层,并将表面进行平整。安装时应将接缝错开,顺水流方向不应留有通缝,并将接缝处理好。

(4)钢丝网水泥衬护。

该方法是一种无模化施工。其结构为柔性的,适应变形能力强,在渠道衬护中有较好的应用前景。钢丝网水泥衬护的做法是,在平整的基底(渠底或渠坡)上铺小间距的钢丝,然后抹水泥砂浆或喷浆,其操作简单易行。

(5)塑料薄膜衬护。

采用塑料薄膜进行渠道防渗,具有效果好、适应性强、质量轻、运输方便、施工速度快和造价较低等优点。用于渠道防渗的塑料薄膜厚度以 0.15～0.30 mm 为宜。塑料薄膜的铺设方式有表面式和埋藏式两种。表面式是将塑料薄膜铺于渠床表面,薄膜容易老化和遭受破坏。埋藏式是在铺好的塑料薄膜上铺筑土料或砌石作为保护层。由于塑料表面光滑,为保证渠道断面的稳定,避免发生渠坡保护层滑塌,渠床边坡宜采用锯齿形。保护层厚度一般不小于 30 cm。

塑料薄膜衬护渠道施工大致可分为渠床开挖和修整、塑料薄膜加工和铺设、保护层填筑三个施工过程。薄膜铺设前,应在渠床表面加水湿润,以保证薄膜紧密地贴在基土上。铺设时,将成卷的薄膜横放在渠床内,一端与已铺好的薄膜进行焊接或搭接,并在接缝处填土压实,此后即可将薄膜展开铺设,然后填筑保护层。铺填保护层时,渠底部分应从一端向另一端进行,渠坡部分则应自下向上逐渐推进,以排除薄膜下的空气。保护层分段填筑完毕后,再将塑料薄膜的边缘固定在顺脊背开挖的堑壕里,并用土回填压紧。塑料薄膜的接缝可采用焊接或搭接。搭接时为减少接缝漏水,上游塑料薄膜应搭在下游塑料薄膜之上,搭接长度为 50 cm,也可用连接槽搭接。

7.3.2　涵洞施工

下面重点介绍钢筋混凝土管涵的预制、安装和施工注意事项。

1.钢筋混凝土管的预制

钢筋混凝土圆管的预制方法有震动制管器法、悬辊制管法、离心法和立式挤压法。这里主要讲解前两种预制方法。

(1)震动制管器法。

震动制管器由可拆装的钢外模与附有震动器的钢内模组成。外模由两片厚约 5 mm 的钢板半圆筒拼制,半圆筒用带楔的销栓连接。内模为一整圆筒,下口直径较上口直径稍小,以便取出内模。

用震动制管器制管是将其直接放在铺有油毡纸或塑料薄膜的地坪上施工。模板与混凝土接触的表面涂有润滑剂,钢筋笼放在内外模间固定后,先震动 10 s 左右使模板密贴地坪,以防漏浆。每节涵管分 5 层灌注,每层灌好铲平后开动震动器,震至混凝土冒浆,再灌注一层,最后一层震动冒浆后,抹平顶面,冒浆后 2～3 min 即关闭震动制管器。固定销在灌注中逐渐抽出,先抽下边,后抽上边。停震抹平后,用链滑车吊起内模。起吊时应保持竖直,刚起吊时应辅以震动(震动两三次,每次 1s 左右),使内模与混凝土脱离。内模吊起 20 cm,即不得再震

动。外模在灌注 5～10 min 后拆开,拆后应及时修整混凝土表面缺陷。

用震动制管器制管要求混凝土和易性好,坍落度小于 1 cm,工作度 20～40 s,含砂率 45%～48%,5 mm 以上大粒径颗粒尽量减少,平均粒径为 0.37～0.4 mm,混凝土用水量为 150～160 kg/m³,水泥以硅酸盐水泥或普通硅酸盐水泥为好。

(2)悬辊制管法。

悬辊制管法是利用悬辊制管机的悬辊,带动套在悬辊上的钢模一起转动,再利用钢模旋转时产生的离心力,使投入钢模内的混凝土拌和物均匀地附着在钢模的内壁上,随着投料量的增加,混凝土管壁逐渐增厚,当超过模口时,模口便离开悬辊,此时管内壁混凝土便与旋转的悬辊直接接触,钢模依靠悬辊与混凝土之间的摩擦力继续旋转,同时悬辊又对管壁混凝土进行反复辊压,从而促使管壁混凝土在较短时间内达到要求的密实度,并获得光洁的内表面。

悬辊制管法的主要设备为悬辊制管机、钢模和吊装设备。悬辊制管机由机架、传动变速机构、悬辊、门架、料斗、喂料机等组成。

悬辊制管法需用干硬性混凝土,水灰比一般为 0.30～0.36。在制管时无游离水分析出,场地较清洁,生产效率比离心法高,其缺点是需带模养护,钢模用量多,所以该制管方法适合用于预制工厂。

2. 管节安装

管节安装可根据地形及设备条件采用下列方法。

(1)涵洞管节滚动安装法。

管节在垫板上滚动至安装位置前,转动 90°使其与涵管方向一致,略偏一侧。在管节后端用木撬棍拨动至设计位置。

(2)滚木安装法。

先将管节沿基础滚至安装位置前 1 m 处,使其与涵管方向一致。把薄铁板放在管节前的基础上,摆上圆滚木 6 根,在管节两端放入半圆形承托木架,以杉木杆插入管内,用力将前端撬起,垫入圆滚木,再滚动管节至安装位置,将管节侧向推开,取出滚木及铁板,再滚回来并以撬棍仔细调整。

(3)压绳下管法。

当涵洞基坑较深,需沿基坑边坡侧向将管滚入基坑时,可采用压绳下管法。下管前应在涵管基坑外埋设木桩,用于缠绳。在管两端各套一根长绳,绳一端紧固于桩上,另一端在桩上缠两圈后,绳端分别用两组人或两盘绞车拉紧。下管时由专人指挥,两端徐徐松绳,管子渐渐滚入基坑内。再用滚动安装法或滚木安装法将管节安放于设计位置。

(4)吊车安装法。

使用汽车或履带吊车安装管节较为方便。

3.钢筋混凝土管涵施工注意事项

①管座混凝土应与管身紧密相贴,使圆管受力均匀,圆管的基底应夯填密实。

②管节接头采用对头拼接,接缝应不大于 1 cm,并用沥青麻絮或其他具有弹性的不透水材料填塞。

③所有管节接缝和沉降缝均应密实不透水。

④各管壁厚度不一致时,应在内壁取平。

7.4　倒虹吸管施工

本节仅介绍现浇钢筋混凝土倒虹吸管的施工方法。

现浇钢筋混凝土倒虹吸管施工程序一般为:放样、清基和地基处理、管模板的制作与安装、管钢筋的安装、管道接头止水、混凝土浇筑、混凝土养护与拆模。

7.4.1　管模板的制作与安装

在放样、清基和地基处理之后,即可进行管模板的制作与安装。

1.刚性弧形管座

现浇刚性弧形管座模板由内模和外模组成,制作与安装较为复杂,内模要根据倒虹吸管直径进行设计,经加工厂制作完成后运到现场进行安装,内模可采用木模,为了节约木材,也可采用钢模。

当管径较大时,管座应事先做好,在浇捣管底混凝土时,则需在内模底部开置活动口,以便进料浇捣。若为了避免在内模底部开口,也可采用管座分次施工的办法,即先做好底部范围内(中心角约 80°)的小弧座,以作为外模的一部分,待管底混凝土浇筑到一定程度时,即边砌小弧座旁的浆砌管座边浇筑混凝土,直到砌完整个管座。

在装好两侧梯形桁架后,即可边浇筑混凝土边装外模。许多管道在浇筑顶

部混凝土时,为便于进料,总是在顶部(圆心角 80°左右)不装外模,致使混凝土振捣时水泥浆向两侧流淌,同时混凝土在自重作用下,于初凝期间即向两侧下沉,因此管顶混凝土成了全管质量的薄弱带,在施工中应引起注意。

外模安装时,还应注意两侧梯形桁架立筋布置,必须进行计算,以避免拉伸值超过允许范围,否则会导致管身混凝土松动,甚至在顶部出现纵向裂缝。

2. 两点式及中空式刚性管座

两点式及中空式刚性管座均应事先砌好管座,在基座底部挖空处可用土模代替外模,施工时,对底部回填土要仔细夯实,以防止在浇筑过程中,土壤产生压缩变形而导致混凝土开裂,当管道浇筑完毕投入运行时,底部土模压缩模量因远小于刚性基础的弹性模量,故基本处于卸荷状态,全部竖向荷载实际上由刚性管座承受。为使管壁与管座接触面密合,中空式刚性管座也可采用混凝土预制块做外模。当用于敷设带有喇叭形承口的预应力管时,中空式刚性管座则不需再做底部土模。

7.4.2　管钢筋的安装

内模安装完成后,即可穿绕内环筋,其次是内纵筋、架立筋、外纵筋、外环筋,钢筋间距可根据设计尺寸,预先在纵筋及环筋上分别用红色油漆放好样。钢筋排好后可按照上述顺序,依次进行绑扎。一般情况下,倒虹吸管的受力钢筋应尽可能采用电焊焊接。为确保钢筋保护层厚度,应在钢筋上放置砂浆垫块。

7.4.3　管道接头止水

管道接头主要采用金属片和塑料带止水。

1. 止水片的安装

金属止水片或塑料止水带加工好后,擦洗干净,套在安装好的内模上,周围以架立钢筋固定位置,使其不要因浇筑混凝土而变位,浇筑混凝土时,此处应由专人负责,止水带周围混凝土必须密实均匀,混凝土浇完后,要使止水带的中线对准管道接头缝中线。

2. 沥青止水的施工方法

接头止水中有一层是沥青止水层,若采用灌注的方法,则不好施工,这时可以将沥青先做成凝固的软块,待第一节管道浇好后、第二节管模安装前,先将预制好的沥青软块沿着已浇好管道的端壁从下至上一块一块粘贴,直至贴完一周,沥青软块应适当做厚一些,以便溶化后能填满缝隙。

软块制作过程是:溶化沥青使其成液态,将溶化的沥青倒入模内并抹平,随即将盛满沥青溶液的模具浸入冷水,沥青即降温而凝固成软状预制块。

7.4.4　混凝土浇筑

1. 倒虹吸管混凝土材料要求

倒虹吸管混凝土对抗拉、抗渗的要求比一般结构的混凝土严格。要求混凝土的水灰比控制在 0.5 以下,坍落度要求:机械振捣时为 4～6 cm,人工振捣时不大于 9 cm。含砂率常用值为 30%～38%,以采用偏低值为宜。为满足抗拉强度和抗渗性要求,可按照《水工混凝土施工规范》(DL/T 5144—2015)规定,掺用适量的减水剂、引气剂等外加剂。

2. 倒虹吸管混凝土浇筑顺序

浇筑前应对浇筑仓进行全面检查,验收合格后方可进行浇筑。为了便于整个管道施工,浇筑时应编排好顺序,可按每次间隔一节进行浇筑编排。例如:先浇筑 1#、3#、5# 等部位的管,再浇筑 2#、4#、6# 等部位的管。

3. 倒虹吸管混凝土浇筑方式

常见的倒虹吸管有卧式和立式两种。卧式又可分平卧或斜卧,平卧大都是管道通过水平或缓坡地段所采用的一种方式,斜卧多用于进出口山坡陡峻地区,对于立式管道则多采用预制管安装。

(1)平卧式浇筑。

此浇筑有以下两种方法。一种是浇筑层与管轴线平行,一般由中间向两端浇筑,以避免仓中积水,从而增大混凝土的水灰比。这种浇捣方式的缺点是混凝土浇筑缝皆与管轴线平行,刚好和水压产生的拉力方向垂直。一旦产生冷缝,管道易沿浇筑层(冷缝)产生纵向裂缝。另一种是斜向分层浇筑,以避免浇筑缝与水压产生的拉力正交,当斜度较大时,浇筑缝的长度可缩短,浇筑缝的间隙时间也可缩短,但这样浇筑的混凝土都呈斜向增高,使砂浆和粗骨料分布不均匀,加上振捣器都是斜向振捣,在质量方面不如竖向振捣。因此,施工时应严格控制水灰比和混凝土的和易性。

（2）斜卧式浇筑。

进出口山坡上常有斜卧式管道，混凝土浇筑时应由低处开始逐渐向高处浇筑，使每层混凝土浇筑层保持水平。不论采用哪种浇筑方式，都要做好浇筑前的施工组织工作，确保浇筑层的间歇时间不超过规范允许值。应注意两侧或周围进料均匀，快慢一致。否则，将产生模板位移，导致管壁厚薄不一，从而严重影响管道质量。

7.4.5 混凝土养护与拆模

1. 养护

倒虹吸管的养护比一般的混凝土结构严格，养护要做到早、勤、足。"早"就是混凝土初凝后，应及时洒水，用草帘、麻袋等覆盖（在夏季混凝土浇筑后 2～3h）；"勤"就是昼夜不间断地进行洒水；"足"是指养护时间要保证充足，压力管道至少养护 21d。当气温低于 5℃时，不得洒水，并做好已浇筑混凝土的保温工作。

2. 拆模

拆模时间根据气温和模板承重情况而定。管座（当为混凝土时）、模板与管道外模为非承重模板，可适当早拆，以利于养护和模板周转。管道内模为承重模板时，不宜早拆，一般要求管壁混凝土强度达到设计强度的 70% 以上，方可拆除。

第8章 水利工程造价

8.1 工程造价概述

8.1.1 工程造价的含义

工程造价是指建设一个工程项目所需要的总费用,即从工程项目确定建设意向直至竣工验收的整个建设期间所支付的总费用。工程造价与建设项目投资、工程投资、工程价格的含义有着共同特点,均表示投入项目建设的资金数量,但其内容上是不同的。

1. 建设项目投资与工程造价的关系

建设项目投资是指投资主体在选定的建设项目上预先垫付资金,以期获得预期收益的经济行为,具有明确的主体性和目标性。其主体指建设项目的业主,其目标即对投资所形成的资产保值或增值。

一个建设项目的总投资包含固定资产投资和流动资产投资两部分,当建设项目固定资产投资表示为资金的消耗数量标准时,工程造价与其同量,即建设项目工程造价等同于建设项目固定资产投资,但并不同义,工程造价只是表示建设工程所消耗资金的数量标准,不具备明确的主体性。

水利工程的总投资和总造价不同,总造价是在总投资中扣除回收金额、应核销支出以及与工程无直接关系的投资后形成的。

2. 工程投资、工程价格与工程造价的关系

工程投资(即建设成本)是对投资主体(如业主、项目法人)而言的。为取得低投入、高产出的效果,须对建设投资实行全过程控制和管理。工程投资的边界涵盖建设项目的费用,但不包括业主的利润和税金。工程投资属于对具体工程项目进行投资管理的范畴。

工程造价与工程价格在工程建设承发包阶段是同义的,均是指工程预期消

耗的资金数量,但不一定同量,因为发包人编制的标底、投标人编制的报价虽然都属于招标阶段的工程造价,但由于双方的出发点、技术水平、管理水平各不相同,标底和报价是不相同的。而招标阶段承发包双方最终签订的合同价格,属于工程价格,也不一定与标底和报价相同。所以,工程造价和工程价格同义但不一定同量。

总之,建设项目投资、工程造价、工程价格之间既相互联系又相互区别。区别在于管理内容方面,建设项目投资管理重点关注决策的正确性和建设项目投资效果;工程造价管理则是合理地确定和有效地控制工程造价;工程价格管理重点是力求与市场实际相吻合,尽量准确反映市场对工程价格的影响。

8.1.2 工程造价的特点

工程造价强调的是工程建设所消耗资金的数量标准,它通常呈现以下特点。

1. 工程造价的大额性

能够发挥投资效用的任一项工程,不仅其本身实物形体庞大,而且涉及占地、移民、环境、交通、建材等方方面面,工程造价高昂,尤其是大型或特大型工程的造价更是达到数百亿,甚至上千亿。因此,工程造价的大额性必然对宏观经济产生重大影响,而且关系到相关各方的经济利益,具有特殊的地位。

2. 工程造价的不确定性

工程项目在实施过程中,其外部环境条件存在许多不确定因素,例如通货膨胀、气候条件、地质条件、施工环境条件等,有可能给工程项目带来诸如投资环境恶化、不可抗力事件、停工、建筑材料供应中断等外部风险。这些不确定因素将会对工程造价带来异常变化。

3. 工程造价的动态性

水利工程建设周期较长的特点,决定了其工程造价的动态性。不可控制的动态因素,如工程变更、设备及建材价格上涨、工资标准及费率变化、利率汇率政策性变化等,都会直接影响到工程造价。

4. 工程造价的层次性

一个建设项目通常由单项工程、单位工程、分部工程、分项工程等组成。建设项目总造价则由单项工程造价、单位工程造价等汇总而成。因此,建设工程的层次性决定了工程造价的层次性。

5. 工程造价的兼容性

工程造价的兼容性首先表现在它具有工程投资和工程价格两种含义；其次表现在工程造价构成因素具有广泛性和复杂性，比如建设用地费用、项目可行性研究和规划设计费用，以及与政府政策相关的费用等，在工程造价中占有一定的比例；最后表现在工程盈利的构成较为复杂。

8.1.3　水利工程造价的内容

根据水利工程建设程序，工程建设通常分为以下几个阶段：项目建议书，可行性研究，初步设计，施工准备，工程实施。与上述工程建设阶段相适应的工程造价，共分为如下几种：前期阶段的投资估算、初步设计阶段的设计概算、施工图阶段的施工预算（或标底）、招标投标阶段的承包合同价、竣工后的竣工结算和项目完工后的竣工决算。

为建设项目编制的项目建议书报告和相应的投资估算须经上级主管部门批准，方可作为拟建项目列入国家中长期计划，投资估算可作为开展前期工作的控制性造价。

可行性研究阶段按照有关规定编制的投资估算，经上级主管部门批准后，可作为该工程项目国家计划控制造价。

初步设计阶段编制的设计概算经主管部门批准，可作为拟建项目工程造价的最高限价。对于在初步设计阶段进行招投标的项目，其合同价应控制在相应的最高限价之内。

施工准备阶段业主可根据需要，委托编制单位编制预算以及招标工程的标底，进行合同谈判，确定工程承发包合同价格。

工程项目或单项工程竣工验收后，施工单位与建设单位之间办理的工程价款结算，称为竣工结算，它是编制竣工决算的基础。

基本建设项目完工后，在项目竣工验收前，由建设单位与业主之间办理竣工决算。竣工决算是综合反映竣工项目建设成果和财务情况的总结性文件，并作为办理工程交付使用手续的依据。

水利工程造价的构成主要划分为工程费用、独立费用、预备费用和建设期融资利息。

8.1.4 水利工程造价管理

工程造价管理强调的是工程建设整个过程的管理,指涵盖建设项目的规划、项目建议书、可行性研究、初步设计、施工图设计等各阶段工程造价的预测,工程招标投标及承发包价格的确定,建设期间工程造价的调整,工程竣工决算以及后评价整个建设过程的工程造价管理。其意义深远,作用巨大,主要表现在以下几个方面。

①工程造价管理可为建设项目决策提供科学依据。

②通过技术经济比较、设计方案优化,进行前期预期控制,科学控制工程造价。

③确定合理的投资规模和宏观的控制目标,例如初步设计阶段编制的概算愈准确,基本建设投资规模就愈容易控制,愈有利于工程项目的顺利实施。

④可提供合理的资金筹措方案。

⑤为实施工程招标提供必要条件,此阶段编制的标底可为选择承包商提供重要的依据。

⑥为竣工决算、基建审计等提供重要基础资料。

工程造价管理可分为宏观造价管理和微观造价管理。宏观造价管理指的是国家利用法律、经济、行政等手段对建设项目的建设成本和工程承发包价格进行的管理,即利用税收、利率、汇率和价格等政策和强制性标准,监督、管理工程建设成本;利用法律、行政等手段,引导和监督市场经济,保证市场有序竞争。微观造价管理指的是投资方对项目建设成本全过程的管理和承发包双方对工程承发包价格的管理,即工程造价预控、预测,工程实施阶段的工程造价控制、管理,以及工程实际造价的计算。

工程造价管理的核心内容是对工程项目造价的确定和控制,主要由两个并行、各有侧重,又相互联系、相互重叠的工作过程构成,即项目规划的过程和工程造价的控制过程。在项目前期阶段,以规划为主;在项目实施阶段,工程造价的控制占主导地位。

工程造价管理的基本内容是合理确定和有效控制工程造价。建设项目各阶段工程造价管理的主要内容如下。

1.项目决策阶段

项目决策阶段是工程项目实现过程的第一阶段,由流域(或区域)规划、项目建议书和可行性研究等阶段组成。

（1）流域（或区域）规划。

流域（或区域）规划指根据国家长远计划、流域（或区域）的水资源条件以及该流域（或区域）水利水电建设发展的要求，提出梯级开发和综合利用的最优方案。工作内容包括全面、系统调研该流域（或区域）的自然地理、经济状况等资料，初步确定可能的各坝址位置、建设条件，拟定梯级布置方案的工程规划、工程效益等，多方案分析比较，选定合理的梯级开发方案，并推荐近期开发的工程项目。

（2）项目建议书。

项目建议书是工程项目建设的建议性文件，其主要作用是对拟建的工程项目进行说明，概括论述工程项目建设的必要性、可能性，为下一阶段可行性研究提供依据。本阶段主要是从投资方面对拟建项目提出轮廓构想。

（3）可行性研究。

可行性研究是在项目建议书获得批准后进行的。可行性研究报告是确定建设项目、编制设计文件的重要依据，应从经济、技术、社会、环境等方面对工程项目建设的可行性进行全面、科学的分析论证。本阶段工程造价的管理主要是对工程的规模、设计标准进行控制，并对不同方案进行投资估算和充分的技术经济比较，分析论证项目的经济合理性。经济评价是可行性研究的核心内容和项目决策的重要依据，通过计算项目的投入费用和产出效益，对拟建项目的经济合理性、可行性进行分析论证，提出投资决策的经济依据，确定最优投资方案。

2. 设计阶段

水利工程一般采用两阶段设计，即初步设计和施工图设计。初步设计阶段编制工程概算，施工图设计阶段编制工程预算。工程造价管理是对造价进行前期控制，预先测算和确定工程造价。工程造价应逐步细化、准确，并受前阶段造价的控制。

3. 施工准备、实施阶段

在施工准备阶段，工程造价管理的内容主要是编制预算、招标标底、投标报价以及合同谈判和签订中标价格。

实施阶段工程造价的管理，包括两个层次的内容：一是业主与其代理机构之间的投资管理，主要有编制业主预算、资金的统筹与运作、投资的调整与结算；二是建设单位与施工承包单位之间的合同管理，主要内容有工程价款的支付、调

整、结算，以及变更和索赔的处理等。

4. 竣工验收和后评价阶段

竣工验收阶段工程造价的管理，是依据水利工程概预算、项目管理预算、工程承包合同、价格调整、工程结算等资料编制工程竣工决算。

后评价一般应在项目竣工投产、生产运营1～2年后进行。从工程造价管理方面而言，后评价阶段主要是对工程项目投资、国民经济、财务效益等进行后评价。

8.2　基础价格确定

基础价格是编制工程单价的基本依据之一，主要包括人工预算单价，施工用电、水价格，砂石料价格，主要材料预算价格，混凝土、砂浆单价和施工机械台时费等。

8.2.1　人工预算单价

人工预算单价是指单位时间（工日或工时）内生产工人的人工费标准。生产工人工种分为四级，即工长、高级工、中级工（机械操作工）和初级工。人工预算单价由基本工资、辅助工资和工资附加费组成。

1. 基本工资

基本工资由岗位工资、年功工资和年应工作天数内非作业天数的工资组成。岗位工资是指按照生产工人所在岗位各项劳动要素测评结果确定的工资；年功工资是指按照生产工人工作年限确定的工资，随工作年限增加而逐年增加；年应工作天数内非作业天数的工资是指因生产工人开会学习、培训、调动工作、气候影响的停工工资以及各种休假期间的工资。

年内有效工作时间：年应工作天数251天，非工作天数16天，日工作时间8工时/工日。年有效工作天数＝251－16＝235（天），非工作天数的工资系数＝251÷235≈1.068。基本工资由式（8.1）计算

$$基本工资（元/工日）＝基本工资标准×地区工资系数×12（月）÷$$
$$年应工作天数×1.068$$
$$\tag{8.1}$$

2. 辅助工资

辅助工资是指除基本工资外，以其他形式支付给生产工人的工资性收入。包括地区津贴、施工津贴、夜餐津贴、节日加班津贴等，分别由式(8.2)～式(8.5)计算

$$地区津贴(元/工日) = 津贴标准(元/月) \times 12(月) \div 年应工作天数 \times 1.068 \tag{8.2}$$

$$施工津贴(元/工日) = 津贴标准(元/天) \times 365(天) \times 95\% \div$$
$$年应工作天数 \times 1.068 \tag{8.3}$$

$$夜餐津贴(元/工日) = (中班津贴标准 + 夜班津贴标准) \div 2 \times (20\% \sim 30\%) \tag{8.4}$$

$$节日加班津贴(元/工日) = 基本工资(元/工日) \times 3 \times 10 \div 年应工作天数 \times 35\% \tag{8.5}$$

式(8.4)中，枢纽工程取 30%，引水及河道工程取 20%。

3. 工资附加费

工资附加费是指按照国家规定提取的福利、保险等基金，包括职工福利基金、工会经费、养老保险费、医疗保险费、工伤保险费、职工失业保险基金和住房公积金。工资附加费由式(8.6)计算

$$工资附加费 = \sum (基本工资 + 辅助工资) \times 费率标准(\%) \tag{8.6}$$

8.2.2 施工用电、水价格

水利工程施工中电、水消耗量很大，其预算价格的准确程度直接影响工程造价的质量。

施工用电、水价格要根据施工组织设计所确定的供应方式、设备选型以及布置形式等资料分别计算。

1. 施工用电价格

工程中的施工用电可分为生产用电和生活用电。生产用电指的是施工机械和施工照明等用电，构成直接生产成本。施工用电仅计算生产用电。生活用电不直接用于生产，不构成直接生产成本，因而计算施工用电价格时不予考虑。

施工供电方式一般有两种：①电网供电，即由工地附近的供电部门供电；②自发电，即由自备的柴油发电机发电。

高压输电线路损耗指高压电网到施工主变压器高压侧之间的损耗;变配电设备及配电线路损耗指施工主变压器高压侧至现场各施工点最后一级降压变压器低压侧之间的损耗;供电设施维修摊销费指变配电设备的折旧费、修理费、安拆费,变配电设备和线路的移设及运行维护费用等。

2. 施工用水价格

水利工程因多处于偏僻地区,施工用水的水源通常有工地附近河流、水库、水井等。一般自设供水系统,包括生产用水和生活用水两部分。生产用水指构成生产成本的施工用水,包括施工机械用水、砂石料筛洗用水、混凝土用水以及钻孔灌浆用水等。施工用水价格仅计算生产用水,生活用水不属于施工用水价格的计算范围。施工用水价格由基本水价、供水损耗率和供水设施维修摊销费组成。

施工用水价格计算时应注意以下几个问题。

①当施工用水为多级提水并中间有分流时,要逐级计算水价。

②当施工用水有循环用水时,水价要根据施工组织设计的供水工艺流程计算。

③水利工程施工生产用水,一般需要分别设置多个供水系统,综合水价可按各供水系统水量的比例加权平均计算。

8.2.3　砂石料价格

水利工程砂石料是砂砾料、砂、碎石、卵(砾)石、块石、条石等的统称,为混凝土、堆砌石的主要建筑材料,按来源不同分为人工料和天然料两种。人工料以开采石料为原料,经过机械加工(破碎、碾磨)而成;天然料以开采砂砾料为原料,经过筛分、冲洗加工而成。

砂石料价格计算一般分为自行采备价和市场采购价。大、中型水利工程砂石料一般采用自行采备,对于料源缺乏、不具备或不宜在当地开采砂石料的工程以及小型工程,可就近从附近的砂石料场购买。自行采备砂石料价格需单独计算,外购砂石料价格按材料预算价格的编制方法计算,需包括料场购买价、运杂费、运输堆存损耗、采保费等。

实际工程中有时也会将人工砂石料与天然砂石料混合使用,其砂石料综合价格按设计提供的人工砂石料与天然砂石料的比例加权平均计算。

对于混凝土占有一定比重的水利工程,砂石料价格对工程投资额有着较大影响,而且砂石料单价的计算较为复杂,因此下面重点分析自行采备砂石料单价的计算方法。

砂石料单价通常有两种计算方法:一是系统单价法,即以整个砂石料生产系统为计算单位,用单位时间内的总费用除以总产量,这种方法对施工组织设计深度要求较高,故较少采用;二是工序单价法,以骨料生产流程中的若干个工序[如覆盖层开挖,毛(原)料开采、运输、筛洗、加工,成品骨料运输,以及弃料处理等]为单位,计算各工序单价,然后分别计入各项系数,合计为骨料单价,工程中较多采用这种方法。

工序单价法计算应注意的是,所采用的规范定额已包含砂石料开采、加工、运输及堆存等各种损耗。开采损耗指的是在开采爆破过程中的损耗;加工损耗指的是在破碎、筛洗、碾磨过程中的损耗;运输损耗指的是毛(原)料、半成品、成品骨料在运输过程中的损耗;堆存损耗指的是在各工序堆存过程中的损耗,如堆料场的垫底损耗。

天然砂石料的施工工艺通常为:覆盖层清除→毛料开采、运输→预筛分→筛分、冲洗→成品骨料运输→弃料处理(超径石、剩余骨料等)。

人工砂石料的施工工艺通常为:覆盖层清除→碎石原料开采、运输→机制碎石→球(棒)磨机制砂→成品骨料运输。

8.2.4 主要材料预算价格

材料费用是工程投资的主要组成部分,所占比重较大,在建筑安装工程投资中所占比重一般在30%以上。材料预算价格的准确性对预测工程投资额起着重要作用。水利工程使用的建筑材料品种繁多,规格各异,按其对工程投资影响的程度,划分为主要材料和次要材料。主要材料简称主材,对于水利工程主要指水泥、钢材、油料、木材、火工产品、电缆及母线等。碾压混凝土坝的粉煤灰、沥青混凝土坝的沥青也可作为主要材料。对于石方开挖量很小的工程,则不需要编制火工产品预算价格。下面主要以水泥、钢材、油料三大主材为例进行分析。

1. 主材特性及使用范围

(1)水泥。

水泥是重要的建筑材料,为粉状水硬性无机胶凝材料。水泥按用途及性能分为:①通用水泥,指一般土木建筑工程通常采用的水泥;②专用水泥,指专门用途的水泥;③特性水泥,指某种性能比较突出的水泥。

157

《通用硅酸盐水泥》(GB 175—2007)规定的六大类水泥为硅酸盐水泥、普通硅酸盐水泥、矿渣硅酸盐水泥、火山灰质硅酸盐水泥、粉煤灰硅酸盐水泥和复合硅酸盐水泥。通用硅酸盐水泥强度等级划分如下。

①硅酸盐水泥划分为 42.5、42.5R、52.5、52.5R、62.5、62.5R 六个等级。

②普通硅酸盐水泥划分为 42.5、42.5R、52.5、52.5R 四个等级。

③矿渣硅酸盐水泥、火山灰质硅酸盐水泥、粉煤灰硅酸盐水泥划分为 32.5、32.5R、42.5、42.5R、52.5、52.5R 六个等级。

④复合硅酸盐水泥划分为 42.5、42.5R、52.5、52.5R 四个等级。

水泥应根据工程项目的特点、工程区环境条件以及水泥的特性进行选择。例如,一般土建地面工程和气候干热地区应优先选用普通硅酸盐水泥;大体积混凝土工程应优先选用矿渣硅酸盐水泥;地下(水中)工程应优先选用火山灰质硅酸盐水泥和矿渣硅酸盐水泥;受硫酸盐类溶液侵蚀的工程应优先选用火山灰质硅酸盐水泥。

(2)钢材。

建筑工程中使用的各种钢材主要指钢筋混凝土中的钢筋、钢丝,钢结构中的板材、管材及型材等。其中,钢筋在建筑工程中使用量最大,常用的有热轧钢筋、冷加工钢筋以及钢丝、钢绞线等。

(3)油料。

水利工程使用的油料主要指工程机械、运输机械等设备所需的燃料,即汽油和柴油。工程对于汽油质量的要求是应具有良好的蒸发性、燃烧性和安定性。汽油应根据工程所在地区海拔高度、汽车型号等数据进行选择。

柴油是水利工程中用量最大的油料产品,通常施工机械及运输设备采用轻柴油,少量采用重柴油。柴油规格由工程所在地区的气温条件确定。

2. 材料预算价格

材料预算价格是指工地分仓库(或工地堆料场)的材料出库价格,一般由材料原价、包装费、运杂费、采购及保管费、运输保险费组成。

材料原价是指工程所在地区内就近的规模较大的物资供应公司、材料交易中心的市场成交价,设计选定的生产厂家的出厂价,以及公开的价格信息等。

包装费是指为了便于材料运输和保护材料而进行包装所需的费用。一般材料的包装费已包括在材料原价中,不再单独计算。若材料原价中不含包装费,则应另计包装费。材料包装费按工程所在地区的实际资料及有关规定计算。

运杂费是指材料由交货地点运至工地分仓库(或材料堆料场)所发生的运费、调车费、装卸费及其他杂费等。材料从工地分仓库运到各施工点的运杂费已包含在定额内,不再计入。

采购及保管费是指材料在采购和保管过程中所发生的各项费用,包括采购和保管部门工作人员的基本工资、辅助工资、工资附加费、教育经费、办公费、差旅费、交通费、工具用具使用费,仓库转运站等设施的检修费,固定资产折旧费,技术安全措施费,材料检验费,以及材料运输、保管过程中发生的损耗等。水利工程的采购及保管费按材料运到工地仓库价格(不含运输保险费)的 3% 计算。

运输保险费指材料在运输中发生的保险费,按工程所在地区保险公司的有关规定计算。

8.2.5　混凝土、砂浆单价

混凝土、砂浆单价是指按混凝土及砂浆设计强度等级、级配及施工配合比配制每立方米混凝土、砂浆的费用之和,即水泥、砂、石、水、掺合料及外加剂等各种材料的费用之和,但不包括混凝土、砂浆的拌制、运输和浇筑等工序的费用。

1. 混凝土、砂浆基本概念

混凝土是由胶凝材料、粗细骨料、水及其他外加剂按照适量的比例配制而成的人工石材。在土木工程中,应用最广泛的是普通混凝土,其特点为原材料丰富、成本低,可塑性好,强度高,耐久性好,但自重大,属脆性材料。

混凝土分类:①按胶凝材料分为水泥混凝土、沥青混凝土、石膏混凝土、聚合物混凝土等;②按表观密度分为特重混凝土、普通混凝土、轻混凝土;③按用途分为结构用混凝土、道路混凝土、特种混凝土、耐热混凝土、耐酸混凝土等。除此之外,还有大体积混凝土、泵送混凝土和纤维(玻璃纤维、矿棉、钢纤维、碳纤维)混凝土等。

混凝土配合比是指混凝土中各组成材料之间的比例关系。混凝土配合比通常用每立方米混凝土中各种材料的质量来表示,或以各种材料用料量的比例表示。设计混凝土配合比时,要在满足混凝土设计的强度等级、施工要求的和易性、使用要求的耐久性的前提下,节约水泥,以降低混凝土成本。

混凝土水灰比指的是拌制水泥浆、砂浆、混凝土时所用的水和水泥的重量之比。水灰比影响混凝土的流变性能、水泥浆凝聚结构以及硬化后的密实度,因而,在组成材料给定的情况下,水灰比是决定混凝土强度、耐久性和其他一系列

物理力学性能的主要参数。砂浆是由胶凝材料、细骨料和水等材料按适当比例配制而成的。砂浆与混凝土的区别在于其不含粗骨料,可认为砂浆是混凝土的一种特例,也可称为细骨料混凝土。

砂浆常用的胶凝材料有水泥、石灰、石膏。按胶凝材料不同,砂浆又可分为水泥砂浆、石灰砂浆和混合砂浆。混合砂浆有水泥石灰砂浆、水泥黏土砂浆和石灰黏土砂浆等。水利工程常用的为砌筑砂浆(用于砖石砌体的砂浆)和接缝砂浆(用于填缝注浆)。

2. 混凝土、砂浆材料单价计算

混凝土、砂浆材料单价是指配制每立方米混凝土或砂浆需要的水泥、砂、石、水、掺合料以及外加剂等各种材料的费用之和。水利工程相关规范规定,混凝土材料费用包括材料运至拌和楼(站)进料仓的场内运输及操作损耗等发生的费用。对于混凝土的拌制、搅拌后的运输、浇筑以及各项损耗及超填等发生的费用另外计算。纯混凝土材料单价计算见式(8.7)

$$纯混凝土材料单价 = \sum (各种材料用量 \times 各材料单价) \qquad (8.7)$$

下面以掺粉煤灰混凝土为例,分析确定材料用量。

粉煤灰对混凝土的性能影响如下:改善混凝土的和易性,减少混凝土的泌水率,防止离析;提高混凝土的早期强度和后期强度;提高混凝土的密实性及抗渗性,改善混凝土的抗化学侵蚀性;减少混凝土的水化热,防止大体积混凝土开裂,降低大坝施工期内的温度控制费用。

计算掺粉煤灰混凝土配合比的方法主要有等量取代法、超量取代法和外加法等。其中简化的方法为超量取代法(或称为超量系数法),具体计算方法如下:以纯混凝土配合比作为基础,根据粉煤灰取代水泥百分率 f、粉煤灰取代系数 K,计算掺粉煤灰混凝土水泥用量 C 和粉煤灰掺量 F;根据与纯混凝土容重相等原则,求砂用量 S、石用量 G;按占水泥用量的百分率求外加剂用量 Y。

超量取代法的相关公式见式(8.8)~(8.17),各式中纯混凝土材料用量表示为水泥用量 C_0、砂用量 S_0、石用量 G_0、水用量 W_0。

掺粉煤灰混凝土水泥用量根据式(8.8)计算

$$C = C_0 \times (1 - f) \qquad (8.8)$$

粉煤灰取代水泥百分率根据式(8.9)计算

$$f = [(C_0 - C) \div C_0] \times 100\% \qquad (8.9)$$

粉煤灰掺量根据式(8.10)计算

$$F = K \times (C_0 - C) \tag{8.10}$$

超量取代法计算的掺粉煤灰混凝土的灰重(水泥和粉煤灰总重)较纯混凝土的灰重多,增加的灰重根据式(8.11)计算

$$\Delta C = C + F - C_0 \tag{8.11}$$

根据与纯混凝土容重相等原则,砂、石总重量相应减少$\triangle C$,按含砂率不变的原则,则掺粉煤灰混凝土砂重 S、掺粉煤灰混凝土石重 G 可分别根据式(8.12)、式(8.13)计算

$$S \approx S_0 - \Delta C \times [S_0 \div (S_0 + G_0)] \tag{8.12}$$

$$G \approx G_0 - \Delta C \times [G_0 \div (S_0 + G_0)] \tag{8.13}$$

由于增加的灰重 ΔC 代替了混凝土中的细骨料砂,所以可将增加的灰重全部从砂的重量中减去,石重不变。则上述公式可进行简化。

掺粉煤灰混凝土砂重 S 根据式(8.14)计算

$$S \approx S_0 - \Delta C \tag{8.14}$$

掺粉煤灰混凝土石重 G 根据式(8.15)计算

$$G \approx G_0 \tag{8.15}$$

掺粉煤灰混凝土用水量 W、外加剂用量 Y 分别根据式(8.16)、式(8.17)计算

$$W \approx W_0 \tag{8.16}$$

$$Y = C \times (0.2\% \sim 0.3\%) \tag{8.17}$$

8.2.6　施工机械台时费

水利工程施工机械通常分为土石方机械、混凝土机械、运输机械、起重机械、砂石料加工机械、钻孔灌浆机械、工程船舶和其他机械等。

施工机械台时费是指一台施工机械在正常工作 1h 内发生的各项费用之和,由两类费用组成:一类费用包括折旧费、修理及替换设备费(含大修理费、经常性修理费)和安装拆卸费,二类费用包括机上人工费和动力、燃料费。

1. 一类费用计算

(1)折旧费。

折旧费是指机械在寿命期内回收原值的台时折旧摊销费用。折旧费的计算

方法主要有平均年限法、工作量法、双倍余额递减法及年数总和法,后两种属加速折旧法,通常采用平均年限法。

机械残值即机械报废后回收的价值,一般按机械预算价格的 5%～5% 计算。运杂费一般按机械原价的 5%～7% 计算。

(2)修理及替换设备费。

修理及替换设备费包括大修理费、经常性修理费、替换设备费、润滑材料及擦拭材料费和保管费。大修理费是指为了使机械保持正常功能而进行大修理所需要的摊销费用。

(3)安装拆卸费。

安装拆卸费指机械进出工地的安装、拆卸、试运转和场内转移及辅助设施的摊销费用,主要包括安装前的准备、运至安装点、设备安装、调试、拆除清理、基础开挖、固定锚桩、安装平台、脚手架以及管理等产生的费用。

安装拆卸费不包括机械设备安装时由于地形条件产生的大量土石方开挖、砌石及混凝土浇筑等费用。水利工程中一般大型机械(如混凝土搅拌站、混凝土拌和楼、缆索起重机以及门座式起重机等)的台时费不含安装拆卸费。上述费用虽与大型机械安装有关,但由于费用数额较大,且需要根据地形条件、施工布置形式等情况进行单独计算,具有不确定性,因此列入其他施工临时工程内。

修理及替换设备费和安装拆卸费可采用占折旧费比例法进行简单计算,即利用已有设备的特征指标(容量、吨位、动力等),将类似设备的修理及替换设备费、安装拆卸费与其折旧费的比例,乘以调整系数 0.8～0.95,计算已有设备的修理及替换设备费和安装拆卸费。

2.二类费用计算

(1)机上人工费。

机上人工指机械使用时机上操作人员的工时消耗。机械使用时间包括机械运转时间、辅助时间、用餐时间、交接班时间以及必要的机械正常中断时间。台时费中,人工费按中级工计算。机械台时人工配置数量,按三班作业制定,还要考虑机械性能、操作需要等特点。通常配备原则为:定额中已计列操作工,台时费中不再计列,如风钻、振捣器羊脚碾等;三班作业可配 1～2 人;中、小型机械原则上配 1 人;大型机械一般配 2 人;特大型机械应按实际需要配备人数。

(2)动力、燃料费。

动力、燃料费主要指机械正常运转所需的汽油、柴油、电、风、水、煤等消耗的

费用。燃料小时消耗量 Q 根据式(8.18)计算

$$Q = NtGK \tag{8.18}$$

式中：N 为发动机额定功率，kW；t 为机械工作时间，h，取 1h；G 为单位耗油量，g/(kW・h)；K 为发动机台时燃料消耗综合系数。

电力小时消耗量 Q' 根据式(8.19)计算

$$Q' = N't'K' \tag{8.19}$$

式中：N' 为电动机额定功率，kW；t' 为设备工作时间，h，取 1h；K' 为电动机台时电力消耗综合系数。

8.3　工程单价编制

工程单价是指以价格形式表示的完成单位工程量所消耗的总费用，由量、价、费三要素组成。"量"指的是完成单位工程量所需的人、材、机数量，一般是按规范取规定量；"价"指的是人、材、机对应的基础单价，即通过上述各项计算所得的人、材、机单价；"费"指的是按规范规定计入的其他直接费、现场经费、间接费、企业利润及税金。工程单价是编制水利水电建筑安装工程投资的基础，直接影响工程总投资的准确性。在施工方法或工艺确定后，从相关定额中查得人工、材料、机械台时消耗量，并乘以各自预算单价求得直接费，直接费计取相关费率后即得建筑、安装工程单价。

8.3.1　工程单价的内容

1.工程单价计算公式

工程单价＝直接工程费＋间接费＋企业利润＋税金

直接工程费＝直接费(人、材、机)＋其他直接费＋现场经费

人工费＝定额劳动量(工时)×人工预算单价

材料费＝定额材料用量×材料预算单价

机械使用费＝定额机械使用量×施工机械台时费

其他直接费＝直接费×其他直接费费率

现场经费＝直接费×现场经费费率

间接费＝直接工程费×间接费费率

企业利润＝(直接工程费＋间接费)×企业利润率

税金＝(直接工程费＋间接费＋企业利润)×税率

2. 各项费用内容及计算标准

(1)直接费。

直接费包括人工费、材料费、机械使用费。

(2)其他直接费。

其他直接费包括冬雨季施工增加费、夜间施工增加费、特殊地区施工增加费和其他费用。

冬雨季施工增加费指在冬雨季施工期间为保证工程质量和安全生产所需增加的费用,包括增加施工工序,增设防雨、保温、排水等设施增耗的动力、燃料、材料,以及因人工、机械效率降低而增加的费用。

冬雨季施工增加费根据不同地区,按直接费的百分率计算,其中西南、中南、华东区为 0.5%～1.0%;华北区为 1.0%～2.5%;西北、东北区为 2.5%～4.0%。

夜间施工增加费指施工场地和公用施工道路的照明费用,按直接费的百分率计算,其中,建筑工程为 0.5%,安装工程为 0.7%。

特殊地区施工增加费指在高海拔和原始森林等特殊地区施工增加的费用,其中高海拔地区的高程增加费直接计入定额,其他特殊增加费(如酷热、风沙等)按工程所在地区规定的标准计算。

其他费用包括施工工具用具使用、检验试验、工程定位复测、工程点交、竣工场地清理、工程项目及设备仪表移交生产前的维护观察等费用,按直接费的百分率计算,其中,建筑工程为 1.0%,安装工程为 1.5%。

(3)现场经费。

现场经费包括临时设施费和现场管理费。

临时设施费指施工企业为进行建筑安装工程施工所必需的但又未被划入施工临时工程的临时建筑物、构筑物和各种临时设施的建设、维修、拆除、摊销等费用。

现场管理费包括现场管理人员的工资、办公费、差旅交通费、固定资产使用费、工具用具使用费和保险费等。

(4)间接费。

间接费指施工企业为建筑安装工程施工而进行组织与经营管理所发生的各项费用,由企业管理费、财务费用和其他费用组成。

企业管理费指施工企业为组织施工生产经营活动所发生的费用,包括管理人员的工资、办公费、差旅交通费、固定资产折旧修理费、工具用具使用费和保险费等。

财务费用指施工企业为筹集资金而发生的各项费用,包括企业经营期间发生的短期融资利息净支出、汇兑净损失及金融机构手续费等。

其他费用指企业定额测定费及施工企业进退场补贴费。

(5)企业利润及税金。

企业利润指按规定应计入建筑、安装工程费用中的利润,按直接费和间接费之和的 7% 计算。税金指国家对施工企业承担建筑、安装工程作业收入所征收的营业税、城市维护建设税和教育费附加。

8.3.2　工程单价的编制

水利工程主要包括土方工程、石方工程、混凝土工程、模板工程、钻孔灌浆及锚固工程和疏浚工程等,编制工程单价时应注意以下几点。

①水利工程定额是按海拔高度小于等于 2000 m 地区的条件制定的。对于海拔高度大于 2000 m 的地区,根据相关规定系数进行调整。海拔高度应以拦河坝或水闸顶部的海拔高度为准。无拦河坝或水闸的工程,以厂房顶部海拔高度为准。一个工程项目只采用一个调整系数。

②定额的计量对于不同定额具有不同的含义,所包含的内容也不相同。概算定额的计量是按工程设计几何轮廓尺寸计算,即由完成每一有效单位实体所消耗的人工、材料、机械数量定额组成。各种施工操作损耗、允许的超挖及超填量、合理的施工附加量、体积变化等已根据施工技术规范规定的合理消耗量计入定额。预算定额是按不含超挖、超填量制定的。

③土石方松实系数表示计量单位自然方、松方和实方三者体积之间的换算关系。

④根据水利工程场内运输施工道路的特点,汽车运输定额适用于运距 10 km 以内的情况,运距超过 10 km 的部分按增运 1 km 台时数量乘以 0.75 计算。

1. 土方工程单价

现行规范中土方工程包括土方开挖、运输和填筑工程。土方开挖、运输工程计量单位除注明者外,均为自然方;土方填筑工程计量单位为实方。各计量单位的含义：自然方指未经扰动的自然状态的土方；松方指自然方经人工或机械开挖而松动过的土方；实方指填筑（回填）并经过压实的成品方。

土方工程施工方法主要有人工施工和机械施工两种，一般以机械施工为主。影响土方工程施工的因素有土类级别、设计尺寸、施工条件、机械选型等。土类级别越高、断面尺寸越小、施工条件越差，工效就越低，人、材、机消耗量越大。

土方工程施工机械主要包括推土机、铲运机、挖掘机、装载机、载重汽车、自卸汽车、拖拉机、羊脚碾、振动碾、轮胎碾等。

在计算某个综合土方工程单价时，若含有不同的计量单位，要根据定额中土石方松实系数换算表换算为统一的计量单位。

2. 石方工程单价

石方工程包括石方明挖、石方洞挖、石渣运输、石方填筑、抛石、砌石等。石方开挖以机械施工为主，抛石、砌石以人工施工为主。下面以石方开挖为例进行分析。石方开挖工作内容主要有钻孔、爆破、撬移、解小、翻渣、清面、修整断面、安全处理、挖排水沟（坑）等，并且考虑了保护层开挖、预裂爆破、光面爆破。

现行规范中，水利工程概算定额与预算定额的区别在于，概算定额包括施工技术规范规定的施工超挖量、超填量和施工附加量等；预算定额则不含，需要单独计算。

保护层石方开挖是指在坝基、坝肩、消能坑等与岩基连接部分的石方开挖，设计上不允许破坏岩石结构，为了限制爆破对建基面的破坏，可在建基面上设置一定厚度的保护层，开挖时多采用浅孔小炮。

预裂爆破是指为了满足开挖面平整度的要求，在开挖面进行的专门的爆破。

超挖是指实际开挖断面大于设计开挖断面，超出设计开挖断面的工程量即为超挖量，这是由岩石开挖的不规则性造成的。超挖工程量与设计开挖断面工程量的比值为超挖百分率。

超填量是指对于超挖进行回填所发生的工程量。

施工附加量指为满足施工需要而额外增加的工作量，如为了运输、照明、放置设备而扩大断面所需增加的工程量。施工附加量与设计开挖断面工程量的比值，称为施工附加量百分率，一般可取 5%～10%。

影响石方工程施工的因素主要有岩石级别、设计要求等。岩石级别越高，钻孔阻力越大，工效越低；设计要求的开挖断面形状越规则、断面越小，工效越低，爆破系数就越大，耗用的爆破材料也越多。

洞井石方开挖定额中通风机台时数量是按一个工作面长度 400 m 拟定的。当工作面长度超过 400 m 时，按规定的系数调整通风机台时定额量。

石方工程施工机械主要有风钻、潜孔钻、液压履带钻、凿岩台车、掘进机、轴流通风机、挖装机械、运输机械以及压实机械等。

3. 混凝土工程单价

混凝土工程包括的范围很广,除了水利水电概预算定额中所包括的现浇混凝土、碾压混凝土、预制构件混凝土等常规混凝土,还包括工程上特殊需要的特种混凝土,如膨胀混凝土、纤维混凝土、高强混凝土、特细砂混凝土、流态混凝土、沥青混凝土等。

随着科学技术的进步和试验研究工作的开展,特种混凝土在水利水电工程中也逐渐被应用。其中,钢纤维混凝土、膨胀混凝土、沥青混凝土在水利水电工程中已开始使用。

与现行《水利建筑工程概算定额》相对应的混凝土施工工艺可分为现浇和预制两类。现浇混凝土可分为常规混凝土和碾压混凝土。

现浇混凝土的主要生产工序有模板的制作、安装、拆除,混凝土的拌制、运输、入仓、浇筑、养护、凿毛等。对于预制混凝土,还要增加预制混凝土构件的运输、安装工序。

(1)基本概念。

①混凝土单价。

混凝土单价指生产混凝土单位成品所需要的人工费、材料费、机械使用费、其他费用(包括其他材料费、零星材料费、其他机械使用费)、间接费、利润、税金等。混凝土单价中不包括附属工厂(如混凝土工厂、砂石料加工厂等)的摊销费,也不包括各种施工仓库、施工临时房屋(如木材仓库、五金仓库等)的摊销费。

②混凝土拌制。

混凝土拌制指将材料(一般包括水泥、砂、石、外加剂、水)按混凝土配合比(施工配合比)规定的用量(重量)混合后,采用搅拌机械在规定的时间内进行拌和得到混凝土半成品的过程。混凝土拌制包括混凝土材料的配料、运输、拌和、出料等工序。

③混凝土水平运输。

混凝土水平运输指混凝土从搅拌设备出料口至浇筑仓面(或至垂直吊运起点)的全部运输。其运输方式和运输设备由施工组织(施工规划)设计确定。

④混凝土垂直运输。

混凝土垂直运输指混凝土从垂直吊运起点至浇筑仓面的全部垂直运输。其

运输方式与运输设备由施工组织设计(施工规划)确定。

⑤混凝土材料费。

混凝土材料费指配制混凝土(根据混凝土施工配合比)所需要的水泥、砂石料、掺合料、外加剂、水等材料的费用之和。混凝土材料量反映在各节混凝土定额"混凝土"一栏中。

⑥混凝土材料的基价。

混凝土材料的基价可根据式(8.20)计算

$$C = \sum_{i=1}^{n} Y_i T_i \qquad (8.20)$$

式中：C 为混凝土材料费,元;n 为混凝土配合比中材料用量的种类;i 为序号,$i=1,2,3,\cdots,n$;Y_i 为某种材料的用量,kg/m^3;T_i 为某种材料的工地预算价格,元/t,元/m^3,元/kg。

(2)确定混凝土工程单价的步骤。

混凝土工程单价应根据设计提供的资料,确定建筑物的施工部位,选定正确的施工方法、运输方案,确定混凝土级配,并根据施工组织设计确定拌和系统的布置形式等,选用相应的定额来计算。

混凝土工程单价主要包括现浇混凝土单价、预制混凝土单价、钢筋制作安装单价等,大型混凝土工程还要计算混凝土温度控制措施费。

①确定工程项目。

按项目划分中的三级项目确定某工程的混凝土单位工程项目,工程项目数量确定了混凝土单价编制的数量,可根据设计图纸、施工组织设计文件、工程量设计清单确定。

②确定施工工艺和施工方法。

主要工程项目的施工工艺和施工方法由施工组织设计确定。对于次要工程项目,概预算人员应根据施工总体规划、施工总进度计划分析确定其加工工艺及施工方法,这对工程宏观控制的概算投资不会产生大的影响。根据施工方法中确定的施工机械,可按现行台班(时)费定额计算台班(时)费。

③选择工程单价的定额号。

根据已确定的各单项工程的施工方法和施工(加工)工艺来选择工程单价的定额号,主要包括混凝土拌制、水平运输、垂直运输及混凝土浇筑定额号。定额号指概预算定额中的定额编号,例如,定额编号40005,指垂直运输以20t缆机为主、浇筑仓面面积为200～400 m^2 的重力坝混凝土。

④选择混凝土配合比。

各单项工程的混凝土配合比,是计算该项工程混凝土材料费(或称混凝土基价)的基础。选择混凝土配合比应预先确定所需要的基础资料(如混凝土种类、标号、龄期、级配、掺加剂、外加剂)和配合比选择的原则。在工程投资估算和概算编制中,主要是宏观控制投资,因此,可按定额配合比来确定混凝土材料费。

⑤计算骨料水泥系统组班费。

根据各单项工程骨料水泥系统所确定的机械规格、型号、数量(不含备用机),按现行的台班费定额计算各机械台班费及系统的组班费。

⑥计算混凝土工程单价。

根据预先确定的人工工资标准、材料预算价格、台班(时)费等取费标准可进行混凝土工程单价的编制。

(3)现浇混凝土单价。

①现浇混凝土材料单价。

a.选定水泥品种与强度等级。

水泥品种与强度等级应依据设计选定。当初步设计深度不够时,可按下列原则选择水泥品种,拦河坝等大体积水工混凝土,一般可选用强度等级为 32.5 与 42.5 的水泥。对水位变化区外部混凝土,宜选用普通硅酸盐大坝水泥和普通硅酸盐水泥;对大体积建筑物内部混凝土、位于水下的混凝土和基础混凝土,宜选用矿渣硅酸盐大坝水泥、矿渣硅酸盐水泥和粉煤灰硅酸盐水泥。

b.确定混凝土强度等级和级配。

混凝土强度等级和级配是根据水工建筑物各结构部位的运用条件、设计要求和施工条件确定的。

c.确定混凝土材料配合比。

确定混凝土材料配合比时,应考虑按混合料、掺外加剂和利用混凝土后期强度等节约水泥的措施。混凝土材料中各项组成材料的用量应按设计强度等级,根据试验确定的混凝土配合比计算。计算中水泥、砂、石预算用量要比配合比理论计算量分别增加 2.5%、3% 与 4%。初步设计阶段的纯混凝土、掺外加剂混凝土,或可行性研究阶段的掺粉煤灰混凝土、碾压混凝土、纯混凝土、掺外加剂混凝土等,如无试验资料,可参照《水利建筑工程概算定额》附录中的混凝土材料配合比查用。

d.掺粉煤灰混凝土材料用量。

《水利建筑工程概算定额》附录中掺粉煤灰混凝土配合比的材料用量是按超

量取代法(也称超量系数法)确定的,即按照与纯混凝土同稠度、等强度的原则,用超量取代法对纯混凝土中的材料量进行调整,调整系数称为粉煤灰超量系数。

e.计算混凝土材料单价。

混凝土材料单价可根据式(8.21)计算

$$混凝土材料单价 = \sum(某材料用量 \times 某材料预算单价) \qquad (8.21)$$

如果有几种不同强度等级的混凝土,需要计算混凝土材料的综合单价,则按各强度等级的混凝土所占比例计算加权平均单价。

②混凝土拌制单价。

混凝土的拌制包括配料、运输、拌和、出料等工序。混凝土搅拌系统布置视工程规模、工期、混凝土量,以及地形位置条件、施工技术要求和设备配备情况而定。混凝土搅拌系统有简单的混凝土搅拌站(由一台或数台搅拌机组成)和规模较大的搅拌系统(由搅拌楼和骨料、水泥系统组成的一个或数个系统)。一般定额中,混凝土拌制所需人工、机械都已在浇筑定额的相应项目中体现。如浇筑定额中未列混凝土搅拌机械,则须套用拌制定额编制混凝土拌制单价。

在使用定额时,应注意以下几点。

a.《水利建筑工程概算定额》中混凝土拌制所耗人工、机械等,已经综合计入混凝土工程定额内,不需要再单独计算拌制混凝土费用。

b.《水利建筑工程预算定额》子目中列有"混凝土拌制量"。在编制混凝土工程单价时,应根据施工组织设计选定的拌和设备选用相应混凝土拌制定额,计算混凝土拌制的基本直接费乘以混凝土工程定额子目中的"混凝土拌制量"得到混凝土拌制费用,计入混凝土工程单价。

c.各节用搅拌楼拌制现浇混凝土定额子目中,以组时表示的"骨料系统"和"水泥系统"是指骨料、水泥进入搅拌楼之前与搅拌楼相衔接而必须配备的有关机械设备,包括自搅拌楼骨料仓下廊道内接料斗开始的胶带输送机及其供料设备;自水泥罐开始的水泥提升机械或空气输送设备,胶带运输机和吸尘设备,以及袋装水泥的拆包机械等。其组时费用根据施工组织设计选定的施工工艺和设备配备数自行计算。当不同容量搅拌机械代换时,骨料和水泥系统也应乘以相应的系数进行换算。

③混凝土运输单价。

混凝土运输是指混凝土自搅拌机(楼)出料口至浇筑现场工作面的运输,是混凝土工程施工的一个重要环节,由于混凝土拌制后不能久存,运输过程又对外界影响十分敏感,工作量大,涉及面广,常成为制约施工进度和工程质量的关键因素。

混凝土熟料运输单价包括水平运输单价和垂直运输单价,若定额中已考虑混凝土垂直运输,则只计算水平运输,否则按施工组织设计确定的水平与垂直运输方式进行计算。其运输单价计算可采用以下两种方法。

a. "混凝土运输"作为浇筑定额中的一项内容,运输单价按照选定的运输定额只计算定额基本直接费作为运输单价,以该运输单价乘以浇筑定额中所列的"混凝土运输"数量构成浇筑单价的基本直接费用项目。

b. 将选定的运输定额子目乘以运输综合系数,与相应浇筑定额合并编制补充综合浇筑定额,相应取消原浇筑定额中的混凝土运输一项。

水利工程多采用数种运输设备相互配合的运输方案。不同的施工阶段,不同的浇筑部位,可能采用不同的运输方式。在大体积混凝土施工中,垂直运输常起决定性作用。在编制定额时,都将混凝土水平运输和垂直运输单列章节,以供灵活选用。使用现行《水利建筑工程概算定额》时须注意以下几点。

a. 混凝土入仓与混凝土垂直运输这两道工序,大多采用同一机械连续完成,很难分开,因此在一般情况下,将混凝土垂直运输并入混凝土浇筑定额内,使用时不要重复计列混凝土垂直运输费用。

b. 各节现浇混凝土定额中"混凝土运输"的数量,已包括完成每一定额单位有效实体所需增加的超填量和施工附加量等。为统一表现形式,编制概算单价时,一般应根据施工设计选定的运输方式,按混凝土运输数量乘以每立方米混凝土运输直接费计入工程单价。

④混凝土浇筑单价。

常规混凝土浇筑的主要工序有基础面清理、施工缝处理、入仓、平仓、振捣、养护、凿毛等。碾压混凝土的主要工序有刷毛、冲洗、清仓、铺水泥砂浆、入仓、平仓、碾压、切缝、养护等。因此定额中将两者单独划分子目。

影响浇筑工序的主要因素有仓面面积、施工条件等。若仓面面积大,则便于发挥人工及机械效率,工作效率高。施工条件对混凝土浇筑工序的影响很大。例如,隧洞混凝土浇筑的入仓、平仓、振捣的难度较露天浇筑混凝土要大得多,工作效率也低得多。

a. 现行混凝土浇筑定额中包括浇筑和工作面运输(不含浇筑现场垂直运输)所需全部人工、材料和机械的数量和费用。

b. 混凝土浇筑仓面清洗用水、地下工程混凝土浇筑施工照明用电,已分别计入浇筑定额的用水量及其他材料费中。

c.平洞、竖井、地下厂房、渠道等混凝土衬砌定额中所列示的开挖断面和衬砌厚度按设计尺寸选取。定额与设计厚度不符,可用插入法计算。

d.混凝土材料定额中的"混凝土"是指完成单位产品所需的混凝土成品量,其中包括干缩、运输、浇筑和超填等损耗量。

以上所述是现浇常规混凝土。碾压混凝土在工艺和工序上与常规混凝土不同。碾压混凝土的主要工序有刷毛、冲洗、清仓、铺水泥砂浆、模板制作、安装、拆除、修整、混凝土配料、拌制、运输、平仓、碾压、切缝、养护等,与常规混凝土有较大差异,故定额中碾压混凝土单独成节。

(4)预制混凝土单价。

预制混凝土有混凝土预制、构件运输、安装三个主要工序。混凝土预制的工序与现浇混凝土基本相同。

混凝土预制构件运输包括装车、运输、卸车,应按施工组织设计确定的运输方式、装卸和运输机械、运输距离选择定额。

混凝土预制构件安装与构件重量、设计要求、安装的准确度以及构件是否分段等有关。

当混凝土构件单位重量超过定额中起重机械起重量时,可用相应起重机械替换,但台时量不变。

(5)钢筋制作安装单价。

钢筋是水利工程的主要建筑材料,水工建筑物钢筋按用途可分为受压钢筋、受拉钢筋、弯起钢筋、预应力筋、分布筋、箍筋、架立筋等。常用钢筋的直径为6~40 mm。钢筋一般须按设计图纸在加工厂内加工成型,然后运到施工现场绑扎安装。

①钢筋制作安装内容。

钢筋制作安装包括加工、绑扎、焊接、场内运输及安装等工序。

钢筋加工包括钢筋调直、除锈、画线、切断、弯制等工序,通常采用人工和机械进行,所用机械主要有调直机、除锈机、切断机和弯曲机。

水利工程钢筋连接的主要方法为人工绑扎,通常采用18~22号铅丝将加工后的钢筋按设计要求组成骨架。人工绑扎简单方便,无须机械和动力,但劳动量大,质量不易保证。因而,大型工程多采用焊接方法连接钢筋,不同部位采用不同的焊接方法,焊接钢筋骨架采用电弧焊,接长钢筋采用对焊,制作钢筋网采用点焊。

钢筋安装方法有散装法和整装法两种。散装法是将加工成型的散钢筋运到工地现场,再逐根绑扎或焊接;整装法是在钢筋加工厂内制作好钢筋骨架,再运至工地安装就位。水利工程因结构复杂,多采用散装法。

②单价计算。

现行定额对于钢筋制作安装,综合考虑了工程部位,钢筋规格、型号及焊接方式等因素,以"t"为计量单位。概算定额中的钢筋用量已包括加工损耗、搭接损耗和施工架立筋附加量。预算定额钢筋用量已包括加工损耗,不包括搭接损耗和施工架立筋附加量。

(6)混凝土温度控制措施费用计算。

为防止拦河坝等大体积混凝土由于温度应力而产生裂缝和坝体接缝灌浆后接缝再度开裂,根据现行设计规程及混凝土相关设计和施工规范的要求,高、中拦河坝等大体积混凝土工程的施工,都必须进行混凝土温度控制设计,提出温度控制标准和降温防裂措施。根据不同地区的气温条件、不同坝体结构的温度控制要求、不同工程的特定施工条件及建筑材料的要求等综合因素,分别采取风或水预冷骨料,加冰或加冷水拌制混凝土,对坝体混凝土进行一期、二期通水冷却及表面保护等措施。

①编制原则及依据。

为统一温度控制措施费用标准,简化费用计算办法,提高概算的准确性,在计算温度控制措施费用时,应根据坝址区月平均气温、设计要求、温度控制标准、混凝土冷却降温后的降温幅度和混凝土浇筑温度,参照下列原则计算和确定混凝土温度控制措施费用。

a.月平均气温在 20℃ 以下。当混凝土拌和物的自然出机口温度能满足设计要求,不需要采用特殊降温措施时,不计算温度控制措施费用。对个别气温较高时段,设计有降温要求的,可考虑一定比例的加冰或加冷水拌制混凝土的费用,其占混凝土总量的比例一般不超过 20%。当设计要求的降温幅度为 5℃ 左右,混凝土浇筑温度约为 18℃ 时,浇筑前须采用加冰或加冷水拌制混凝土的温度控制措施,其占混凝土总量的比例一般不超过 35%;浇筑后须在坝体预埋冷却水管,对坝体混凝土进行一、二期通水冷却及混凝土表面保护等。

b.月平均气温为 20~25℃。当设计要求降温幅度为 5~10℃ 时,浇筑前须采用风或水预冷大骨料、加冰或加冷水拌制混凝土等温度控制措施,其占混凝土总量的比例一般不超过 40%;浇筑后须在坝体预埋冷却水管,对坝体混凝土进行一、二期通低温水冷却及混凝土表面保护等。当设计要求降温幅度大于 10℃ 时,除将风或水预冷大骨料改为风冷大、中骨料外,其余措施同上。

c.月平均气温在 25℃ 及以上。当设计要求降温幅度为 10～20℃ 时,浇筑前须采用风和水预冷大、中、小骨料,加冰或加冷水拌制混凝土等温度控制措施,其占混凝土总量的比例一般不超过 50％;浇筑后须在坝体预埋冷却水管,对坝体混凝土进行一、二期通低温水冷却及混凝土表面保护等。

②混凝土温度控制措施费用的计算步骤。

a.基本参数的选定。计算混凝土温度控制措施费用,应收集下列资料。

(a)工程所在地区的多年月平均气温、水温等资料。

(b)每立方米混凝土拌制所需加冰或冷水的数量、时间以及混凝土的数量。

(c)计算要求的混凝土出机口温度、浇筑温度和坝体的允许温度。

(d)混凝土骨料的预冷方式,预冷每立方米骨料所需消耗冷风、冷水的数量,预冷时间与温度,每立方米混凝土需预冷骨料的数量及需进行骨料预冷的混凝土数量。

(e)坝体的设计稳定温度、接缝灌浆时间,坝体混凝土一、二期通低温水的时间、流量、温度及通水区域。

(f)冷冻系统的工艺流程、设备配置,如使用外购冰,要了解外购冰的售价、运输方式。

(g)混凝土温度控制方法、劳动力、机械设备;冷冻设备的有关定额、费用等。

b.混凝土温度控制措施费用的计算。

(a)制冰、制冷水、制冷风单价计算。制冰、制冷水、制冷风单价计算方法基本相同,以制冷水单价为例,简要介绍其计算方法。

首先,根据月平均水温及制冷水温度计算每吨冷水所需热量(耗冷量)。

其次,根据氨压机的性能及工况,计算台班产量。其计算公式见式(8.22)

$$Q = \frac{gT}{q_0}(1-p) \tag{8.22}$$

式中:Q 为氨压机每台班产制冷水的数量,m³;g 为氨压机每小时的出力,kJ/h;T 为氨压机台班工作时间,h;P 为损耗率;q_0 为单位体积制冷水所需热量,kJ/m³。

最后,根据制冷系统的施工工艺、劳动力组合及有关定额,计算制冷水单价。

(b)大坝混凝土温度控制总费用的计算。温度控制总费用包括预冷骨料费用、拌和加冷水或加冰费用、坝体一期通水冷却费用、坝体二期通水冷却费用。

预冷骨料费用。骨料的冷却方式有冷却水浸泡、冷水循环冷却、风冷、真空气化法冷却、封闭式皮带廊道内喷雾冷却等。计算预冷骨料费用时,首先根据冷风系统工艺流程、劳动力组合、有关定额和费用标准,计算冷风单价;其次根据风冷骨料的数量及通风量计算单位骨料的预冷费;最后根据某个时段内需要采用温度控制措施的混凝土数量及预冷骨料要求,计算预冷骨料费用。

拌和加冷水或加冰费用。首先根据设计和施工进度要求,计算一定时段内需要加冷水或加冰拌和的混凝土数量,以及每立方米需要加冰或加冷水的数量;其次按照制冰或制冷水的工艺要求,编制冰或冷水的价格;最后根据拌和加冰或加冷水的混凝土量,以及每立方米所需加冰及加冷水的费用,得出总的加冰或加冷水拌和费用。

坝体一期、二期通水冷却费用。坝体一期通水冷却是为了降低混凝土最高温升,二期通水冷却是为了使坝体温度降至稳定温度,使结构缝张开,以便灌浆,保证坝体连成一个整体。坝体一期、二期通水冷却费用应根据施工组织设计的通水量及单价计算。其中冷却水水源可以利用温度满足要求的天然河水及制冷水。

4. 模板工程单价

模板用来支撑混凝土拌和物的重量和侧压力,使其按设计要求凝固成型。模板的制作、安装及拆除是混凝土浇筑施工中一道重要的工序,其耗用的人工和费用较多,对混凝土的质量、进度等影响较大。

(1)模板类型。

模板按材质分为木模板、钢模板、预制混凝土模板,按形式分为平面模板、曲面模板、异形模板、针梁模板、滑模和钢模台车,按安装性质分为固定模板和移动模板,按使用性质分为通用模板和专用模板。

各类模板的特点和用途:木模板周转次数少、成本高、易加工,多用于异形模板(如渐变段、厂房蜗壳及尾水管等);钢模板周转次数多、成本低,应用广泛;预制混凝土模板无须拆模,与浇筑混凝土构成整体,成本较高,多用于廊道等特殊部位;固定模板每使用一次就拆除一次;移动模板与支撑结构构成整体,一起移动,如隧洞中常用的钢模台车、针梁模板,这种模板可大大节省安拆时间以及人工、机械费用,提高周转次数,故隧洞施工应用较多;滑模指的是边浇筑边移动的模板,其特点是进度快、质量高、整体性好,广泛应用于大坝和溢洪道的溢流面、竖井、闸门井等部位;通用模板制作成标准形状,经组合安装至浇筑仓面,是水利工程最常用的一种模板;专用模板按需要制成后,不再改变形状,如钢模台车、滑

模等。

（2）模板工程单价编制。

模板工程单价包括模板及其支撑结构的制作、安装、拆除、场内运输及修理等全部工序的人工、材料和机械费用。

模板制作与安装、拆除定额，均以 100 m² 立模面积为计量单位。立模面积为混凝土与模板的接触面积，应根据设计图纸和混凝土浇筑分缝图计算。

立模面系数是指每单位混凝土所需的立模面积，具体内容如下。

①模板材料均按预算消耗量计算，包括了制作、安装、拆除、维修的损耗和消耗，并考虑了周转和回收。

②模板定额中的材料，除模板本身外，还包括支撑模板的立柱、围檩、桁（排）架及铁件等。对于悬空建筑物（如渡槽槽身）的模板，计算到支撑模板结构的承重梁。承重梁以下的支撑结构未包括在模板定额内。

③钢模台车、针梁模板和滑模台车，包括行走机构、构架、模板、支撑型钢以及电动机、卷扬机、千斤顶等动力设备，均作为整体设备，以工作台时计入定额。应注意的是，滑模台车定额中的材料包括台车轨道及安装轨道所用的埋件、支架和铁件，但钢模台车、针梁模板台车定额中不含轨道及埋件。

④模板制作单价分为两种：a. 企业自制，按模板制作定额计算（直接费）；b. 外购模板，外购模板预算价格根据相关公式计算。

⑤模板工程单价计算，将模板制作价格套入模板安装拆除定额材料费中，一起取费计算模板综合单价，但在计算其他材料费时，计算基数不包括模板本身的价值。模板制作和安装、拆除单价也可以分别取费计算，然后相加求得模板综合单价。

5. 钻孔灌浆及锚固工程

水利工程钻孔灌浆及锚固工程包括帷幕灌浆、固结灌浆、回填灌浆、坝体接缝灌浆、劈裂灌浆、高压喷射灌浆、地下混凝土防渗墙、灌注混凝土桩、振冲桩、喷锚支护等。

（1）钻孔灌浆工程。

①帷幕灌浆。帷幕灌浆是利用灌浆机施压，通过预先设置的钻孔或灌浆管，将浆液灌入岩石或土中，使其胶结成相对坚固、密实、透水性较小的整体。帷幕灌浆主要用于防渗，适用于岩石、砂砾石地层。钻孔采用的机械主要有手风钻、回转钻、冲击钻、复合钻（如冲击循环钻、潜孔钻）等。帷幕灌浆的施工分类，按浆液灌注和流动特点可分为纯压式灌浆和循环式灌浆两种，按灌浆顺序可分为封

孔灌浆、分段灌浆及综合灌浆;砂砾石地基帷幕灌浆分为打管法、跟管法、循环钻灌法和预埋花管法等。

②固结灌浆。固结灌浆包括基础固结灌浆和隧洞固结灌浆,其目的是增加强度,改善变形特性,适用于围岩及岩石地基。固结灌浆钻孔采用手风钻机和地质钻机等。钻孔的孔径和深度为:浅孔,孔径 $\phi32\sim\phi50$ mm,深度小于等于 5 m;中孔,孔径 $\phi50\sim\phi65$ mm,深度 5～15 m;深孔,孔径 $\phi75\sim\phi91$ mm,深度大于等于 15 m;隧洞固结灌浆时,浅孔或预留孔的直径不小于 50 mm。

③回填灌浆。回填灌浆主要用于增加岩体的整体性,适用于接触空隙和地下空洞。回填灌浆的预留孔直径不小于 50 mm。质量检查孔的数量不少于总孔数的 5%。定额分为隧洞回填灌浆和钢管道回填灌浆,以设计回填面积为计量单位。工作内容包括预埋管道、风钻通孔、制浆、灌浆、压浆试验、封孔、检查孔钻孔及灌浆、孔位转移等。

④坝体接缝灌浆。坝体接缝灌浆主要用于充填接触带缝隙,适用于混凝土坝体接触面、收缩缝。预埋灌浆系统由进浆管、升浆管、配浆管、出浆盒、回浆管、排气槽、排气管以及止浆片组成。接缝灌浆一般选择在混凝土干缩基本稳定、水库蓄水前的低温季节进行。将坝体缝面划分为若干个封闭灌区,每个灌区的高度以 10～15 m、面积以 200～400 m² 为宜。

⑤劈裂灌浆。劈裂灌浆多用于土坝(堤)除险加固坝体的防渗处理。灌浆形成浆体防渗帷幕,调整坝(堤)体内部应力,堵塞洞穴,消除坝体隐患。劈裂灌浆定额包括检查造孔、制浆、灌浆、观测、冒浆处理、记录、复灌、封孔、孔位转移、质量检查等项目,按单位孔深干料灌入量不同来分类。

(2)防渗墙。

防渗墙按材料分为水泥黏土防渗墙、素混凝土防渗墙、钢筋混凝土防渗墙等。

防渗墙造孔机械主要有 CZ 冲击钻机、冲击反循环钻机、抓斗式挖槽机、液压开槽机、射水成槽机等。

①CZ 冲击钻机。CZ 冲击钻机适用于各种地层,操作简单,但工效低,泥浆不易回收。造孔深度以 40 m 为宜,不得超过 80 m,墙厚不超过 1.4 m。

②冲击反循环钻机。冲击反循环钻机适用于砂壤土和粗、中、细砂及砂砾石、卵石、岩石地层。造孔深度可根据排渣能力确定,一般不超过 80 m,钻孔工效高,便于泥浆循环使用和清孔。

③抓斗式挖槽机。抓斗式挖槽机适用于较松散地层,可以直接出渣,挖深一

般不宜超过 30 m,工效随深度增加而显著降低,在含有多种粒径漂卵石的地层中造孔困难。

④液压开槽机。液压开槽机适用于土质地基,多用于堤防,挖深一般不宜超过 40 m,墙厚在 30 cm 以内,工效随深度增加而显著降低。

⑤射水成槽机。射水成槽机适用于土质地基,挖深一般不宜超过 20 m,墙厚在 42 cm 以内。

防渗墙定额分为成槽和混凝土浇筑两部分。选择定额时需要注意概算定额和预算定额的计量单位是不同的,概算定额中防渗墙成槽和混凝土浇筑均以单位阻水面积为单位;而预算定额中成槽以折算米为单位,混凝土浇筑以立方米为单位。

(3)桩基工程。

桩基工程包括混凝土灌注桩、混凝土预制桩、钢板桩、振冲桩以及高喷板桩等,适用地层为黏土、砂土、砂壤土及砂砾石。

①灌注桩。灌注桩的作用是提高地基承载力,其施工按钻孔方法分为人工挖孔、机械钻孔。常用的钻孔机械有正循环回转钻机、反循环回转钻机、冲击钻机、冲抓锤、水冲锤等。灌注桩定额按三管法施工编制,分为造孔和灌注混凝土两部分,计量单位均为单位进尺。造孔定额包括固定孔位、准备、制浆、运送、固壁、钻孔、记录、孔位转移等项目。灌注定额包括钢筋制作、焊接绑扎、吊装入孔、安装导管,水下混凝土配料、拌和、运输、灌注等项目。

②振冲桩。振冲桩的作用是振密、加固、排水,按填充材料分为碎石桩、水泥碎石桩、砂桩、水泥桩。其直径通常为 $\phi300 \sim \phi1200$ mm。振冲桩定额按不同材质可分为碎石桩和水泥碎石桩两部分,碎石桩适用于软基处理,定额子目按地层类别和孔深划分,水泥碎石桩适用于砂砾石层,按不同的孔深定额耗量不同,二者均以延长米计。工作内容包括吊车移动、就位、桩径定位、安装振冲器、造孔、填料等。

③高压喷射灌浆。高压喷射灌浆适用于砂土、黏性土、淤泥等地基的加固。高压喷射灌浆的方法可分为单管法、二重管法和三重管法;按摆动的角度分为高压定喷、高压摆喷、高压旋喷。钻孔可采用旋转、射水、振动或锤击等多种方法进行。高压喷射灌浆定额是以砂砾石层、三重管单喷嘴施工工艺进行编制的,包括造孔、灌浆两部分,以单位进尺为计量单位,按不同类别地层(黏土、砂、砾石、卵石和漂石)划分定额子目。若试验资料与定额中的材料耗量出入较大,可以对定额进行调整。

(4)锚固工程。

锚固可分为锚桩、喷锚护坡和预应力锚固等。锚桩适用于浅层具有明显滑面的地基加固,结构形式有钢筋混凝土桩、型钢桩、钢棒桩等。喷锚护坡适用于高边坡加固、隧洞入口边坡支护,其结构形式有锚杆加喷射混凝土、锚杆挂网加喷射混凝土。预应力锚固是在外荷载作用前,针对建筑物可能滑移拉裂的破坏方向,预先施加主动压力,提高建筑物的滑动和防裂能力,一般由锚头、锚束、锚根等组成。

锚杆定额分为地面和地下两类,以根为计量单位。它按不同岩石级别划分子目,以锚杆长度和钢筋直径分项。

预应力锚束定额按作用分为黏结性和无黏结性,按施工对象分岩体和混凝土,以束为单位。它按施加预应力的等级分类,按锚束长度分项。

喷射混凝土定额分地面护坡、平洞支护和斜井支护,以混凝土体积为单位。它按喷射混凝土厚度不同分项。

(5)其他地基处理工程。

其他地基处理工程包括锥探灌浆、减压井、抗滑桩、截水槽、夯实、预压、换土等。

①锥探灌浆。锥探灌浆适用于堤防加固。为加强堤防的稳定性、防止出现管涌,可对堤防空洞进行钻孔、灌注水泥砂浆。

②减压井。减压井的作用主要是排水、降压。对土坝或土堤水平铺盖防渗设施,下游要做相应的排水减压工程,以降低透水压力和提高允许渗透比降,防止管涌和流土等渗透破坏。工程措施主要有排水沟和减压井等。

③抗滑桩。抗滑桩的作用主要是防止因地基滑动而危及建筑物。

④截水槽。截水槽适用于较浅的透水地层,其主要作用是防渗。

⑤夯实。夯实是对砂质黏性土地基进行强夯。

⑥预压。预压是对壤土、砂壤土地基进行预先填土施压。

⑦换土。换土是为了改善不良土质,其施工方法为挖除原土,更换优质土。

6. 疏浚工程

疏浚主要应用于河湖整治,内河航道疏浚,出海口门疏浚,湖、渠道、海边的开挖与清淤工程。其施工机械以挖泥船应用最广。常用的机械式挖泥船有链斗式、抓斗式、铲扬式和反铲式;水力式挖泥船有绞吸式、斗轮式、耙吸式、射流式及冲吸式等,其中以绞吸式应用最广。

采用定额编制疏浚工程费用应注意以下 4 个问题。

①疏浚工程土类分级,按施工技术规范土类分级的前七级划分,水力冲挖机

组土类划分为Ⅰ～Ⅳ类。

②计量单位均按水下自然方计算,其中概算定额包括了开挖过程中的超挖、回淤等因素,预算定额则不包括。

③人工指从事辅助工作的用工,如排泥管线的巡视、检修、维护等用工,不包括绞吸式挖泥船及吹泥船岸管的安装、拆移及排泥场的围堰填筑和维护用工。

④定额以基本排高、基本挖深的数据为基础,大于(或小于)基本排高和超过基本挖深时,人工及机械(含排泥管)定额数量应乘以规定的调整系数。

8.3.3　安装工程单价

水利工程设备安装项目中,涉及的设备主要有水轮机、发电机、水泵、电动机、主阀、起重设备、水力机械辅助设备、电气设备(电缆及母线等),升压变电设备中的变压器设备、高压电气设备等,公用设备中的通信设备、通风采暖设备、机修设备、计算机监控系统等。上述设备安装工程费用计算的基础工作是安装工程单价编制。

目前,安装工程单价有两种计算形式:①实物量形式,这种方法较准确,但相对烦琐;②位费率形式,即安装人工费、材料费、机械费按占设备原价的百分比计算,这种方法需要对人工费进行调整。

安装工程中,装置性材料属于直接性消耗材料,指本身属于材料,但又是被安装对象,安装后构成工程实体的材料。未计价装置性材料主要指水力机械管道、电缆、接地装置、保护网、通风管、钢轨、滑触线和压力钢管等材料,计算时应按照设计提供的型号、规格和数量计算费用,并按定额规定加计操作损耗费用。

8.4　工程概算、估算和预算

8.4.1　设计概算

1.初步设计概算

(1)编制程序。

①准备工作。熟悉并掌握现行规范、国家政策及其变动情况;收集并整理工程设计图纸、初步设计报告、工程枢纽布置、工程地质、水文地质、水文气象资料,以及工程所在地区有关建筑材料、交通运输、价格信息等资料;熟悉施工组织设

计内容,如场内外交通、施工方案、施工方法和施工进度等。

②工程项目划分。

③编制基础单价和工程单价。

④按分项工程计算工程量。

⑤根据工程量和工程单价,编制概算、总概算及工程总概算(含移民环境投资)。

⑥编制分年度投资和资金流量表。

⑦编写说明、整理成果、打印成册。

(2)概算内容。

概算由编制说明与各类概算表格组成。

编制说明包含以下内容。

①工程概况,如工程所在流域、河系、兴建地点、对外交通条件、工程规模、工程效益、工程布置形式、主体建筑工程量、主要材料用量、施工总工期、资金筹措方案以及投资比例等。

②投资主要指标,如工程总投资、静态总投资、年度价格指数、基本预备费费率、建设期融资额度、利率和利息等。

③编制原则和依据,如基础单价计算依据,设备价格计算依据,费用计算标准及依据,工程资金筹措方案等。

④概算中的主要技术经济指标以及其他应说明的问题。

各类概算表格包含以下内容。

①概算表。概算表包括总概算表、建筑工程概算表、机电设备及安装工程概算表、金属结构设备及安装工程概算表、施工临时工程概算表、独立费用概算表、分年度投资表和资金流量表。

②概算附表。概算附表包括建筑工程单价汇总表、安装工程单价汇总表、主要材料预算价格汇总表、次要材料预算价格汇总表、施工机械台时费汇总表、主要工程量汇总表、主要材料用量汇总表、工时数量汇总表、建设及施工场地征用数量汇总表。

③概算附件。概算附件包括人工预算单价计算表,主要材料运输费用计算表,主要材料预算价格计算表,施工用风、水、电价格计算书,砂石料单价计算书,建筑、安装工程单价表,独立费用计算书等。

2. 建筑工程概算

建筑工程划分为主体建筑工程、交通工程、房屋建筑工程、外部供电线路工程和其他建筑工程。

(1)主体建筑工程。

对于枢纽建筑物,主体建筑工程包括挡水、泄洪、引水、发电厂、升压变电站、航运、鱼道工程;对于引水及河道工程,则包括供水、灌溉渠(管)道、河湖整治、堤防、建筑物工程。

①主体建筑工程概算按设计工程量乘以工程单价进行编制。

②当设计对混凝土施工有温度控制要求时,应根据温度控制措施,计算温度控制措施费用;或按建筑物混凝土方量乘以温度控制指标单价进行计算。

③细部结构工程投资参照水工建筑物细部结构指标表计算。

(2)交通工程。

交通工程指永久公路、铁路、桥梁和码头等工程。其投资按设计工程量乘以单价计算,也可以根据工程所在地区造价指标或有关实际资料,采用扩大单位指标编制。

(3)房屋建筑工程。

房屋建筑工程包括为生产运行服务的永久性辅助生产建筑、仓库、办公、生活及文化福利设施等房屋建筑和室外工程。

永久房屋建筑面积中,用于生产和管理办公的部分,由设计单位按有关规定,结合工程规模确定;用于生活、文化福利的部分,在考虑国家现行房改政策的情况下,按主体建筑工程投资的百分率计算。

室外工程指办公、生活及文化福利建筑等区域内的道路、室外给排水、照明、挡土墙、绿化等工程,一般按房屋建筑工程投资的 10%～15% 计算。

(4)外部供电线路工程。

外部供电线路工程概算根据设计的电压等级、线路架设长度及所需配备的变配电设施要求,采用工程所在地区造价指标或有关实际资料计算。

(5)其他建筑工程。

其他建筑工程包括内、外部观测工程,动力线路,照明线路,通信线路,厂坝(闸、泵站)区及生活区供水、供热、排水等公用设施工程,工程沿线或建筑物周围环境建设工程,水情自动测报工程及其他。

内、外部观测工程按建筑工程属性处理,其投资应按设计资料计算。当无设计资料时,可根据坝型或其他工程形式,按照主体建筑工程投资的百分率计算。

动力线路、照明线路、通信线路等工程投资按设计工程量乘以单价或采用扩大单位指标编制。其余各项按设计要求分析计算。

3. 机电设备及安装工程概算

机电设备及安装工程包括发电设备、升压变电设备、公用设备、泵站、小水电站等项目。其投资由设备费和安装工程费两部分组成。

（1）设备费。

设备费包括设备原价、运杂费、运输保险费、采购及保管费等。

①设备原价。国产设备原价是指出厂价，非定型和非标准产品采用与厂家签订的合同价或经询价后确定的价格。进口设备以到岸价和进口征收的税金、手续费、商检费及港口费等各项费用之和为设备原价。到岸价采用与厂家签订的合同价或经询价后确定的价格计算，税金和手续费等按规定计算。大型机组拆卸分装运至工地后产生的拼装费，应包括在设备原价内。可行性研究和初步设计阶段，对于非定型和非标准产品，一般不可能与厂家签订价格合同，可按厂家的报价资料和当年的价格水平，分析论证设备价格。

②运杂费。运杂费是指设备由厂家运至工地安装现场所发生的一切运杂费用，主要包括运输费、调车费、装卸费、包装绑扎费、大型变压器充氮费以及其他可能发生的杂费。设备运杂费分主要设备运杂费和其他设备运杂费，均按占设备原价的百分率计算。进口设备国内段运杂费率，按国产设备运杂费率乘以相应国产设备原价占进口设备原价的比例系数计算。

③运输保险费。运输保险费是指设备运输过程中的保险费用。国产设备的运输保险费可按工程所在地区的规定计算。进口设备的运输保险费按有关规定计算。

④采购及保管费。采购及保管费是指建设单位和施工企业在负责设备的采购、保管过程中发生的各项费用，按设备原价、运杂费之和的 0.7% 计算。

运杂费、运输保险费和采购及保管费三项费用统称为设备的运杂综合费。

（2）安装工程费。

安装工程投资按设备数量乘以安装工程单价进行计算。

4. 金属结构设备及安装工程概算

金属结构设备及安装工程包括闸门、启闭机、拦污栅、升船机等设备及安装工程，压力钢管制作及安装工程，其他金属结构设备及安装工程。

闸门设备及安装包括平板焊接闸门、平板拼接闸门、弧形闸门、船闸闸门、闸门埋设件、闸门压重物、拦污栅、小型金属结构安装等。启闭机主要采用液压启闭机、门机、固定卷扬机和螺杆式启闭机等。压力钢管是水电站的主要组成部

分,承受较大的内水压力,要求有一定的强度、韧性和严密性,通常由优质钢板制成。

金属结构设备及安装工程投资的计算方法同机电设备及安装工程。

5.施工临时工程概算

施工临时工程分为施工导流工程、施工交通工程、施工场外供电工程、施工房屋建筑工程和其他施工临时工程。

(1)施工导流工程。

施工导流工程投资按工程量乘以工程单价计算。

(2)施工交通工程。

施工交通工程投资按工程量乘以工程单价计算,也可根据工程所在地区造价指标或有关实际资料,采用扩大单位指标编制。

(3)施工场外供电工程。

施工场外供电工程包括从现有电网向施工现场供电的高压输电线路。应根据设计的电压等级、线路架设的长度及所配备的变配电设施要求,采用工程所在地区造价指标或有关实际资料计算投资。

(4)施工房屋建筑工程。

施工房屋建筑工程指在施工过程中建造的临时房屋,包括施工仓库和办公、生活及文化福利建筑两部分。施工仓库是指为工程施工而临时兴建的设备、材料、工器具等仓库,其建筑面积由施工组织设计确定,投资可按单位造价指标计算。办公、生活及文化福利建筑指承包人、建设单位(含监理)、设计代表在工程建设期间所需的办公室、宿舍、招待所和其他文化福利设施等房屋建筑工程。

其中,枢纽工程和大型引水工程的办公、生活及文化福利建筑工程投资可按式(8.23)计算

$$I = \frac{AUP}{NL} \times K_1 K_2 K_3 \qquad (8.23)$$

式中:I 为办公、生活及文化福利建筑工程投资;A 为建安工作量,按建筑工程、机电设备及安装工程、金属结构设备及安装工程、施工临时工程四部分建安工作量(不包括办公、生活及文化福利建筑和其他施工临时工程)之和乘以(1+其他施工临时工程百分率)计算;U 为人均建筑面积综合指标,按 $12 \sim 15$ m²/人的标准计算;P 为单位造价指标,参考工程所在地的永久房屋造价指标(元/m²)计算;N 为施工工期,按施工组织设计确定的合理工期计算;L 为全员劳动生产率,一般为 $60000 \sim 100000$ 元/(人·年),施工机械化程度高取大值,反之,取小值;

K_1 为施工高峰人数调整系数,取 1.10;K_2 为室外工程系数,取 1.10～1.15,地形条件差的取大值,反之,取小值;K_3 为单位造价指标调整系数,按不同施工年限,采用相关规定中的调整系数。

对于河湖整治工程、灌溉工程、堤防工程、改扩建与加固工程来说,其投资按建筑工程、机电设备及安装工程、金属结构设备及安装工程、施工临时工程四部分建安工作量之和的百分率计算。

(5)其他施工临时工程。

其他施工临时工程指除施工导流工程、施工交通工程、施工场外供电工程、施工房屋建筑工程、缆机平台工程外的施工临时工程。其投资按建筑工程、机电设备及安装工程、金属结构设备及安装工程、施工临时工程建安工作量(不包含其他施工临时工程)之和的百分率计算,枢纽工程和引水工程为 3.0%～4.0%,河道工程为 0.5%～1.0%。

6. 独立费用概算

独立费用由建设管理费、生产准备费、科研勘测设计费、建设及施工场地征用费和其他费用共五项组成。

(1)建设管理费。

建设管理费是指建设单位在工程项目筹建和建设期间进行管理工作所需的费用,包括项目建设管理费、工程建设监理费和联合试运转费。

项目建设管理费包括建设单位开办费和建设单位经常费。

①建设单位开办费。建设单位开办费指新组建的工程建设单位,为开展工作必须购置办公及生活设施、交通工具等需要的费用,以及其他用于开办工作的费用。对于新建工程,其开办费根据建设单位开办费标准和建设单位定员人数确定。对于改扩建与加固工程,原则上不计建设单位开办费。

②建设单位经常费。建设单位经常费包括建设单位人员经常费、工程管理经常费、工程建设监理费和联合试运转费。

建设单位人员经常费是指建设单位自批准组建之日起至完成该工程建设管理任务之日止需开支的经常费用,根据建设单位定员、费用指标和经常费用计算期进行计算。

建设单位人员经常费费用指标应根据工程所在地区和编制年的基本工资、辅助工资、工资附加费、劳动保护费等进行调整。根据施工组织设计确定的施工总进度和总工期,建设单位人员从工程筹建之日起,至工程竣工之日加六个月止，为建设单位人员经常费费用计算期。工程筹建期通常为 0.5～2 年。

工程管理经常费是指建设单位从筹建到竣工期间所发生的各项管理费用。一般按建设单位开办费和建设单位人员经常费之和的百分率计算，枢纽工程及引水工程取 35%～40%，改扩建与加固工程、堤防及疏浚工程取 20%。

工程建设监理费是指工程建设过程中聘任监理单位，对工程的质量、进度、安全和投资进行监理所发生的全部费用。

联合试运转费是指水利工程的发电机组、水泵等安装完毕，在竣工验收前，进行整套设备带负荷联合试运转期间所需的各项费用。

(2)生产准备费。

生产准备费是指水利建设项目的生产、管理单位为准备正常的生产运行或管理所发生的费用，包括生产及管理单位提前进场费、生产职工培训费、管理用具购置费、备品备件购置费和工器具及生产家具购置费。

①生产及管理单位提前进场费。生产及管理单位提前进场费是指在工程完工之前，生产、管理单位的一部分工人、技术人员和管理人员提前进场进行生产筹备工作所需的各项费用。枢纽工程、引水和灌溉工程按建筑工程、机电设备及安装工程、金属结构设备及安装工程、施工临时工程四部分建安工作量之和的百分率计算，其中，枢纽工程取 0.2%～0.4%。改扩建与加固工程、堤防及疏浚工程原则上不计此项费用，若工程中含有新建大型泵站、船闸等建筑物，按建筑物的建安工作量参照枢纽工程费率适当计列。

②生产职工培训费。生产职工培训费指工程在竣工验收之前，生产及管理单位为保证生产、管理工作能顺利进行，对工人、技术人员和管理人员进行培训所发生的费用。枢纽工程、引水和灌溉工程按建筑工程、机电设备及安装工程、金属结构设备及安装工程、施工临时工程四部分建安工作量之和的百分率计算，其中，枢纽工程取 0.3%～0.5%。改扩建与加固工程、堤防及疏浚工程原则上不计此项费用，若工程中含有新建大型泵站、船闸等建筑物，按建筑物的建安工作量参照枢纽工程费率适当计列。

③管理用具购置费。管理用具购置费是指为保证新建项目的正常生产和管理必须购置办公和生活用具等所发生的费用，其费用按建筑工程、机电设备及安装工程、金属结构设备及安装工程、施工临时工程四部分建安工作量之和的百分率计算，其中，枢纽工程取 0.02%～0.08%，引水工程及河道工程取 0.02%～0.03%。

④备品备件购置费。备品备件购置费是指工程在投产运行初期，因易损件

损耗和可能发生事故,而必须准备的备品备件和专用材料的购置费,按设备费的 0.4%～0.6%计算。设备费包括机电设备、金属结构设备以及运杂费等全部设备费。电站和泵站中同容量、同型号机组超过一台时,只计算一台的设备费。

⑤工器具及生产家具购置费。工器具及生产家具购置费是指按设计规定,为保证初期生产正常运行所必须购置的不属于固定资产的生产工具、器具、仪表、生产家具等的购置费,按设备费的 0.08%～0.2%计算。

(3)科研勘测设计费。

科研勘测设计费是指工程建设所需的科研、勘测和设计等费用,包括工程科学研究试验费和工程勘测设计费。

工程科学研究试验费是指在工程建设过程中,为解决工程的技术问题,而进行必要的科学研究试验所需的费用,按建筑工程、机电设备及安装工程、金属结构设备及安装工程、施工临时工程四部分建安工作量之和的百分率计算,枢纽工程和引水工程取 0.5%,河道工程取 0.2%。

工程勘测设计费是指工程从项目建议书开始至以后各设计阶段发生的勘测费、设计费,按照相关计价文件计算。

(4)建设及施工场地征用费。

建设及施工场地征用费是指按照设计确定的永久及临时工程用地和管理单位用地征地所发生的征地补偿费,以及应缴纳的耕地占用税等,主要涉及征用场地上的林木作物的补偿、建筑物迁建及居民迁移等。建设及施工场地征用费编制办法和计算标准参照移民和环境部分相关规定。

(5)其他费用。

其他费用包括工程保险费和其他税费。

工程保险费是指工程建设期间,为使工程能在遭受水灾、火灾等自然灾害和意外事故造成损失后得到经济补偿,而对建筑、设备及安装工程保险所发生的保险费用,按建筑工程、机电设备及安装工程、金属结构设备及安装工程、施工临时工程四部分投资合计数的百分率计算。

其他税费是指按国家规定应缴纳的与工程建设有关的税费。

7. 预备费和建设期融资利息

(1)预备费。

预备费包括基本预备费和价差预备费两项。

基本预备费主要为在施工过程中,经上级批准的设计变更和国家政策性变动增加的投资,以及为解决意外事故而采取的措施所增加的工程项目和费用。根据工程规模、施工年限和地质条件等不同情况,按建筑工程、机电设备及安装工程、金属结构设备及安装工程、施工临时工程和独立费用五部分投资合计数的百分率计算,初步设计阶段为 5.0%~8.0%。

价差预备费主要为在工程项目建设过程中,因人工工资、材料和设备价格上涨以及费用标准调整而增加的投资,根据施工年限,以资金流量表的静态总投资为计算基数。根据物价变动趋势,价差预备费可根据式(8.24)计算

$$E = \sum_{n=1}^{N} F_n \left[(1+P)_n - 1 \right] \tag{8.24}$$

式中:E 为价差预备费;N 为合理建设工期;n 为施工年度;F_n 为建设期间资金流量表内第 n 年的投资;P 为年物价指数。

(2)建设期融资利息。

建设期融资利息是指工程建设期内须偿还并应计入工程总投资的融资利息,计算公式见式(8.25)

$$S = \sum_{n=1}^{N} \left[\left(\sum_{m=1}^{n} F_m b_m - \frac{1}{2} F_n b_n \right) + \sum_{m=0}^{n-1} S_m \right] \times i \tag{8.25}$$

式中:S 为建设期融资利息;N 为合理建设工期;n 为施工年度;m 为还息年度;F_n、F_m 为在建设期资金流量表内第 n、m 年的投资;b_n、b_m 为第 n、m 年融资额占当年投资的比例;i 为建设期融资利率;S_m 为第 m 年的付息额度。

(3)静态总投资和总投资。

建筑工程、机电设备及安装工程、金属结构设备及安装工程、施工临时工程和独立费用五部分投资与基本预备费之和构成静态总投资。

建筑工程、机电设备及安装工程、金属结构设备及安装工程、施工临时工程和独立费用五部分投资,以及基本预备费、价差预备费、建设期融资利息之和构成总投资。

(4)移民环境投资。

移民环境投资由移民征地补偿费、水土保持工程费、环境保护工程费组成。

移民征地补偿费由农村移民安置费、集镇迁建费、城镇迁建费、工业企业迁建费、专业项目恢复改建费、防护工程费、库底清理费和其他费用组成。编制依据主要是国家法规政策和工程所在地的法规政策及移民调查指标。

水土保持工程费由工程措施费、植物措施费、设备及安装工程费、临时工程费和独立费用组成。水土保持工程费概算编制文件不同于枢纽工程,有其单独

的编制办法和配套定额。编制依据主要是国家和主管部门颁发的法律法规、技术标准和规定。

环境保护工程费是指因工程兴建对环境造成不利影响而需采取环境保护措施、环境监测措施以及进行环境管理等所需的投入，主要由环境保护措施费、环境监测措施费、仪器设备及安装费、环境保护临时措施费、独立费用、预备费和建设期贷款利息等组成。编制依据主要是国家和主管部门颁发的法律法规、技术标准和规定。

8.4.2　投资估算

1. 概述

投资估算是项目建议书和可行性研究报告的重要组成部分，是国家为选定近期开发项目作出科学决策和批准进行下阶段设计的重要依据，其准确性直接影响到对项目的决策。

可行性研究报告主要是对工程规模、坝址、基本坝型、枢纽布置方式等提出初步方案并进行论证，估算工程总投资及总工期，对工程兴建的必要性及经济合理性进行评价。投资估算与初步设计概算在组成内容、项目划分和费用构成上基本相同，但二者设计深度不同。可根据现行规范规定，对初步设计概算中的部分内容进行适当简化、合并或调整。

2. 编制办法及计算标准

投资估算的基础单价编制与初步设计概算相同。

投资估算的工程单价编制与初步设计概算也相同，一般采用概算定额，但考虑投资估算工作深度和精度，乘以 10% 的扩大系数。

分部工程估算编制方法与概算基本相同。其中，建筑工程中的其他建筑工程，可视工程具体情况和规模按主体建筑工程投资的 3%～5% 计算；机电设备及安装工程中的其他设备及安装工程可根据装机规模按其占主要机电设备费的百分率或单位指标计算。

投资估算由于工作深度的局限性仅计算分年度投资而不计算资金流量。

对于投资估算的基本预备费费率，可行性研究阶段取 10%～12%，项目建议书阶段取 15%～18%。价差预备费费率同初步设计概算。

8.4.3 施工图预算

1.施工图预算的概念

施工图预算即单位工程预算书,是在施工图设计完成后,工程开工前,根据已批准的施工图纸,在施工方案或施工组织设计已确定的前提下,按照国家或省、市颁发的现行预算定额、费用标准、材料预算价格等,逐项计算工程量、套用相应定额、进行工料分析、计算直接费,并计取间接费、计划利润、税金等费用,确定单位工程造价的技术经济文件。

建筑安装工程预算包括建筑工程预算和设备及安装工程预算。建筑工程预算又可分为一般土建工程预算、给排水工程预算、暖通工程预算、电气照明工程预算、构筑物工程预算及工业管道工程预算、电力工程预算、电信工程预算;设备及安装工程预算又可分为机械设备及安装工程预算和电气设备及安装工程预算。

2.施工图预算的作用

施工图预算是在施工图设计阶段,在批准的概算范围内,根据国家现行规定,按施工图纸和施工组织设计综合计算的造价,其主要作用有以下几方面。

①施工图预算是确定单位工程项目造价的依据。预算比主要起控制作用的概算更为具体和详细,可以起到确定造价的作用。这一点对于工业和民用建筑更为突出。如果施工图预算超过了设计概算,那么应该由建设单位会同设计单位报请上级主管部门核准,并对原来的设计概算进行修改。

②施工图预算是签订工程承包合同、实行投资包干和办理工程价款结算的依据。因为预算所确定的投资比概算更为准确,所以对于不进行招投标的特殊或者紧急工程项目等,常实行预算包干,并按照规定程序,将经过工程量增减、价格调差后的预算作为结算的依据。

③施工图预算是企业内部进行经济核算和考核工程成本的依据。施工图预算确定的工程造价是工程项目的预算成本,其与实际成本的差额即为施工利润,是企业利润的主要组成部分。这就促使施工企业必须加强经济核算,提高经营管理水平,以降低成本,提高经济效益。同时,施工图预算是编制各种人工、材料、半成品、成品、机具供应计划的依据。

④施工图预算是进一步考核设计经济合理性的依据。施工图预算的成果，因其更详尽和切合实际，可以用于进一步考核设计方案的技术先进性和经济合理性。

⑤施工图预算是建设银行办理拨款结算的依据。根据现行规定，经建设银行审查认定的工程预算，是监督建设单位和施工企业根据工程进度办理拨款和结算的依据。

3. 施工图预算的编制依据及编制条件

(1)编制依据。

①施工图纸。施工图纸是指经过会审的施工图，包括所附的文字说明、有关的通用图集和标准图集及施工图纸会审记录。它们规定了工程的具体内容、技术特征、建筑结构尺寸及装修做法等，是编制施工图预算的重要依据之一。

②现行预算定额或地区单位估价表。现行的预算定额是编制预算的基础资料。编制工程预算时，从分部、分项工程项目的划分到工程量的计算，都必须以预算定额为依据。地区单位估价表是根据现行预算定额、地区工人工资标准、施工机械台班使用定额和材料预算价格等进行编制的。它是预算定额在该地区的具体表现，也是该地区编制工程预算的基础资料。

③经过批准的施工组织设计或施工方案。施工组织设计或施工方案是建筑施工中的重要文件，它对工程施工方法、材料、构件的加工和堆放地点都有明确规定。这些资料直接影响工程量的计算和预算单价的套用。

④地区取费标准(或间接费定额)和有关动态调价文件。

⑤工程的承包合同(或协议书)、招标文件。

⑥最新市场材料价格。它是进行价差调整的重要依据。

⑦预算工作手册。预算工作手册汇编了常用的数据、计算公式和系数等资料，方便查用，可以加快工程量计算速度。

⑧有关部门批准的拟建工程概算文件。

(2)编制条件。

①施工图经过设计交底和会审后，由建设单位、施工单位和设计单位共同认可。

②施工单位编制的施工组织设计或施工方案，经过其上级有关部门批准。

③建设单位和施工单位在设备、材料、构件等加工订货方面已有明确分工。

4. 施工图预算的编制方法和步骤

(1)施工图预算的编制方法。

施工图预算的编制方法有单价法和实物法两种。

①单价法。用单价法编制施工图预算,就是利用各地区、各部门编制的建筑安装工程单位估价表或预算定额基价,根据施工图计算出的各分项工程量,分别乘以相应单价或预算定额基价并求和,得到定额直接费,再加上其他直接费,即为该工程的直接费;再以工程直接费或人工费为计算基础,按有关部门规定的各项取费费率,求出该工程的间接费、计划利润及税金等费用;最后将上述各项费用汇总即为一般土建工程预算造价。这种编制方法便于技术经济分析,是常用的一种编制方法。

②实物法。用实物法编制一般土建工程施工图预算,就是根据施工图计算的各分项工程量分别乘以预算定额的人工、材料、施工机械台班消耗量,分类汇总得出该工程所需的全部人工、材料、施工机械台班数量,然后乘以当时、当地人工工资标准,各种材料单价,施工机械台班单价,求和,再加上其他直接费,就可以求出该工程直接费。间接费、计划利润及税金等费用计取方法与单价法相同。

下面以单价法为例介绍一般土建工程施工图预算的编制步骤。

(2)施工图预算的编制步骤。

①收集基础资料,做好准备。主要收集施工图预算的编制依据,如施工图纸、有关的通用标准图、图纸会审记录、设计变更通知、施工组织设计、预算定额、取费标准及市场材料价格等。

②熟悉施工图等基础资料。编制施工图预算前,应熟悉并检查施工图纸是否齐全、尺寸是否清楚,了解设计意图,掌握工程全貌。另外,针对要编制预算的工程内容收集有关资料,包括熟悉并掌握预算定额的使用范围、工程内容及工程量计算规则等。

③了解施工组织设计和施工现场情况。编制施工图预算前,应了解施工组织设计中影响工程造价的有关内容。例如,各分部分项工程的施工方法,土方工程中余土外运使用的工具、运距,建筑材料、构件等堆放点到施工操作地点的距离等,以便能正确计算工程量和正确套用或确定某些分项工程的基价。这对于正确计算工程造价,提高施工图预算质量,有着重要意义。

④计算工程量。工程量计算应严格按照图纸尺寸和现行定额规定的工程量计算规则,遵循一定的顺序逐项计算分项子目的工程量。计算各分部分项工程

量前,最好先列项,也就是按照分部工程中各分项子目的顺序,先列出单位工程中所有分项子目的名称,然后逐个计算工程量。这样可以避免工程量计算时出现盲目、零乱的状况,使工程量计算工作有条不紊地进行,也可以避免漏项和重项。

⑤汇总工程量,套预算定额基价(预算单价)。各分项工程量计算完毕,并经复核无误后,按预算定额手册规定的分部分项工程顺序逐项汇总,将汇总后的工程量填入工程预算表内,并把计算项目的相应定额编号、计量单位、预算定额基价,以及其中的人工费、材料费、机械台班使用费填入工程预算表内。

⑥计算直接工程费。计算各分项工程直接费并汇总,即为一般土建工程定额直接费,再以此为基数计算其他直接费、现场经费,求和得到直接工程费。

⑦计取各项费用。按取费标准(或间接费定额)计算间接费、计划利润、税金等费用,求和得出工程预算费用,并填入预算费用汇总表中。同时,计算技术经济指标,即单方造价。

⑧进行工料分析。计算出该单位工程所需要的各种材料用量和人工工日总数,并填入材料汇总表。这一步骤通常与套定额单价同时进行,以避免二次翻阅定额。如果需要,还要进行材料价差调整。

⑨编制说明,填写封面,装订成册。编制说明一般包括以下几项内容:a.编制预算时所采用的施工图名称、工程编号、标准图集以及设计变更情况;b.采用的预算定额及名称;c.采用的间接费定额或地区发布的动态调价文件等资料;d.钢筋、铁件是否已经过调整。

8.4.4 施工预算

1.施工预算的概念

施工预算是施工单位根据施工图纸、施工定额、施工及验收规范、标准图集、施工组织设计(或施工方案)编制的单位工程(或分部分项工程)施工所需的人工、材料和施工机械台班数量,是施工企业内部文件,是单位工程(或分部分项工程)施工所需的人工、材料和施工机械台班消耗数量的标准。编制施工预算的目的是按计划控制企业劳动和物资消耗量。它依据施工图、施工组织设计和施工定额,采用实物法编制。施工预算和建筑安装工程预算之间的差额,反映企业个别劳动量与社会平均劳动量之间的差别,体现降低工程成本计划的要求。

建筑企业以单位工程为对象编制的人工、材料、机械台班耗用量及其费用总

额,即单位工程计划成本。施工预算是企业进行劳动调配、物资技术供应、反映企业个别劳动量与社会平均劳动量之间的差别、控制成本开支、进行成本分析和班组经济核算的依据。

2. 施工预算的作用

施工预算的作用主要有以下几点。

①施工预算是编制施工作业计划的依据。施工作业计划是施工企业计划管理的中心环节,也是计划管理的基础和具体化。编制施工作业计划,必须以施工预算计算的单位工程或分部分项工程的工程量、构配件、劳动力等为依据。

②施工预算是施工单位向施工班组签发施工任务单和限额领料单的依据。施工任务单是把施工作业计划落实到班组的计划文件,也是记录班组完成任务情况和结算班组工人工资的凭证。施工任务单的内容可以分为两部分:第一部分是下达给班组的工程任务,包括工程名称、工作内容、质量要求、开工和竣工日期、计量单位、工程量、定量指标、计件单价和平均技术等级;第二部分是实际任务完成情况的记录和工资结算情况记录,包括实际开工和竣工日期、完成工作量、实际工日数、实际平均技术等级、完成工程的工资额、工人工时记录表和每人工资分配额等。其主要工程量、工日消耗量、材料品种和数量均来自施工预算。

③施工预算是计算超额奖和计件工资、实行按劳分配的依据。施工预算所确定的人工、材料、机械使用量与工程量的关系是衡量工人劳动成果、计算应得报酬的依据。它把工人的劳动成果与劳动报酬结合起来,很好地体现了多劳多得、少劳少得的按劳分配原则。

④施工预算是施工企业进行经济活动分析的依据。进行经济活动分析是企业加强经营管理、提高经济效益的有效手段。经济活动分析主要是应用施工预算的人工、材料和机械台时数量等与实际消耗量对比,同时与施工图预算的人工、材料和机械台时数量进行对比,分析超支、节约的原因,改进操作技术和管理手段,有效地控制施工中的消耗,节约开支。

施工预算、施工图预算、竣工结算是施工企业进行施工管理的"三算"。

3. 施工预算的编制原则

为使编制的施工预算发挥应有的作用,施工预算编制遵循以下原则。

①材料用量按施工材料做法量加合理操作损耗量确定。材料单价按市场价确定(由材料管理部提供)。人工工日按合同规定或现行施工预算定额确定,人工单价(或劳务承包单价)按合同确定或按公司现行标准执行。配合比、机具费、

模板费用、脚手架费用、现场管理费用、临时设施费用等,公司有指标的,按指标编制;公司无指标的,根据施工方案测定费用水平。施工预算只编入直接费、现场管理费。间接费和税金等不编入施工预算。对于某些概算定额子目,编制施工预算时,要分析概算人工水平,找出不适合套用的定额子目,使施工预算的人工工日水平符合工程实际。

②施工预算应根据实际工程的具体情况,根据便于使用、便于管理的原则,分专业、按系统、分层、分段编制。完全相同的不同层段的施工预算可只编制标准层施工预算,但应在编制说明中注明适用范围。

③每个施工预算的项目应齐全,甩项部分应在编制说明中注明。分部要合理,列项要有序。

④施工预算一律利用指定概预算软件编制。

⑤加强施工预算定额的完善工作,逐步实行统一材料库、统一市场价、统一材料耗用量,形成公司统一的施工预算编制体系,形成公司内部的施工预算定额,为快速、准确地编制工程预算提供有力工具。

⑥施工预算费用与技术措施费计划、降低成本计划相结合原则。施工预算编制执行标准材料及人工定额消耗量、标准人工单价及材料管理部审定价,项目部落实的费用标准与上述标准不同时,应以技术措施费形式(超预算部分)或降低成本计划形式(低于预算部分),由项目部报公司进行审批。

4. 施工预算的编制依据

编制施工预算的依据主要有施工图纸、施工定额及补充定额、施工组织设计或施工方案、有关的手册与资料等。

(1)施工图纸。

施工图纸和说明书必须是经过建设单位、设计单位和施工单位会审通过的,不能采用未经会审通过的图纸,以免返工。

(2)施工定额及补充定额。

施工定额包括《全国建筑安装工程统一劳动定额》和各部、各地区颁发的专业施工定额。凡是已有施工定额可以查照施工的,应参照施工定额编制施工预算中的人工、材料及机械使用费。在缺乏施工定额作为依据的情况下,可按有关规定自行编排补充定额。施工定额是编制施工预算的基础。

(3)施工组织设计或施工方案。

由施工单位编制详细的施工组织设计,据以确定应采用的施工方法、进度,以及所需的人工、材料和施工机械,作为编制施工预算的基础。

（4）有关的手册与资料。

有关的手册与资料包括建筑材料手册，人工、材料、机械台时费用标准等。

5. 施工预算的编制方法和步骤

（1）编制方法。

施工预算的编制方法一般有实物法、实物金额法和单位计价法，与施工图预算的编制方法大致相同。

①实物法。实物法是计算出工程量后，套用施工定额，分析计算人工和各种材料消耗数量，然后汇总，不进行价格计算。因这种方法只计算确定实物的消耗量，故称实物法。

②实物金额法。实物金额法是在用实物法算出人工和各种材料消耗量后，再分别乘以所在地区的人工标准和材料预算价格，求出人工费、材料费和直接费。这种方法不仅计算各种实物消耗量，而且计算出各项费用的金额，故称实物金额法。

③单位计价法。单位计价法与施工图预算的编制方法大体相同。不同的是，施工预算的内容划分与分析计算都比施工图预算更为详细、更为具体。

上述三种方法的主要区别在于计价方式不同。实物法只计算实物的消耗量，并据此向施工班组签发施工任务书和限额领料单，还可以与施工图预算的人工、材料消耗数量进行对比分析；实物金额法是通过工料分析，汇总人工、材料消耗数量，再进行计价；单位计价法则是按分部分项工程项目分别进行计价。对施工机械台班消耗量和机械费，三种方法都是按施工组织设计或施工方案所确定的施工机械的种类、型号、台数及台班费用定额进行计算的，这是施工预算与施工图预算在编制依据与编制方法上的一个不同点。

（2）编制步骤。

①工程量计算、汇总。

②套用预算单价，计算工程直接费。

③根据费用定额规定，计取各种其他费用和工程造价。

④进行工料分析，计算材料价差，调整工程造价。

⑤编写预算编制说明。编制说明包括的内容有：编制依据（包括采用的图纸名称及编号）采用的施工定额，施工组织设计或施工方案，遗留项目或暂估项目的原因和存在的问题以及处理的方法等。

第 9 章　水利工程招投标

9.1　工程招标与投标

9.1.1　招标与投标概念

1. 招标

招标是指招标人对货物、工程和服务，事先公布采购的条件和要求，邀请投标人参加投标，招标人按照规定的程序确定中标人的行为。

招标方式分为公开招标和邀请招标两种。公开招标是指招标人以招标公告的方式，邀请不特定的法人或其他组织投标。其特点是能保证竞争的充分性。邀请招标是指招标人以投标邀请书的方式，邀请三个以上特定的法人或其他组织投标。

（1）招标人。

招标人是指依照招标投标法的规定提出招标项目，进行招标的法人或其他组织。招标人不得为自然人。

招标人应当具备以下进行招标的必要条件：①应有进行招标项目的相应资金或资金来源已落实，并应当在招标文件中如实载明；②招标项目按规定需履行审批手续的，应先履行审批手续并获得批准。

（2）招标程序。

①招标公告与投标邀请书。公开招标的，应在国家指定的报刊、网络或其他媒介发布招标公告。招标公告应载明：招标人的名称和地址，招标项目的性质、数量、实施地点和时间，以及获得招标文件的办法等事项。邀请招标的，应向三个以上具备承担招标项目的能力、资信良好的特定法人或组织发出投标邀请书。投标邀请书应载明的事项与招标公告应载明的事项相同。

②审查投标人的资格。由于招标项目一般是大中型建设项目或技术复杂的项目，为了确保工程质量以及避免招标工作上的财力和时间的浪费，招标人可以

要求潜在投标人提供有关资质证明文件和业绩情况,并对其进行资格审查。

③编制招标文件。招标文件是邀请内容的具体化。招标文件要根据招标项目的特点编制,还要涵盖法律规定的共性内容:招标项目的技术要求、投标人资格审查标准、投标报价要求、评标标准等所有实质性要求和条件,以及拟签订合同的主要条款。招标文件不得要求或标明特定的生产供应商,不得含有排斥潜在投标人的内容及含有排斥潜在投标人倾向的内容。不得透露已获得的潜在投标人的有可能影响公平竞争的情况,设有标底的招标项目,标底必须保密。

2. 投标

投标是指投标人按照招标人提出的要求和条件回应合同的主要条款,参加投标竞争的行为。

(1)投标人。

投标人是指响应招标、参加投标竞争的法人或其他组织,依法招标的科研项目允许个人参加投标。投标人应当具备承担招标项目的能力,有特殊规定的,投标人应当具备规定的资格。

(2)投标文件的编制。

投标人应当按照招标文件的要求编制投标文件,且投标文件应当对招标文件提出的实质性要求和条件做出响应。涉及中标项目分包的,投标人应当在投标文件中载明,以便相关评审人员在评审时了解分包情况,决定是否选中该投标人。

(3)联合体投标。

联合体投标是指两个以上的法人或其他组织共同组成一个非法人的联合体,以该联合体名义作为一个投标人,参加投标竞争。联合体各方均应当具备承担招标项目的相应能力,由同一专业的单位组成的联合体,按照资质等级较低的单位确定资质等级。在联合体内部,各方应当签订共同投标协议,并将共同投标协议连同投标文件一并提交给招标人。联合体中标后,应当由各方共同与招标人签订合同,就中标项目向招标人承担连带责任。招标人不得强制投标人联合共同投标,投标人之间的联合投标应出于自愿。

(4)禁止行为。

投标人不得相互串通投标或与招标人串通投标;不得以行贿的手段谋取中标;不得以低于成本的报价竞标;不得以他人名义投标或其他方式弄虚作假,骗取中标。

9.1.2　招标过程

1. 施工招标

水利水电工程项目施工招标应结合水利水电工程建设的特点和招标承包实践的要求进行。水利水电工程项目招标前应当具备以下条件。

（1）具有项目法人资格（或法人资格）。

（2）初步设计和概算文件已经审批。

（3）工程已正式列入国家或地方水利工程建设计划，业主已按规定办理报价手续。

（4）建设资金已经落实。

（5）有关建设项目永久性征地、临时征地，以及移民搬迁的实施、安置工作已经落实或有明确的安排。

（6）施工图设计已完成或能够满足招标（编制招标文件）的需要，并能够满足工程开工后连续施工的要求。

（7）招标文件已经编制并通过了审查，监理单位已经选定。

重视和充分注意施工招标的基本条件，对于搞好招标工作，特别是保障合同的正常履行是很重要的。忽视或没有认真做好这一点，将会严重影响施工的连续性和合同的严肃性，并且会给建设方造成不必要的施工索赔，严重者还会给国家和社会造成重大损失。

2. 施工招标的基本程序

招标程序主要包括招标准备、组织投标、评标定标三个阶段。在准备阶段应附带编制标底，在组织投标阶段需要审定标底，在开标会上还要公布标底。

3. 招标的组织机构及工作职能

成立办事得力、工作效率高的招标组织机构是有效地开展招标工作的先决条件。一个完整的招标组织机构应当包括决策机构与日常机构两个部分。

（1）决策机构及其工作职能。

招标的决策机构一般由政府设立，通常称为招标办公室。决策机构应充分发挥业主的自主决策作用，转变政府职能，认真落实业主招标的自主决策权，由业主自己根据项目的特点、规模和需要来选择招标的日常机构人选。通常决策机构的工作职能如下。

①确定招标方案，包括制定招标计划、合理划分标段等工作。

②确定招标方式，即根据法律、法规和项目的特点，确定拟招标的项目是采用公开招标方式还是邀请招标方式。

③选定承包方式（即承包合同形式），根据工程结构特点和管理需要确定招标项目的计价方式，从而确定是采用总价合同、单价合同，还是成本加酬金合同的承包方式。

④划分标段，根据工程规模、结构特点、要求工期以及建筑市场竞争程度确定各个标段的承包范围。

⑤确定招标文件的合同参数，根据工程技术难易程度、工程发挥效益的规划时间要求，确定各个合同段工程的施工工期、预付款比例、质量缺陷责任期、保留金比例、延迟付款利息的利率、拖期损失赔偿金或按时竣工奖金的额度、开工时间等。

⑥根据招标项目的需要选择招标代理单位，当业主自己没有能力或人员不足时可以选择具有资质的中介机构代为行使招标工作，对有意向的投标人进行资格预审，通过资格预审确定符合要求的投标单位，评标定标时依法组建评标委员会，依法确定中标单位。

（2）日常机构及其工作职能。

招标的日常机构又称招标单位，其工作职能主要包括准备招标文件和资格预审文件、组织对投标单位进行资格预审、发布招标公告和投标邀请书、发售招标文件、组织现场考察、组织标前会议、组织开标评标等事宜。日常工作可由业主自己来组织，也可委托专业监理单位或招标代理单位来承担。

当业主具备编制招标文件和组织评标的能力时，可以自行办理招标事宜，但须向有关行政监督主管部门备案。

当业主不具备上述能力时，有权自行选择招标代理机构，委托其办理招标事宜。这种代理机构就是依法成立的、专门从事技术咨询服务工作的社会中介组织，通常称为招标代理公司，成立的门槛比较低，对注册资金要求不高，但是对技术能力要求较高。从事建设项目招标代理的中介服务机构的资格，是需要国务院或省级人民政府的建设行政主管部门认定的。具备了以下条件就可以申请成立中介服务机构。

①有从事招标代理业务的场所和相应资金。

②有能够编制招标文件和组织评标的相应专业力量。

③有符合法定条件、可以组建评标委员会的技术、经济等方面的专家库。

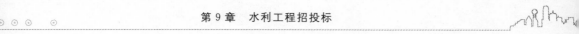

由于施工招标是合同的前期管理(合同订立)工作,而施工监理是合同履行中的管理工作,监理工程师参加招标工作或者将整个招标工作都委托给监理单位承担,对搞好工程施工监理工作是很有利的,国际上通常也是这样操作的。因此,选择监理单位的招标工作或选聘工作应当在施工招标前完成。为了更好地实现业主利益最大化和顺利完成日后工程施工活动的管理工作,采用招标的方式确定监理单位对于业主单位更有利。

4. 承包合同类型

施工承包合同根据其计价方式的不同,可以划分为总价合同、单价合同、成本加酬金合同三种主要形式。

(1)总价合同。

总价合同是按施工招标时确定的总报价作为合同价的承包合同,是承包商根据投标总报价来签订施工合同。合同执行过程中不能对工程造价进行变更,除非合同范围发生了变化,比如施工图出现变更或工程难度加大等。

总价合同的优点:①业主的管理工作量较少,施工任务完成后的竣工结算比较简单,投资标的明确;②施工开始前,建设方能够比较清楚地知道自己需要承担的资金义务,便于提早做好资金准备工作。总价合同的缺点:①可操作性较差,一旦出现工程变更,就会出现结算工作复杂化甚至没有计价依据的现象,以致合同价格需要另行协商,招标成果不能有效地发挥作用;②总价合同对承包商而言风险责任较大,承包商为承担物价上涨、恶劣气候等不可预见因素的应变风险,会在报价中加大不可预见费用,不利于降低总报价。因此,总价合同对施工图纸的质量要求很高,只适用于施工图纸明确、工程规模较小且技术不太复杂的中小型工程。

(2)单价合同。

常见的单价合同是总价招标、单价结算的计量型合同。招标前由招标单位编制包含工程量清单的招标文件,承包商据此提出各工程细目的单价和根据投标工程量(不等于项目总工程量)计算出来的总报价,业主根据总报价确定中标单位,进而与该中标单位签订工程施工承包合同。在合同执行过程中,单价原则上不变,完成的工程量根据计量结果来确定。单价合同的特点是合同的可操作性强,对图纸质量和设计深度的适应范围广,特别是合同执行过程中,便于处理工程变更和施工索赔(即使出现工程变更,依然有计价依据),合同的公平性更好,承包商的风险责任小,有利于降低投标报价。但这种合同对业主而言,管理

工作量较大，且对监理工程师的素质有很高的要求（否则，合同的公平性难以得到保证）。此外，业主采用这种合同时，易遭受承包商不平衡报价带来的造价增加风险。值得注意的是，单价合同中所说的总价是指业主为了招标需要，对项目工程指定部分工程量给出的总价，而并非项目工程的全部工程造价。

（3）成本加酬金合同。

成本加酬金合同的基本特点是按工程实际发生的成本（包括人工费、施工机械使用费、其他直接费和施工管理费以及各项独立费，但不包括承包企业的总管理费和应缴所得税），加上商定的总管理费和利润，来确定工程总造价。这种承包方式主要适用于开工前对工程内容尚不十分清楚的项目，例如边设计边施工的紧急工程，或遭受地震、战火等灾害破坏后需修复的工程。在实践中有以下四种不同的具体做法。

①成本加固定百分比酬金。计算方法见式（9.1）

$$C = C_d(1 + P) \tag{9.1}$$

式中：C 为总造价；C_d 为实际发生的工程成本；P 为固定的百分数。

从式（9.1）可以看出，总造价 C 将随工程成本 C_d 的增加而增加，显然不能鼓励承包商缩短工期和降低成本，因而对建设单位的投资控制是不利的。现在这种承包方式已很少采用。

②成本加固定酬金。其中，酬金是事先商定的固定数目。计算方法见式（9.2）

$$C = C_d + F \tag{9.2}$$

式中：F 为酬金，通常按估算的工程成本的一定百分比确定，数额是固定不变的；其他符号意义同前。

这种承包方式虽然不能鼓励承包商降低成本，但从尽快取得酬金的角度出发，承包商会注意缩短工期，这是其可取之处。

③成本加浮动酬金。这一承包方式要事先商定工程成本和酬金的预期水平。如果实际成本恰好等于预期水平，工程造价就是成本加固定酬金；如果实际成本低于预期水平，则增加酬金；如果实际成本高于预期水平，则减少酬金。这三种情况可用式（9.3）表示

$$C = C_d + F + \Delta F \tag{9.3}$$

式中：ΔF 为酬金增减部分，可以是一个百分数，也可以是一个固定的值；其他符号意义同前。

若采用这种承包方式，通常规定，当实际成本超支而减少酬金时，以原定的

固定酬金数额为减少的最高限度。也就是在最坏的情况下,承包人将得不到任何酬金,但不必承担赔偿超支的责任。这种承包方式既对承发包双方都没有太多风险,又能促使承包商降低成本和缩短工期,但在实践中估算预期成本比较困难,所以要求当事双方具有丰富的经验。

④目标成本加奖罚。该方式是指在仅有初步设计和工程说明书,即迫切要求开工的情况下,可根据粗略估算的工程量和适当的单价表编制概算,作为目标成本;随着详细设计逐步具体化,工程量和目标成本可加以调整,另外规定一个百分数作为酬金;最后结算时,如果实际成本高于目标成本并超过事先商定的界限(例如 5%),则减少酬金,如果实际成本低于目标成本(也有一个幅度界限),则增加酬金。计算方式见式(9.4)

$$C = C_\mathrm{d} + P_1 C_0 + P_2 (C_0 - C_\mathrm{d}) \qquad (9.4)$$

式中:C_0 为目标成本;P_1 为基本酬金百分数;P_2 为奖罚百分数;其他符号意义同前。

此外,还可另加工期奖罚。

这种承包方式可以促使承包商降低成本和缩短工期,而且目标成本是随设计的进展加以调整才确定下来的,故建设单位和承包商双方都不会承担多大风险,这是其可取之处。当然,这也要求承包商和建设单位的代表都具有比较丰富的经验。

(4)承包合同类型的选择。

以上是根据计价方式不同常采用的三种施工承包合同类型。科学地选择承包方式对保证合同的正常履行,搞好合同管理工作是十分重要的。施工招标中到底采用哪种承包方式,应根据项目的具体情况选定。

宜采用总价合同的情况如下。

①业主的管理人员较少或缺乏项目管理的经验。

②监理制度不太完善或缺少高水平的监理队伍。

③施工图纸明确、技术不太复杂、规模较小的工程。

④工期较紧急的工程。

宜采用单价合同的情况如下。

①业主的管理人员多,且有较丰富的项目管理经验。

②施工图设计尚未完成,要边组织招标,边组织施工图设计。

③工程变更较多的工程。

④监理队伍的素质较高,监理人员行为公正,监理制度完善。

5.施工招标文件

（1）编制要求。

招标文件的编制是招标准备工作的重要环节，规范化的招标文件对于搞好招标投标工作至关重要。为满足规范化的要求，编写招标文件时，应遵循合法性、公平性和可操作性的编写原则。

根据范本的格式和当前招标工作的实践，施工招标文件应包括以下内容：投标邀请书、投标须知、合同条件、技术规范、工程量清单、投标书及其附件、投标担保书、施工图纸等。

因合同类型不同，招标文件的组成有所差别。例如，对总价合同而言，招标文件中须包括施工图纸但不需要工程量清单；而单价合同可以没有完整的施工图纸，但工程量清单必不可少。

（2）投标邀请书。

投标邀请书是招标人向资格预审合格的投标人正式发出参加本项目投标的邀请文件，因此投标邀请书也是投标人投标资格的证明，而没有得到投标邀请书的投标人，无权参加该项目的投标。投标邀请书很简单，一般只需说明招标人的名称、招标工程项目的名称和地点、招标文件发售的时间和费用、投标保证金金额、投标截止时间、开标时间等。

（3）投标须知。

投标须知是为让投标人了解招标项目及招标的基本情况和要求而准备的一份文件。其应包括项目工程量情况及技术特点，资金来源及筹措情况，投标的资格要求（如果在招标之前已对投标人进行了资格预审，这部分内容可以省略），投标中的时间安排及相应的规定（如发售招标文件、现场考察、投标答疑、投标截止日期、开标等的时间安排），投标中须遵守和注意的事项（如投标书的组成、编制要求及密封和递送要求等），开标程序，投标文件的澄清，招标文件的响应性评定，算术性错误的改正，评标与定标的基本原则、程序、标准和方法等内容。同时，在投标须知中还应当注明签订合同、重新招标、中标中止、履约担保等事项。

（4）合同条件。

合同条件又被称为合同条款，主要规定了在合同履行过程中当事人基本的权利和义务，以及合同履行中的工作程序。监理工程师的职责与权力也应在合同条款中进行说明，目的是让承包商充分了解施工过程中将面临的监理环境。

合同条款包括通用条款和专用条款。通用条款在整个项目中是相同的，甚至可以直接采用范本中的合同条款,这样既可节省编制招标文件的时间,又能较好地保证合同的公平性和严密性(也便于投标单位节省阅读招标文件的时间)。专用条款是对通用条款的补充和具体化,应根据各标段的情况来组织编写。但是在编写专用条款时,一定要满足合同的公平性及合法性的要求,以及合同条款具体、明确、具备可操作性的要求。

(5)技术规范。

技术规范是十分重要的文件,应详细说明对承包商履行合同时的质量要求、验收标准、材料的品级和规格,为满足质量要求应遵守的施工技术规范,以及有关计量与支付的规定等。由于不同性质的工程,其技术特点和质量要求及标准等均不相同,技术规范应根据不同的工程性质及特点,分章、分节、分部、分项来编写。例如,水利工程的技术规范,通常被分成一般规定、施工导截流、土石方开挖、引水工程、钻孔与灌浆、大坝、厂房、变电站等章节,并针对每一章节所涉及工程的特点,按质量要求、验收标准、材料规格、施工技术规范及计量与支付等,分别进行规定和说明。

技术规范中施工技术的内容应简化,因为施工技术是多种多样的,招标中不应排斥承包商通过先进的施工技术降低投标报价的做法。承包商完全可以在施工中采用自己所掌握的先进施工技术。

技术规范中的计量与支付规定也是非常重要的。可以说,没有计量与支付的规定,承包商就无法进行投标报价(编制单价),施工中也无法进行计量与支付工作。计量与支付的规定不同,承包商的报价也会不同。计量与支付的规定中包括计量项目、计量单位、计量项目中的工作内容、计量方法以及支付规定。

(6)工程量清单。

工程量清单是招标文件的组成部分,是一份以计量单位说明工程实物数量,并与技术规范相对应的文件,它是伴随招标投标竞争活动产生的,是单价合同的产物。其作用有两点:①向投标人提供统一的工程信息和用于编制投标报价的部分工程量,以便投标人编制有效、准确的标价;②对于中标签订合同的承包商而言,标有单价的工程量清单是办理中期支付和结算以及处理工程变更计价的依据。

根据工程量清单的作用和性质,它具有两个显著的特点:①清单的内容与合同文件中的技术规范、设计图纸一一对应,章节一致;②工程量清单与概预算定额有同有异,清单所列数量与实际完成数量(结算数量)有着本质的差别,且工程量清单所列单价或总额反映的是市场综合单价或总额。

工程量清单主要由工程量清单说明、工程细目、计日工明细表和工程量清单汇总表四部分组成。其中，工程量清单说明规定了工程量清单的性质、特点以及单价的构成和填写要求等。工程细目反映了施工项目中各工程细目的数量，它是工程量清单的主体部分。

工程量清单中的工程量是反映承包商的义务量大小及影响造价管理的重要数据。在整理工程量时，应根据设计图纸及调查所得的数据，在技术规范中计量与支付方法的基础上进行综合计算。同一工程细目，计量方法不同，所整理出来的工程量也会不同。在工程量的整理计算中，应保证其准确性，否则，承包商在投标报价时会利用工程量的错误，实施不平衡报价、施工索赔等策略，给业主带来不可挽回的损失，也会增加工程变更的处理难度和造成投资失控等。

计日工是工程细目里没有，工程施工中需要发生，且得到工程师同意的工、料、机费用。根据工种、材料种类以及机械类别等技术参数分门别类编制的表格，称为计日工明细表。

工程量清单汇总表是根据上述费用加上暂定金额编制的表格。

(7)投标书及其附件。

①投标书。投标书是由招标人为投标人填写投标总报价而准备的一份空白文件。投标书中主要应反映下列内容：投标人、投标项目（名称）、投标总报价（签字盖章）、投标有效期。投标人在详细研究了招标文件并现场考察工地后，即可依据所掌握的信息，确定投标报价策略，然后通过施工预算和单价分析，填写工程量清单，并确定该项工程的投标总报价，最后将投标总报价填写在投标书上。招标文件中提供投标书格式的目的：一是保持各投标人递送的投标书具有统一的格式；二是提醒各投标人投标以后需要注意和遵守有关规定。

②投标书附录。投标书附录是用于说明合同条款中的重要参数（如工期、预付款等内容）及具体标准的招标文件。该文件在投标单位投标时签字确认后，即成为投标文件及合同的重要组成部分。在编制招标文件时，投标书附录的编制是一项重要的工作内容，其参数的具体标准对造价及质量等方面有重要影响。

③预付款的确定。支付预付款的目的是使承包商在施工中，有能满足施工要求的流动资金。制定招标文件时，不提供预付款，甚至要求承包商垫资施工的做法是错误的，既违反了工程项目招标投标的有关法律、法规的规定，也加大了承包商的负担，影响了合同的公平性。预付款有动员预付款和材料预付款两种：动员预付款在开工前（一般在中标通知书签发后 28 天内），承包商提交预付款担保书后支付，一般为 10% 左右；材料预付款是根据承包商材料到工地的数量，按

某一百分数支付的。

(8)投标担保书。

投标担保的目的是约束投标人承担施工投标行为的法律后果。其作用是约束投标人在投标有效期内遵守投标文件中的相关规定,在接到中标通知书后按时提交履约担保书,认真履行签订工程施工承包合同的义务。

投标担保书通常采用银行保函的形式,投标保证金额一般不低于投标报价的 2%。为保证投标担保书的一致性,业主或招标人应在准备招标文件时,编写统一的投标担保书格式。

6. 资格预审

投标人资格审查分为资格预审和资格后审两种形式。资格预审有时也称为预投标,即投标人首先对自己的资格进行一次投标。资格预审在发售招标文件之前进行,投标人只有在资格预审通过后才能取得投标资格,参加施工投标。而资格后审则是在评标过程中进行的。为减小评标难度,简化评标手续,避免因一些不合格的投标人,而在投标的人力、物力和财力上造成浪费,投标人资格审查以资格预审形式为好。

资格预审具有如下积极作用。

(1)保证施工单位主体的合法性。

(2)保证施工单位具有相应的履约能力。

(3)减小评标难度。

(4)抑制低价抢标现象。

无论是资格预审还是资格后审,其审查的内容是基本相同的,主要是根据投标须知的要求,对投标人的营业执照、企业资质等级证书、市场准入资格、主要施工经历、技术力量简况、资金或财务状况以及在建项目情况(可通过现场调查予以核实)等进行符合性审查。

7. 投标组织阶段的工作

投标组织阶段的工作内容包括发售招标文件、组织现场考察、组织标前会议(标前答疑)、接受投标人的标书等事项。

(1)发售招标文件。

发售招标文件前,招标人通常会召开一个发标会,向全体投标人再次强调投标中应注意和遵守的主要事项。发售招标文件过程中,招标人要查验投标人代表的法人代表委托书(防止冒领文件),收取招标文件工本费,在投标人代表签字

后,方可将招标文件交投标人清点。

（2）组织现场考察。

在投标人领取招标文件并进行初步研究后,招标人应组织投标人进行现场考察,以便投标人充分了解与投标报价有关的施工现场的地形、地质、水文、气象、交通运输、临时进出场道路及临时设施、施工干扰等方面的情况和风险,并在报价中对这些风险费用作出准确的估计和考虑。为了保证现场考察的效果,现场考察的时间安排通常应考虑投标人研究招标文件所需要的合理时间。在现场考察过程中,招标人应派比较熟悉现场情况的设计代表详细地介绍各标段的现场情况,现场考察的费用由投标人自己承担。

（3）组织标前会议。

组织标前会议的目的是解答投标人提出的问题。投标人在研究招标文件、进行现场考察后,会对招标文件中的某些地方提出疑问。这些疑问,有些是投标人不理解招标文件产生的,有些是招标文件的遗漏和错误产生的。根据投标须知中的规定,投标人的疑问应在标前会议 7 d 前提出。招标人应将各投标人的疑问收集汇总,并逐项研究处理。如属于投标人未理解招标文件而产生的疑问,可将这些问题放在"澄清书"中予以澄清或解释;如属于招标文件的错误或遗漏导致的,则应编制补遗书对招标文件进行补充和修正。总之,投标人的疑问应统一书面解答,并在标前会议中将澄清书、补遗书发给各投标人。

澄清书、补遗书应当在投标截止日期前至少 28 d,书面发给投标人。因此,一方面,应注意标前会议的组织时间符合法律、法规的规定;另一方面,当补遗书内容很多且对招标文件的改动较大时,为使投标人有合理的时间针对补遗书的内容在编制标书时予以考虑,招标人（或业主）可视情况,宣布延长投标截止日期。

（4）接受投标人的标书。

为了投标的保密,招标人一般使用投标箱（也有不设投标箱的做法）,投标箱的钥匙由专人保管（可设双锁,分人保管钥匙）,箱上加贴启封条。投标人投标时,将标书装入投标箱,招标人随即将盖有日期的收据交给投标人,以证明是在规定的投标截止日期前投标的。

投标截止期限一到,立即封闭投标箱,在此以后的投标概不受理（为无效标书）。投标截止日期在招标文件或投标邀请书中已列明,投标期（从发售招标文件到投标截止日期）的长短视标段大小、工程规模、技术复杂程度及进度要求而定,一般为 45～90d。

8. 标底

标底是建筑产品在市场交易中的预期市场价格。在招标投标过程中,标底是衡量投标报价是否合理,是否具有竞争力的重要工具。此外,实践中标底还具有制止盲目报价、抑制低价抢标、衡量工程造价、核实投资规模的作用,同时也具有(评标中)判断投标单位是否有串通哄抬标价行为的作用。

设立标底的做法是针对我国目前建筑市场发育状况和国情而采取的措施。但是,标底并不是决定投标能否中标的标准价,而只是对投标进行评审和比较的一个参考价。如果被评为最低评标价的投标超过标底规定的幅度,招标人应调查超出标底的原因,如果是合理的,该投标应有效;如果被评为最低评标价的投标大大低于标底的话,招标人也应调查,如果属于合理成本价,该投标也应有效。

科学合理地制定标底是搞好评标工作的前提和基础。科学合理的标底应具备以下经济特征。

(1)标底的编制应遵循价值规律,即标底作为一种价格应反映建设项目的价值。价格与价值相适应是价值规律的要求,是标底科学性的基础。因此,在标底编制过程中,应充分考虑建设项目在施工过程中的社会必要劳动消耗量、机械设备使用量以及材料和其他资源的消耗量。

(2)标底的编制应服从供求规律,即在编制标底时,应考虑建设市场的供求状况对产品价格的影响,力求标底和产品的市场价格相适应。当建设市场的需求增大或缩小时,相应的市场价格将上升或下降。所以,在编制标底时,应考虑到建筑市场供求关系的变化所引起的市场价格的变化,并在底价上做出相应的调整。

(3)标底在编制过程中,应反映建筑市场当前平均先进的劳动生产力水平,即标底应反映竞争规律对建设产品价格的影响,以图通过标底促进投标竞争和提高社会生产力水平。

以上 3 点既是标底的经济特征,也是编制标底时应满足的原则和要求。因此,标底的编制一般应注意以下 5 点。

(1)根据设计图纸及有关资料、招标文件,参照国家规定的技术、经济标准定额及规范确定工程量和设定标底。

(2)标底价格应由成本、利润和税金组成,一般应控制在经批准的建设项目总概算及投资包干的限额内。

(3)标底价格作为招标人的期望价,应力求与市场的实际变化相吻合,要有

利于竞争和保证工程质量。

（4）标底价格要考虑人工、材料、机械台班等的价格变动，还应包括施工不可预见费、包干费和措施费等。要求工程质量达到优良的，还应增加相应费用。

（5）一个标段只能编制一个标底。标底不同于概算、预算，概算、预算反映的是建筑产品的政府指导价格，主要受价值规律的作用和影响，着重体现的是施工企业过去平均先进的劳动生产力水平；而标底则反映的是建设产品的市场价格，它不仅受价值规律的作用，同时还会受市场供求关系的影响，主要体现的是施工企业当前平均先进的劳动生产力水平。

在不同的市场环境下，标底编制方法亦随之变化。通常，在完全竞争市场环境下，由于市场价格是一种反映了资源使用效率的价格，标底可直接根据建设产品的市场交易价格来确定。在这样的环境条件中，议标是最理想的招标方式，其交易成本可忽略不计。然而，在不完全竞争市场环境下，标底编制要复杂得多，不能再根据市场交易价格予以确定，更不宜采用议标形式进行招标。此时，应当根据工料单价法和统计平均法来进行标底编制。关于不完全竞争市场条件下的标底编制程序及具体方法可参阅相关书籍。

9. 开标、评标与定标

（1）开标的工作内容及方法。

开标是启封标书、宣读标价并对投标书的有效性进行确认的过程。参加开标的单位有招标人、监理单位、投标人、公证机构、政府有关部门等。开标的工作人员有唱标人、记录人、监督人、公证人及后勤人员。开标日期一到，即在规定的时间、地点组织开标工作。开标的工作内容如下。

①宣布（重申）投标须知中的评标定标原则、标准与方法。

②公布标底。

③检查标书的密封情况。按照规定，标书未密封，封口上未签字盖章的标书为无效标书；在国际工程招标中要求标书有双层封套，且外层封套上不能有识别标志。

④检查标书的完备性。应包含标书（包括投标书、法人代表授权书、工程量清单、辅助资料表、施工进度计划等内容）、投标担保书（前列文件都要密封）以及其他要交回的招标文件。标书不完备，特别是无投标担保书的标书是无效标书。

⑤检查标书的符合性。检查标书是否与招标文件的规定有重大出入或保留，是否会造成评标困难或给其他投标人的竞争地位造成不公正的影响；标书中

的有关文件是否有投标人代表的签字盖章；标书中是否有涂改（一般规定标书中不能有涂改痕迹，特殊情况需要涂改时，应在涂改处签字盖章）等。

⑥宣读和确定标价，填写开标记录（有特殊降价申明或其他重要事项的，也应一起在开标中宣读、确认或记录）。

除上述内容外，公证单位还应确认招标的有效性。在国际工程招标中，如遇下列情况，在经公证单位公证后，招标人会视情况作废全部投标。

①投标人串通哄抬标价，致使所有投标人的报价大大高出标底价格。

②所有投标人递交的标书严重违反投标须知的规定，致使全部标书都是无效标书。

③投标人太少（如不到三家），没有竞争性。

一旦发现存在上述情况之一，正式宣布了投标作废，招标人应当依照《中华人民共和国招标投标法》的规定，重新组织招标。

（2）评标与定标。

评标与定标是招投标过程中比较敏感的一个环节，也是对投标人的竞争力进行综合评定并确定中标人的过程，因此在评标与定标工作中，必须坚持公平竞争原则、投标人的施工方案在技术上可靠原则和投标报价经济合理原则。只有认真坚持上述原则，才能够通过评标与定标环节，体现招标工作的公开、公平与公正的竞争原则。综合市场竞争程度、社会环境条件（法律法规和相关政策）以及施工企业平均社会施工能力等因素，可以根据实际情况选用最低评标价法、合理评标价法或在合理评标价基础上的综合评分法，确定中标人。上述三种方法各有其优缺点，实践中应当扬长避短。

我国土建工程招标投标的实践经验证明，技术含量高、施工环节比较复杂的工程，宜采用综合评分法评标；而技术简单、施工环节少的一般工程，可以采用最低评标价法评标。

招标人或其授权评标委员会在评标报告的基础之上，从推荐的合格中标候选人中，确定中标人的过程称为定标。定标不能违背评标原则、标准、方法以及评标委员会的评标结果。

当采用最低评标价法评标时，中标人应是评标价最低，有充分理由说明这种低标价是合理的，且能满足招标文件的实质性要求，技术可靠、工期合理、财务状况理想的投标人。当采用综合评分法评标时，中标人应是能够最大限度地满足招标文件中规定的各项综合评价标准且综合评分最高的投标人。

在确定了中标人之后，招标人即可向中标人颁发"中标通知书"，明确其中标

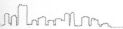

项目(标段)和中标价格(如无算术性错误,该价格即为投标总价)等内容。

9.2　投标过程

　　招标与投标构成围绕标的物的买方与卖方经济活动,是相互依存、不可分割的两个方面。施工项目投标是施工单位对招标的响应和企业之间工程造价的竞争,也是对管理能力、生产能力、技术措施、施工方案、融资能力、社会信誉、应变能力与掌握信息本领的竞争,是企业通过竞争获得工程施工权利的过程。

　　施工项目投标与招标一样,有其自身的运行规律与工作程序。参加投标的施工企业,在认真掌握招标信息、研究招标文件的基础上,根据招标文件的要求,在规定的期限内向招标单位递交投标文件,提出合理报价,以争取中标,最终实现获取工程施工任务的目的。

9.2.1　投标报价程序

　　与招标工作相同,投标工作也要遵循自身的规律和工作程序。工程项目投标工作程序可用如图9.1所示的流程图予以表示,参照本流程,工程项目投标工作程序主要有以下步骤。

　　(1)根据招标公告或招标人的邀请,筛选投标的有关项目,选择适合本企业承包的工程参加投标。

　　(2)向招标人提交资格预审申请书,并附上本企业营业执照及承包工程资格证明文件、企业简介、技术人员状况、历年施工业绩、施工机械装备等情况。

　　(3)经招标人投标资格审查合格后,向招标人购买招标文件及资料,并交付一定的投标保证金。

　　(4)研究招标文件中的合同要求、技术规范和图纸,了解合同特点和设计要点,制定初步施工方案,提出考察现场提纲和准备向招标人提出的疑问。

　　(5)参加招标人召开的标前会议,认真考察现场、提出问题、倾听招标人解答各单位的疑问。

　　(6)在认真考察现场及调查研究的基础上,修改原有施工方案,落实和制定切实可行的施工组织设计。在工程所在地材料单价、运输条件、运输距离的基础上编制出确切的材料单价,然后计算和确定标价,填好合同文件所规定的各种表函,盖好印鉴密封,在规定的时间内送达招标人。

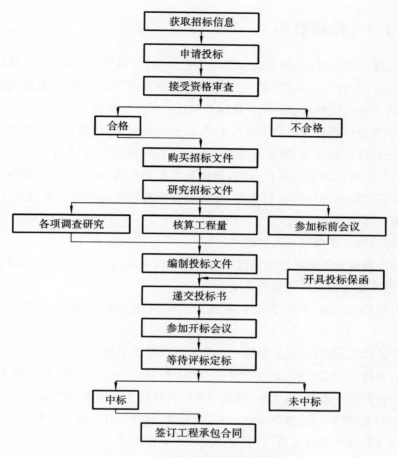

图 9.1　工程项目投标工作流程图

（7）参加招标人召开的开标会议，提供招标人要求补充的资料或回答需进一步澄清的问题。

（8）如果中标，与招标人一起依据招标文件规定的时间签订承包合同，并送上银行履约保函；如果不中标，及时总结经验和教训，按时撤回投标保证金。

9.2.2　投标资格

根据建筑市场准入制度的有关规定，在异地参加投标活动的施工企业，除了需要满足上述条件，投标前还需要到工程所在地建设行政主管部门，进行市场准入注册，获得行政许可，未能获得建设行政主管部门批准注册的施工企业，仍然不能够参加工程施工投标活动，特别是国际工程。

213

9.2.3　投标机构

进行施工项目投标，需要成立专门的投标机构，设置固定的人员，对投标活动的全部过程进行组织与管理。实践证明，建立强有力的由管理、金融与技术经验丰富的专家组成的投标组织是投标获取成功的有力保证。

为了掌握市场和竞争对手的基本情况，在投标中取胜，投标单位平时要注意了解市场的信息和动态，搜集竞争企业与有关投标的信息，积累相关资料。遇有招标项目时，对招标项目进行分析，研究有无参加价值；对于确定参加投标的项目，则应研究投标和报价编制策略，在认真分析投标失败经验的基础上，编制投标书，争取中标。

投标机构主要由以下人员组成。

（1）经理或业务副经理作为投标负责人和决策人，其职责是决定最终是否参加投标及参加投标项目的报价金额。

（2）建造工程师，其职责是编制施工组织设计方案、技术措施及处理技术问题。

（3）造价工程师，负责编制施工预算及投标报价工作。

（4）机械管理工程师，要根据投标项目工程特点，选型、配套、组织施工设备。

（5）材料供应人员，要了解、提供当地材料供应及运输能力情况。

（6）财务部门人员，提供企业工资、管理费、利润等有关成本资料。

（7）生产技术部门人员，负责安排施工作业计划等。

建设市场竞争越来越激烈，为了最大限度地争取投标的成功，对参与投标的人员也提出了更高的要求，不仅要求有经验丰富的建造师和设计师，还要求有精通业务的经济师和熟悉物资供应的人员。这些人员应熟悉各类招标文件和合同条件，如果是国际投标，这些人员则最好具有较高的外语水平。

9.2.4　投标报价

投标报价是潜在承包商投标时报出的工程承包价格。招标人常常将投标人的报价作为选择中标者的主要依据，同时报价也是投标文件中最重要的内容、影响投标人中标与否的关键所在和中标后影响承包商利润的主要指标。投标报价过低虽然容易中标，但中标后容易给承包商造成亏损的风险；投标报价过高对于投标人又存在失标的危险。因此，投标报价过高与过低都不可取，做出合适的投标报价是投标人中标的关键。

1. 现场考察

从购买招标文件到完成标书这一期间,投标人为投标而做的工作可统称为编标报价。

在这个过程中,投标工作组首先应当充分仔细研究招标文件。招标文件规定了承包人的职责和权利,以及对工程的各项要求,投标人必须高度重视。积极参加招标人组织的现场考察活动,是投标过程中一个非常重要的环节,其作用有两大方面:①如果投标人不参加由招标人安排的正式现场考察,可能会被拒绝投标;②通过参加现场考察,可以了解工程所在地的政治局势(对国际工程)与社会治安状态,工程地质地貌和气象条件,工程施工条件(交通、供电、供水、通信、劳动力供应、施工用地等),经济环境以及其他与施工相关的问题。当现场考察结束后,应当抓紧时间整理在现场考察中收集到的材料,把现场考察和研究招标文件时存在的疑问整理成书面文件,以便在标前会议上,请招标人给予解释和明确。

按照相关规定,投标人提出的报价,一般被认为是在现场考察的基础上编制的。一旦标书交出,如在投标日期截止后发现问题,投标人就无法因现场考察不周、情况不了解而提出修改标书、调整标价或给予补偿的要求。

另外,编制标书需要的许多数据和情况也要从现场考察中得出。因此,投标人在报价之前,必须认真地进行工程现场考察,全面、细致地了解工地及其周围的政治、经济、地理、法律等情况。如考察时间不够,参加编标的人员在标前会议结束后,一定要留下几天,再到现场查看一遍,或重点补充考察,并在当地作材料、物资等调查研究,仔细收集编标的资料。

2. 标前会议

标前会议也称投标预备会,是招标人给所有投标人提供的一次答疑的机会,有利于投标人加深理解招标文件、了解施工现场和准确认识工程项目施工任务。凡是想参加投标并希望获得成功的投标人,都应认真准备和积极参加标前会议。投标人参加标前会议时应注意以下 5 点。

(1)对工程内容、范围不清的问题,应提请解释、说明,但不要提出任何修改设计方案的要求。

(2)如招标文件中的图纸、技术规范存在相互矛盾之处,可请求说明以何为准,但不要轻易提出修改的要求。

（3）对含糊不清、容易产生歧义的合同条款，可以请求给予澄清、解释，但不要提出任何改变合同条件的要求。

（4）应注意提问的技巧，注意不使竞争对手从自己的提问中，获悉本公司的投标设想和施工方案。

（5）招标人或咨询工程师在标前会议上，对所有问题的答复均应发出书面文件，并作为招标文件的组成部分。投标人不能仅凭口头答复来编制自己的投标文件。

3. 报价编制原则

（1）报价要合理。在对招标文件进行充分、完整、准确理解的基础上，编制出的报价是投标人施工措施、能力和水平的综合反映，应是合理的较低报价。当标底计算依据比较充分、准确时，适当的报价不应与标底相差太大。当报价高出标底许多时，往往不被招标人考虑；当报价低于标底较多时，则会使投标人盈利减少，风险加大，且易造成招标人对投标者不信任。因此，合理的报价应与投标者本身具备的技术水平和工程条件相适应，接近标底，低而适度，尽可能为招标者理解和接受。

（2）单价合理可靠。各项目单价的分析、计算方法应合理可行，施工方法及所采用的设备应与投标书中施工组织设计相一致，以提高单价的可信度与合理性。

（3）较高的响应性和完整性。投标单位在编制报价时，应按招标文件规定的工作内容、价格组成与计算填写方式，编制投标报价文件，从形式到实质都要对招标文件给予充分响应。投标文件应完整，否则招标人可能拒绝投标人的投标。

4. 编制报价的主要依据

（1）招标文件、设计图纸。

（2）施工组织设计。

（3）施工规范。

（4）国家、部门、地方或企业定额。

（5）国家、部门或地方颁发的各种费用标准。

（6）工程材料、设备的价格及运杂费。

（7）劳务工资标准。

（8）当地生活、物资价格水平。

5. 投标报价的组成及计算

投标总报价的费用组成由招标文件规定,通常由以下几部分组成。

(1)主体工程费用。

主体工程费用包括由承包人承担的直接工程费、间接费、其他费用、税金等全部费用和要求获得的利润,可采用定额法或实物量法进行分析计算。主体工程费用中的其他费用主要指不单独列项的临时工程费用、承包人应承担的各种风险费用等。

直接工程费、间接费、税金和利润的内容,应与概算、预算编制的费用组成相同。在计算主体工程费用时,若采用定额法计算单价,人、材、机的消耗量可在行业有关定额基础上结合企业情况进行调整,以使投标价具有竞争力,或直接采用本企业自己的定额。人工单价可参照现行概算、预算编制办法规定的人工费组成,结合本企业的具体情况和建筑市场竞争情况进行确定。计算材料、设备价格时,如果属于业主供应部分则按业主提供的价格计算,其余材料应按市场调查得到的实际价格计算。其他直接费、间接费、施工利润等,要根据投标工程的类别、地区及合同要求,结合本单位的实际情况,参考现行有关概(估)算费用构成及计算办法的规定计算。

(2)临时工程费用。

临时工程费用计算一般有以下三种情况。

①工程量清单中列出了临时工程量。此时,临时工程费用的计算方法与主体工程费用的计算方法相同。

②工程量清单中列出了临时工程项目,但未列具体工程量,要求总价承包。此时,投标人应根据施工组织设计估算工程量,计算该费用。

③分项工程量清单中未列临时工程项目。此时,投标人应将临时工程费用摊入主体工程费用,其分摊方法与标底编制中分摊临时工程费用的方法相同。

(3)保险种类及金额。

招标文件中的"合同条款"和"技术条款"一般对项目保险种类及金额做出了具体规定。

①工程险和第三者责任险。若合同规定由承包人负责投保工程险和第三者责任险,承包人应按"合同条款"的规定和"工程量清单"所列项目专项列报。若合同规定由发包人负责投保工程险和第三者责任险,则承包人无须列报。

投标人投标时,工程险的保险金额可暂按工程量清单中各项目的合计金额

(不包括备用金以及工程险和第三者责任险的保险费)加上附加费计算,其保险费按保险公司的保险费率进行计算。第三者责任险的保险金额则按招标文件的工程量清单中规定的投保金额(或投标人自己确定的金额)计算,其保险费按保险公司的保险费率进行计算。上述两项保险费分别填写在工程量清单内该两项各自的合价栏内。

②施工设备险和人身意外伤害险。施工设备险和人身意外伤害险通常都由承包人负责投保,发包人不另行支付。施工设备险计入施工设备运行费用,人身意外伤害险摊入各项目的人工费。

(4)中标服务费。

当采用代理招标时,招标人支付给招标代理机构的费用可以中标服务费名义列在投标报价汇总表中。中标服务费按招标项目的报价总金额乘以规定的费率进行计算。

(5)备用金。

备用金指签订协议书时,尚未确定或不可预见项目的备用金额。备用金由发包人在招标文件的"工程量清单"中列出,投标人在计算投标总报价时不得调整。

6. 报价编制程序

编制投标报价与编制标底的程序和方法基本相同,只是两者的作用和分析问题的角度不同,报价编制程序主要如下。

(1)研究并"吃透"招标文件。

(2)复核工程量,在总价承包中,此项工作尤为重要。

(3)了解投标人编制的施工组织设计。

(4)根据标书格式及填写要求,进行报价计算。要根据报价策略做出各个报价方案,供投标决策人参考。

(5)做出投标决策,确定最终报价。

(6)编制投标书。

9.3　投标决策与技巧

在激烈竞争的市场环境下,投标人为了企业的生存与发展,采用的投标对策被称为报价策略。能否恰当地运用报价策略,对投标人能否中标或中标后完成该项目能否获得较高利润,影响极大。在工程施工投标中,常用的报价策略大致有如下几种。

9.3.1　以获得较大利润为投标策略

若施工企业的经营业务近期比较饱和,且该企业施工设备和施工水平又较高,同时投标的项目施工难度较大、工期短、竞争对手少,这种情况下所投标的报价则可以比一般市场价格高一些,以获得较大利润。

9.3.2　以保本或微利为投标策略

若施工企业的经营业务近期不饱满,或预测市场上将要开工的工程项目较少,为防止窝工,投标策略往往是多抓几个项目,标价以微利、保本为主。

要确定一个低而适度的报价,首先要编制出先进合理的施工方案。在此基础上计算出能够确保合同工期要求和质量标准的最低预算成本。降低项目预算成本要从降低直接费、现场经费和间接费着手,其具体做法和技巧如下。

1. 发挥施工企业优势,降低成本

每个施工企业都有自身的长处和优势,只有发挥这些优势来降低成本,从而降低报价,这种优势才会在投标竞争中起到实质性作用,即把企业优势转化为价值形态。一个施工企业的优势,一般可以从下列 5 个方面来表示。

(1)职工素质高:技术人员云集、施工经验丰富、工人技术水平高、劳动态度好、工作效率高。

(2)技术装备强:企业设备新、性能先进、配套齐全、使用效率高、运转劳务费低、耗油低。

(3)材料供应:有一定的周转材料,有稳定的来源渠道,价格合理、运输方便、运距短、费用低。

(4)施工技术设计:施工人员经验丰富、提出了先进的施工组织设计、方案切实可行、组织合理、经济效益好。

(5)管理体制:劳动组合精干、管理机构精炼、管理费开支低。

当投标人具有某些优势时,在计算报价的过程中,就不必照搬统一的工程预算定额和费率,而是结合企业实际情况将优势转化为较低的报价。

2. 运用其他方法降低预算成本

有些投标人采用预算定额不变,适当降低现场经费、间接费和利润的策略,

降低报价,争取中标。

9.3.3　以最大限度的低报价为投标策略

有些施工企业为了参加市场竞争,打入其他新的地区、开辟新的业务,并想在这个地区占据一定的位置,往往在第一次参加投标时,用最大限度的低报价、保本价、无利润价甚至有少量亏损的报价进行投标。中标后在施工中充分发挥企业专长,在质量上、工期上(出乎业主估计的短工期)取胜,创优质工程,创立新的信誉,缩短工期,使业主早得益。企业得以立足,同时取得业主的信任,获得提前奖,使企业不亏本。

9.3.4　超常规报价

在激烈的市场竞争中,有的投标人报出超常规的低价,令业主和竞争对手吃惊。超常规的报价方法,常用于施工企业面临生存危机或者竞争对手较强,为了保住市场或急于解决企业窝工问题的情况。

一旦中标,除可解决窝工的危机、保住市场外,还可以促进企业加强管理,精兵简政,优化组合,采取合理的施工方法,采用新工艺、降低消耗和成本来完成项目,力争减少亏损或不亏损。

为了在激烈的市场竞争中能够战胜对手、获得中标、最大限度地争取高额利润,投标人投标报价时除要灵活运用上述策略外,在计算标价时还需要采用一定的技巧,即在工程成本不变的情况下,设法把对外标价报得低一些,待中标后再按既定办法争取获得较多的收益。在报价时,这两方面必须相辅相成,以提高战胜竞争对手的可能性。以下介绍一些投标时经常采用的报价技巧与思路,以供参考。

1. 不平衡单价法

不平衡单价法是投标报价中最常采用的一种方法。所谓不平衡单价,即在保持总价水平的前提下,将某些项目的单价定得比正常水平高一些,而另外一些项目的单价则可以比正常水平低一些,但这种调整又应保持在一定限度内,避免因为某一单价的明显不合理而使投标报价成为无效报价。常采用的不平衡单价法有下列 6 种。

(1)为了将初期投入的资金尽早回收,以减少资金占用时间和贷款利息,而将待摊入单价中的各项费用多摊入早收款的项目(如施工动员费、基础工程、土方工程等），使这些项目的单价提高，而将后收款的项目的单价适当降低，这样可以提前回收资金，既有利于资金周转，存款也有利息。

（2）对在工程实施中工程量可能增加的项目适当提高单价，而对在工程实施中工程量可能减少的项目则适当降低单价。这样处理，虽然表面上维持总报价不变，但在今后实施过程中，承包商将会得到更多的工程付款。这种做法在公路、铁路、水坝以及各类难以准确计算工程量的室外工程项目的投标中常被采用。这一方法的成功与否取决于承包商在投标复核工程量时，对今后增减某些分项工程量所作的估计是否正确。

（3）图纸不明确或有错误的，估计今后有可能修改的项目的单价可提高，工程内容说明不清楚的项目的单价可降低，这样做有利于以后的索赔。

（4）工程量清单中无工程量而只填单价的项目（如土方工程中的挖淤泥、岩石等备用单价），其单价宜高一些。因为这样做不会影响总报价，而一旦产生工程量时可以多获利。

（5）对于暂定金额（或工程），分析其将来要做的可能性大的，价格可定高一些，估计不一定发生的，价格可定低一些，以增加中标机会。

（6）零星用工（计日工）单价，一般可稍高于工程单价中的工资单价，因它不属于承包价的范围，发生时实报实销，也可多获利。但有的招标文件为了限制投标人随意提高计日工价，对零星用工给出一个"名义工程量"而计入总价，此时则不必提高零星用工单价了。

2. 利用可谈判的"无形标价"

在投标文件中，某些不以价格形式表达的"无形标价"，在开标后有谈判的余地，承包人可利用这种条件争取收益。如一些发展中国家的货币对世界主要外币的兑换率逐年贬值，在这些国家投标时，投标文件填报的汇率可以提高一些。因为投标时一般是规定采用投标截止日前 30d 官方公布的固定外汇。承包商在得到有汇差的外汇付款后，再及早换成当地货币使用，就可以由汇率的差值而得到额外收益。

3. 利用调价系数

多数施工承包合同中都包括有关价格调整的条款，并给出利用物价指数计算调价系数的公式，付款时承包人可根据该系数得到由于物价上涨的补偿。投标人在投标阶段就应对该条款进行仔细研究，以便利用该条款得到最大的补偿。对此，可考虑如下 3 种情况。

（1）有的合同提供的计算调价系数的公式中各项系数未定,标书中只给出一个系数的取值范围,要求承包者自己确定系数的具体值。此时,投标人应在掌握物价趋势的基础上,对于价格增长较快的项目取较高的系数,对于价格较稳定的项目取较低的系数。这样,最终计算出的调价系数较高,因而可得到较高的补偿。

（2）在各项费用指数或系数已确定的情况下,计算各分项工程的调价系数,并预测公式中各项费用的变化趋势。在保持总报价不变的情况下,利用上述不平衡报价的原理,对计算出的调价系数较大的工程项目报较高的单价,可获较大的收益。

（3）公式中外籍劳务和施工机械两项,一般要求承包人提供承包人本国或相应来源国的有关当局发布的官方费用指数。有的招标文件还规定,在投标人不能提供这类指数时,则采用工程所在国的相应指数。利用这一规定,就可以在本国的指数和工程所在国的指数间选择。国际工程施工机械常可能来源于多个国家,在主要来源国不明确的条件下,投标人可在充分调查研究的基础上,选用费用上涨可能性较大的国家的官方费用指数。这样,计算出的调价系数较大。

4. 附加优惠条件

如在投标书中主动附加带资承包、延期付款、缩短工期或留赠施工设备等,可以吸引业主,提高中标的可能性。

9.3.5 其他手法

国际上还有一些报价手法,也可了解以资借鉴,现择要介绍如下。

1. 扩大标价法

这种方法比较常用,即除按正常的已知条件编制价格外,对工程中变化较大或没有把握的工程项目,采用扩大单价,增加"不可预见费"的方法来减少风险。但是采用这种方法,往往因总价过高而不易中标。

2. 先亏后盈法

采用这种方法必须要有十分雄厚的实力或有国家、大集团作后盾,即为了占领某一市场或在某一地区打开局面,而采取的一种不惜代价,只求中标的手段。这种方法虽然报价低到其他承包商无法与之竞争的地步,但还要看其工程质量和信誉如何。如果以往的工程质量和信誉不好,则也不一定会中标,而第二、三中标候选人反而有了中标机会。此外,这种方法即使一时奏效,但中标承包的结果必然是亏本,今后能否赚回来很难说。因此,这种方法实际上是一种冒险方法。

3. 开口升级报价法

这种方法是报价时把工程中的一些难题,如特殊基础等造价较多的部分抛开作为活口,将标价降至其他承包商无法与之竞争的数额(在报价中应加以说明)。利用这种"最低报价"来吸引业主,从而取得与业主商谈的机会,再利用活口进行升级加价,以达到最终赢利的目的。

4. 多方案报价法

这是利用工程说明书或合同条款不够明确之处,以争取达到修改工程说明书和合同为目的的一种报价方法。当工程说明书和合同条款中有某些不够明确之处时,承包商往往要承担很大的风险。为了减少风险就须扩大工程单价,增加"不可预见费",但这样做又会因报价过高而增加被淘汰的可能性。

多方案报价法就是为应对这种两难局面而出现的,其具体做法是在标书上报两个单价:①按原工程说明书和合同条款报一个价;②注释"如工程说明书或合同条款可作某些改变,则可降低若干费用",以使报价成为最低的,吸引业主修改说明书和合同条款。还有一种方法是对工程中一部分没把握的工作注明采用成本加若干酬金结算的办法,但有些国家规定,政府工程合同的文字是不准改动的,经过改动的报价单即为无效,此时,这个方法就不能用。

5. 突然袭击法

这是一种迷惑对手的竞争手段。在整个报价过程中,仍然按一般情况进行,甚至故意宣扬自己对该工程兴趣不大(或很大),等快到投标截止日期时,突然降价(或加价),使竞争对手措手不及。采用这种方法是因为竞争对手之间总是相互探听对方的报价情况,绝对保密是很难做到的。如果不搞突然袭击,则自己的报价很可能被竞争对手所了解,对手会将自己的报价压到稍低的价格,从而提高中标机会。

第 10 章　水利工程施工质量管理

10.1　质量管理概述

10.1.1　工程项目质量和质量控制的概念

1. 工程项目质量

质量是反映实体满足明确或隐含需要能力的特性的总和。工程项目质量是国家现行的有关法律、法规、技术标准、设计文件及工程承包合同对工程的安全、适用、经济、美观等特征的综合要求。

从功能和使用价值来看,工程项目质量体现在适用性、可靠性、经济性、外观质量与环境协调等方面。因工程项目是依据项目法人的需求而兴建的,故各工程项目的功能和使用价值的质量应满足不同项目法人的需求,并无统一标准。

从工程项目质量的形成过程来看,工程项目质量包括工程建设各个阶段的质量,即可行性研究质量、工程决策质量、工程设计质量、工程施工质量、工程竣工验收质量。

工程项目质量具有两个方面的含义:①工程产品的特征性能,即工程产品质量;②参与工程建设的各方面的工作水平、组织管理等,即工作质量。工作质量包括社会工作质量和生产过程工作质量。社会工作质量主要是指社会调查、市场预测、维修服务等的质量。生产过程工作质量主要包括管理工作质量、技术工作质量、后勤工作质量等,最终将反映在工序质量上,而工序质量直接受人、原材料、机具设备、工艺及环境五方面因素的影响。因此,工程项目质量是各环节、各方面工作质量的综合反映,而不是单纯靠质量检验查出来的。

2. 工程项目质量控制

质量控制是指为达到质量要求而采取相应的作业技术和实施相关作业活动,工程项目质量控制实际上就是对工程在可行性研究、勘测设计、施工准备、建设实施、后期运行等各阶段、各环节、各因素的全程、全方位的质量监督控制。工程项目质量有一个产生、形成和实现的过程,应控制这个过程中的各环节,以满足工程合同、设计文件、技术规范规定的质量标准。在我国的工程项目建设中,工程项目质量控制按其实施者的不同,可分为以下 3 类。

（1）项目法人方面的质量控制。

项目法人方面的质量控制,主要是委托监理单位依据国家的法律、规范、标准和工程建设的合同文件,对工程建设进行监督和管理。其特点是外部的、横向的、不间断的控制。

（2）政府方面的质量控制。

政府方面的质量控制是通过政府的质量监督机构来实现的,其目的在于维护社会公共利益,保证技术性法规和标准的贯彻执行。其特点是外部的、纵向的、定期或不定期抽查。

（3）承包人方面的质量控制。

承包人主要是通过建立健全质量保证体系,加强工序质量管理,严格施行"三检制"(即初检、复检、终检),避免返工,提高生产效率等方式来进行质量控制。其特点是内部的、自身的、连续的控制。

10.1.2　工程项目质量的特点

建筑产品具有位置固定、生产流动性、项目单件性、生产一次性、受自然条件影响大等特点,这决定了工程项目质量具有以下特点。

1. 影响因素多

影响工程质量的因素是多方面的,如人、机械、材料、方法、环境(人、机、料、法、环)等均直接或间接地影响着工程质量,尤其是水利水电工程项目主体工程的建设,一般由多家承包单位共同完成,故其质量形式更为复杂,影响因素更多。

2. 质量波动大

由于工程建设周期长,在建设过程中易受到系统因素及偶然因素的影响,产品质量易产生波动。

3. 质量变异大

由于影响工程质量的因素较多,任何因素的变异均会引起工程项目的质量变异。

4.质量具有隐蔽性

由于工程项目在实施过程中,工序交接多,中间产品多,隐蔽工程多,取样数量受到各种因素、条件的限制,产生错误判断的概率增大。

5.终检局限性大

因为建筑产品具有位置固定等自身特点,质量检验时不能解体、拆卸,所以在工程项目终检验收时难以发现工程内在的、隐蔽的质量缺陷。

此外,质量、进度和投资目标三者之间既对立又统一的关系,使工程质量受到投资、进度的制约。因此,应针对工程质量的特点,严格控制质量,并将质量控制贯穿于项目建设的全过程。

10.1.3 工程项目质量控制的原则

在工程项目建设过程中,其质量控制应遵循以下几项原则。

1.质量第一原则

"百年大计,质量第一"。工程建设与国民经济的发展和人民生活的改善息息相关。质量的好坏直接关系到国家能否繁荣富强,人民生命财产能否安全,子孙能否幸福,所以必须牢固树立"质量第一"的思想。

要确立质量第一的原则,必须弄清并且摆正质量和数量、质量和进度之间的关系。不符合质量要求的工程,数量和进度都将失去意义,也没有任何使用价值,而且数量越多,进度越快,国家和人民遭受的损失也将越大。因此,好中求多、好中求快、好中求省才符合质量管理要求。

2.预防为主原则

对于工程项目的质量,我国长期以来采取事后检验的方法,认为严格检查就能保证质量,实际上这是远远不够的,应该从消极防守的事后检验变为积极预防的事前管理。因为好的建筑产品是好的设计、好的施工所产生的,不是检查出来的。我们必须在项目管理的全过程中,事先采取各种措施,消灭种种不符合质量要求的因素,以保证建筑产品质量。如果影响质量的各因素(人、机、料、法、环)预先得到控制,工程项目的质量就有了可靠的前提条件。

3.为用户服务原则

建设工程项目是为了满足用户的要求,尤其是要满足用户对质量的要求。

真正好的质量是用户完全满意的质量。进行质量控制就是要把为用户服务的原则作为工程项目管理的出发点,贯穿到各项工作中去。同时,要在项目内部树立"下道工序就是用户"的思想。各个部门、各种工作、各种人员都有前、后的工作顺序,前道工序的工作一定要保证质量,凡达不到质量要求的不能交给下道工序,一定要使"下道工序"这个用户感到满意。

4. 用数据说话原则

质量控制必须建立在有效的数据基础之上,必须依靠能够确切反映客观实际的数字和资料,否则就谈不上科学的管理。一切用数据说话,就需要用数理统计方法对工程实体或工作对象进行科学的分析和整理,从而研究工程质量的波动情况,寻求影响工程质量的主次原因,采取改进质量的有效措施,掌握保证和提高工程质量的客观规律。

在很多情况下,评定工程质量时,虽然也按规范标准进行检测计量,会产生一些数据,但是这些数据往往不完整、不系统,没有按数理统计要求积累数据、抽样选点,所以难以汇总分析,有时只能统计加估计,抓不住质量问题,既不能完全表达工程的内在质量状态,也不能有针对性地进行质量教育,提高企业素质。所以,必须树立起"用数据说话"的意识,从积累的大量数据中找出控制质量的规律,以保证工程项目的优质建设。

10.1.4　工程项目质量控制的任务

工程项目质量控制的任务就是,根据国家现行的有关法规、技术标准和工程合同规定的工程建设各阶段质量目标,实施全过程的监督管理。工程建设各阶段的质量目标不同,因此需要分别确定各阶段的质量控制对象和任务。

1. 工程项目决策阶段质量控制的任务

(1)审核可行性研究报告是否符合国民经济发展的长远规划、国家经济建设的方针政策。

(2)审核可行性研究报告是否符合工程项目建议书或业主的要求。

(3)审核可行性研究报告是否具有可靠的基础资料和数据。

(4)审核可行性研究报告是否符合技术经济方面的规范标准和定额等指标要求。

(5)审核可行性研究报告的内容、深度和计算指标是否达到标准要求。

2.工程项目设计阶段质量控制的任务

(1)审查设计基础资料的正确性和完整性。

(2)编制设计招标文件,组织设计方案竞赛。

(3)审查设计方案的先进性和合理性,确定最佳设计方案。

(4)督促设计单位完善质量保证体系,建立内部专业交底及专业会签制度。

(5)进行设计质量跟踪检查,控制设计图纸的质量。在初步设计和技术设计阶段,主要检查生产工艺及设备的选型、总平面布置、建筑与设施的布置、采用的设计标准和主要技术参数;在施工图设计阶段,主要检查计算是否有错误、选用的材料和做法是否合理、标注的各部分设计标高和尺寸是否有错误、各专业设计之间是否有矛盾等。

3.工程项目施工阶段质量控制的任务

施工阶段质量控制是工程项目全过程质量控制的关键环节。根据工程质量形成的时间,施工阶段的质量控制又可分为质量的事前控制、事中控制和事后控制,其中事前控制为重点控制。

(1)事前控制。

①审查承包商及分包商的技术资质。

②协助承包商完善质量体系,包括完善计量及质量检测技术和手段等,同时对承包商的实验室资质进行考核。

③督促承包商完善现场质量管理制度,包括现场会议制度、现场质量检验制度、质量统计报表制度和质量事故报告及处理制度等。

④与当地质量监督站联系,争取其配合、支持和帮助。

⑤组织设计交底和图纸会审,对某些工程部位应下达质量要求标准。

⑥审查承包商提交的施工组织设计,保证工程质量具有可靠的技术措施作保障。审核工程中采用的新材料、新结构、新工艺、新技术的技术鉴定书;对工程质量有重大影响的施工机械、设备,应审核其技术性能报告。

⑦对工程所需原材料、构配件的质量进行检查与控制。

⑧对永久性生产设备或装置,应按审批同意的设计图纸组织采购或订货,到场后进行检查验收。

⑨对施工场地进行检查验收。检查施工场地的测量标桩、建筑物的定位放线以及高程水准点,重要工程还应复核,落实现场障碍物的清理、拆除等。

⑩把好开工关。对现场各项准备工作检查合格后,方可发开工令;停工的工

程,未发复工令者不得复工。

(2)事中控制。

①督促承包商完善工序控制措施。工程质量是在工序中产生的,工序控制对工程质量起着决定性的作用。应把影响工序质量的因素都纳入控制范围,建立质量管理点,及时检查和审核承包商提交的质量统计分析资料和质量控制图表。

②严格进行工序交接检查。主要工作作业(包括隐蔽作业)需按有关验收规定,经检查验收合格后,方可进行下一工序的施工。

③重要的工程部位或专业工程(如混凝土工程)要做试验或技术复核。

④审查质量事故处理方案,并对处理效果进行检查。

⑤对完成的分部(分项)工程,按相应的质量评定标准和办法进行检查验收。

⑥审核设计变更和图纸修改。

⑦按合同行使质量监督权和质量否决权。

⑧组织定期或不定期的质量现场会议,及时分析、通报工程质量状况。

(3)事后控制。

①审核承包商提供的质量检验报告及有关技术性文件。

②审核承包商提交的竣工图。

③组织联动试车。

④按规定的质量评定标准和办法,进行检查验收。

⑤组织项目竣工总验收。

⑥整理有关工程项目质量的技术文件,并编目、建档。

4. 工程项目保修阶段质量控制的任务

(1)审核承包商的工程保修书。

(2)检查、鉴定工程质量状况和工程使用情况。

(3)对出现的质量缺陷,确定责任者。

(4)督促承包商修复缺陷。

(5)在保修期结束后,检查工程保修状况,移交保修资料。

10.1.5　工程项目质量影响因素的控制

在工程项目建设的各个阶段,影响工程项目质量的主要因素就是人、机、料、法、环五大方面。为此,应对这五个方面的因素进行严格的控制,以确保工程项

目质量。

1. 对人的因素的控制

人是工程质量的控制者，也是工程质量的"制造者"。工程质量与人的因素是密不可分的。控制人的因素，如调动人的积极性、避免人为失误等，是控制工程质量的关键。

（1）领导者的素质。

领导者是具有决策权力的人，其整体素质是提高工作质量和工程质量的关键，因此在对承包商进行资质认证和选择时一定要考核领导者的素质。

（2）人的理论水平和技术水平。

人的理论水平和技术水平是人的综合素质的表现，它直接影响工程项目质量，尤其是技术复杂、操作难度大、精度要求高、工艺新的工程对人员素质要求更高，若无法保证相关人员的理论水平和技术水平，工程质量也就很难保证。

（3）人的生理缺陷。

根据工程施工的特点和环境，应严格控制人的生理缺陷，如患有高血压、心脏病的人不能从事高空作业和水下作业，反应迟钝、应变能力差的人不能操作快速运行、动作复杂的机械设备等，否则，将影响工程质量，引发安全事故。

（4）人的心理行为。

影响人的心理行为的因素很多，而人的心理因素（如疑虑、畏惧、抑郁等）很容易使人产生愤怒、怨恨等情绪，使人的注意力转移，由此引发质量、安全事故。所以，在审核企业的资质水平时，要注意企业职工的凝聚力、职工的情绪等，这也是选择企业的一条标准。

（5）人的错误行为。

人的错误行为是指人在工作场地或工作中吸烟、打盹、错视、错听、误判断、误动作等，这些都会影响工程质量或造成质量事故。所以，在有危险的工作场所，应严格禁止吸烟、嬉戏等。

（6）人的违纪违章。

人的违纪违章是指人的粗心大意、注意力不集中、不履行安全措施等不良行为，会对工程质量造成损害，甚至引发工程质量事故。所以，在用人时，应从思想素质、业务素质和身体素质等方面严格筛选。

2. 对机械因素的控制

机械设备是工程建设不可缺少的设施。目前，工程建设的施工进度和施工质量都与机械设备关系密切,因此在施工阶段,必须对机械设备的选型、主要性能参数以及使用、操作要求等进行控制。

(1)机械设备的选型。

机械设备的选型应因地制宜,按照技术先进、经济合理、生产适用、性能可靠、使用安全、操作和维修方便等原则来选择。

(2)机械设备的主要性能参数。

机械设备的性能参数是选择机械设备的主要依据,为满足施工的需要,在参数选择上可适当留有余地,但不能选择超出需要很多的机械设备,否则,容易造成经济上的不合理。机械设备的性能参数很多,要综合各参数确定合适的机械设备。在这方面,要结合机械施工方案,择优选择机械设备;要严格把关,不符合需要和有安全隐患的机械不准进场。

(3)机械设备的使用、操作要求。

合理使用机械设备、正确地进行操作是保证工程项目施工质量的重要环节,应贯彻"人机固定"的原则,实行定机、定人、定岗位的制度。操作人员必须认真执行各项规章制度,严格遵守操作规程,防止出现安全质量事故。

3. 对材料因素的控制

(1)材料质量控制的要点

①掌握材料信息,优选供货厂家。应掌握材料信息,优先选有信誉的厂家供货,对于主要材料、构配件,在订货前必须经监理工程师论证同意。

②合理组织材料供应。应协助承包商合理地组织材料采购、加工、运输、储备。尽量加快材料周转,按质、按量、如期满足工程建设需要。

③合理地使用材料,减少材料损失。

④加强材料检查验收。用于工程上的主要建筑材料,进场时必须具备正式的出厂合格证和材质化验单,否则,应作补检。工程中所用的各种构配件,必须具有厂家批号和出厂合格证。

凡是标志不清或质量有问题的材料,对质量保证资料有怀疑或与合同规定不相符的一般材料,应进行一定比例的材料试验,并需要追踪检验。对于进口的材料和设备,以及重要工程或关键施工部位所用材料,应全部进行检验。

⑤重视材料的使用认证,以防错用或使用不当。

(2)材料质量控制的内容。

①材料质量的标准。材料质量的标准是用以衡量材料标准的尺度,并作为

验收、检验材料质量的依据。具体的材料标准指标可参见相关材料手册。

②材料质量的检验、试验。材料质量的检验目的是通过一系列的检测手段，将取得的材料数据与材料的质量标准相比较，用以判断材料质量的可靠性。

③材料质量的检验方法。a.书面检验：通过对提供的材料质量保证资料、试验报告等进行审核，获得认可方能使用。b.外观检验：对材料品种、规格、标志、外形尺寸等进行直观检查，看有无质量问题。c.理化检验：借助试验设备和仪器对材料样品的化学成分、机械性能等进行科学的鉴定。d.无损检验：在不破坏材料样品的前提下，利用超声波、X射线、表面探伤检测仪等进行检测。

④材料质量检验程度。材料质量检验程度分为免检、抽检和全部检查（简称全检）。a.免检是免去质量检验工序。对有足够质量保证的一般材料，以及实践证明质量长期稳定而且质量保证资料齐全的材料，可予以免检。b.抽检是按随机抽样的方法对材料抽样检验，如对材料的性能不清楚，对质量保证资料有怀疑，或对成批生产的构配件，均应按一定比例进行抽样检验。c.全检是对进口的材料、设备和重要工程部位的材料，以及贵重的材料，进行全部检验，以确保材料和工程质量。

⑤材料质量检验项目。材料质量检验项目一般可分为一般检验项目和其他检验项目。

⑥材料质量检验的取样。材料质量检验的取样必须具有代表性，也就是所取样品的质量应能代表该批材料的质量。在采取试样时，必须按规定的部位、数量及采选的操作要求进行。

⑦材料抽样检验的判断。抽样检验是对一批产品（个数为 M）一次抽取 N 个样品进行检验，用其结果来判断该批产品是否合格。

⑧材料的选择和使用要求。材料选择不当和使用不正确会严重影响工程质量或造成工程质量事故。因此，在施工过程中，必须针对工程项目的特点和环境要求及材料的性能、质量标准、适用范围等多方面综合考察，慎重选择和使用材料。

4. 对方法的控制

对方法的控制主要是指对施工方案的控制，也包括对整个工程项目建设期内所采用的技术方案、工艺流程、组织措施、检测手段、施工组织设计等的控制。对一个工程项目而言，施工方案恰当与否直接关系到工程项目质量的好坏和工程项目的成败，所以应重视对方法的控制。这里说的方法控制，在工程施工的不同阶段,其侧重点也不相同,但都是围绕确保工程项目质量这个目的进行的。

5.对环境因素的控制

影响工程项目质量的环境因素很多,有工程技术环境、工程管理环境、劳动环境等。环境因素对工程质量的影响复杂而且多变,因此应根据工程特点和具体条件,对影响工程质量的环境因素进行严格控制。

10.2　质量体系建立与运行

10.2.1　施工阶段的质量控制

1.质量控制的依据

施工阶段的质量管理及质量控制的依据大体上可分为两类,即共同性依据和专门技术法规性依据。

共同性依据是指那些适用于工程项目施工阶段,与质量控制有关,具有普遍指导意义和必须遵守的基本文件。共同性依据主要有工程承包合同文件、设计文件,国家和行业现行的质量管理方面的法律、法规文件。

工程承包合同中分别规定了参与施工建设的各方在质量控制方面的权利和义务,可据此对工程质量进行监督和控制。

有关质量检验与控制的专门技术法规性依据是指针对不同行业、不同的质量控制对象而制定的技术法规性文件,主要包括以下几类。

(1)已批准的施工组织设计。它是承包单位进行施工准备和指导现场施工的规划性、指导性文件,详细规定了工程施工的现场布置、人员设备的配置、作业要求、施工工序和工艺、技术保证措施、质量检查方法和技术标准等,是进行质量控制的重要依据。

(2)合同中引用的国家和行业的现行施工操作技术规范、施工工艺规程及验收规范。它是维护正常施工的准则,与工程质量密切相关,必须严格遵守执行。

(3)合同中引用的有关原材料、半成品、配件方面的质量依据。如水泥、钢材、骨料等有关产品技术标准,水泥、骨料、钢材等有关检验、取样方法的技术标准,有关材料验收、包装、标志的技术标准。

(4)制造厂提供的设备安装说明书和有关技术标准。这是施工安装承包人

进行设备安装必须遵循的重要技术文件,也是检查和控制质量的依据。

2.质量控制的方法

施工过程中的质量控制方法主要有旁站检查、测量、试验等。

(1)旁站检查。

旁站检查是指有关管理人员对重要工序(质量控制点)的施工所进行的现场监督和检查,以避免质量事故的发生。旁站检查也是驻地监理人员的一种主要现场检查形式。根据工程施工难度及复杂性,可采用全过程旁站检查、部分时间旁站检查两种方式。对容易产生缺陷的部位,或产生缺陷难以补救的部位,以及隐蔽工程,应加强旁站检查。

在旁站检查中,必须检查承包人在施工中所用的设备、材料及混合料是否符合已批准的文件要求,检查施工方案、施工工艺是否符合相应的技术规范。

(2)测量。

测量是控制建筑物尺寸的重要手段,应对施工放样及高程控制进行核查,不合格者不准开工。对模板工程和已完工程的几何尺寸、高程、宽度、厚度、坡度等质量指标,按规定要求进行测量验收,不符合规定要求的须进行返工。测量记录均要经工程师审核签字后方可使用。

(3)试验。

试验是工程师确定各种材料和建筑物内在质量是否合格的重要方法。所有工程使用的材料都必须事先经过材料试验,质量必须满足产品标准,并经工程师检查批准后,方可使用。材料试验包括水泥、粗骨料、沥青、土工织物等各种原材料试验,不同等级混凝土的配合比试验,外购材料及成品质量证明和必要的鉴定试验,仪器设备的校调试验,加工后的成品强度及耐用性检验,工程检查等。没有试验数据的工程不予验收。

3.工序质量监控

(1)工序质量监控的内容。

工序质量监控主要包括对工序活动条件的监控和对工序活动效果的监控。

①对工序活动条件的监控。对工序活动条件的监控是指对影响工程生产的因素进行控制。对工序活动条件的监控是工序质量监控的手段。虽然在开工前对生产活动条件已进行了初步控制,但在工序活动中有的条件还会发生变化,使其基本性能达不到检验指标,这正是生产质量不稳定的重要原因。因此,只有对工序活动条件进行监控,才能实现对工程或产品的质量性能特性指标的控制。

工序活动条件包括的因素较多,要通过分析,分清影响工序质量的主要因素,抓住主要矛盾,逐渐予以调节,以达到质量控制的目的。

②对工序活动效果的监控。对工序活动效果的监控主要反映在对工序产品质量性能的特征指标的控制上。可通过对工序活动的产品采取一定的检测手段进行检验,根据检验结果分析、判断该工序活动的质量效果,从而实现对工序质量的控制,其步骤为:a. 工序活动前的控制;b. 采用必要的手段和工具;c. 应用质量统计分析工具(如直方图、控制图、排列图等)对检验所得的数据进行分析,找出这些质量数据所遵循的规律;d. 根据质量数据分布规律的结果,判断质量是否正常;e. 若出现异常情况,寻找原因,找出影响工序质量的因素,尤其是那些主要因素,采取对策和措施进行调整;f. 重复前面的步骤,检查调整效果,直到满足要求。

(2)工序质量监控实施要点。

对工序质量进行监控,应先确定工序质量控制计划,它是以完善的质量监控体系和质量检查制度为基础的。一方面,工序质量控制计划要明确规定质量监控的工作程序、流程和质量检查制度;另一方面,需进行工序分析,在影响工序质量的因素中找出对工序质量产生影响的重要因素,进行主动的、预防性的重点控制。

例如,在振捣混凝土这一工序中,振捣的插点和振捣时间是影响质量的主要因素,为此应加强现场监督并要求施工单位严格控制。同时,在整个施工活动中,应采取连续的动态跟踪控制,通过对工序产品的抽样检验判定其产品质量波动状态,若工序活动处于异常状态,则应查出影响质量的原因,采取措施排除系统性因素的干扰,使工序活动恢复正常状态,从而保证工序活动及其产品质量。此外,为确保工程质量,应在工序活动过程中设置质量控制点,进行预控。

(3)设置质量控制点。

设置质量控制点是进行工序质量预防控制的有效措施。质量控制点是指为保证工程质量而必须控制的重点工序、关键部位、薄弱环节。应在施工前全面、合理地选择质量控制点,并对设置质量控制点的情况及拟采取的控制措施进行审核。必要时,应对质量控制实施过程进行跟踪检查或旁站监督,以确保质量控制点的施工质量。

工程中一般对以下对象设置质量控制点。

①关键的分项工程。如大体积混凝土工程、土石坝工程的坝体填筑、隧洞开挖工程等。

②关键的工程部位。如混凝土面板堆石坝工程中面板、趾板及周边缝的接缝,土基上水闸的地基基础,预制框架结构的梁板节点,关键设备的设备基础等。

③薄弱环节。薄弱环节指经常发生或容易发生质量问题的环节,或承包人无法把握的环节,或采用新工艺(材料)施工的环节。

④关键工序。如钢筋混凝土工程的混凝土振捣,灌注桩钻孔,隧洞开挖的钻孔布置、方向、深度、用药量和填塞等。

⑤关键工序的关键质量特性。如混凝土的强度、耐久性,土石坝的干密度,黏性土的含水率等。

⑥关键质量特性的关键因素。如冬季影响混凝土强度的关键因素是环境(养护温度),影响支模的关键因素是支撑方法,影响泵送混凝土输送质量的关键因素是机械,影响墙体垂直度的关键因素是人等。

控制点的设置应准确、有效,因此需要由有经验的质量控制人员来选择控制点,一般可根据工程性质和特点来确定。

(4)见证点、停止点的概念。

在工程项目实施质量控制中,通常是由承包人在分项工程施工前制定施工计划时,就选定质量控制点,并在相应的质量计划中进一步明确哪些是见证点,哪些是停止点。所谓见证点和停止点,是国际上对于重要程度不同及监督控制要求不同的质量控制对象的一种区分方式。

见证点监督也称为 W 点监督。凡是被列为见证点的质量控制对象,在规定的控制点施工前,施工单位应提前 24 h 通知监理人员在约定的时间到现场进行见证并实施监督。如监理人员未按约定到场,施工单位有权对该点进行相应的操作和施工。停止点也称为待检查点或 H 点,它的重要性高于见证点,是针对那些因施工过程或工序施工质量不易或不能通过其后的检验和试验而应得到充分论证的"特殊过程"或"特殊工序"而言的。凡被列入停止点的控制点,要求必须在该控制点施工开始之前 24 h 通知监理人员到场实行监控,如监理人员未能在约定时间到达现场,施工单位应停止该控制点的施工,并按合同规定等待监理方,未经认可不能超过该点继续施工,如水闸闸墩混凝土结构在钢筋架立后,混凝土浇筑之前,可设置停止点。

在施工过程中,应加强旁站检查和现场巡查的监督检查,严格实施隐蔽工程工序间交接检查验收、工程施工预检等检查监督,严格执行对成品保护的质量检查。只有这样才能及早发现问题,及时纠正,防患于未然,确保工程质量,避免造成工程质量事故。

为了对施工期间的各分部(分项)工程的各工序质量,实施严密、细致、有效的监督和控制,应认真地填写跟踪档案,即施工和安装记录。

4. 施工合同条件下的工程质量控制

工程施工是使业主及工程设计意图最终实现并形成工程实体的阶段,也是最终形成工程产品质量和工程项目使用价值的重要阶段。由此可见,施工阶段的质量控制不但是工程师的核心工作内容,也是工程项目质量控制的重点。

(1)质量检查(验)的职责和权力。

施工质量检查(验)是建设各方进行质量控制必不可少的一项工作,它可以起到监督、控制质量,及时纠正错误,避免事故扩大,消除隐患等作用。

①承包商质量检查(验)的职责:提交质量保证计划措施报告。

②工程师质量检查(验)的权力:按照我国有关法律、法规的规定,工程师在不妨碍承包商正常作业的情况下,可以随时对作业质量进行检查(验)。这表明工程师有权对全部工程的所有部位及其任何一项工艺、材料和工程设备进行检查和检验,并具有质量否决权。

(2)材料、工程设备的检查和检验。

材料、工程设备的采购可分为两种情况:承包商负责采购材料和工程设备;承包商负责采购材料,业主负责采购工程设备。

对材料和工程设备进行检查(验)时应区别对待以上两种情况。

对承包商采购的材料和工程设备,承包商应就其产品质量对业主负责。材料和工程设备的检验和交货验收由承包商负责实施,并承担所需费用。具体做法:承包商会同工程师进行检验和交货验收,查验材质证明和产品合格证书。此外,承包商还应按合同规定进行材料的抽样检验和工程设备的检验测试,并将检验结果提交给工程师。工程师参加交货验收不能减轻或免除承包商在检验和验收中应负的责任。

对业主采购的工程设备,为了简化验交手续和避免重复装运,业主应将其采购的工程设备由生产厂家直接移交给承包商。为此,业主和承包商在合同规定的交货地点(如生产厂家、工地或其他合适的地方)共同进行交货验收,验收合格后由业主正式移交给承包商。在交货验收过程中,业主采购的工程设备的检验及测试由承包商负责,业主不必再配备检验及测试用的设备和人员,但承包商必须将其检验结果提交工程师,并由工程师复核签认检验结果。

工程师和承包商应商定对工程所用的材料和工程设备进行检查(验)的具体

时间和地点。通常情况下,工程师应到场参加检查(验),如果在商定时间内工程师未到场参加检查(验),且工程师无其他指示[如延期检查(验)],承包商可自行检查(验),并立即将检查(验)结果提交给工程师。除合同另有规定外,工程师应在事后确认承包商提交的检查(验)结果。

承包商未按合同规定检查(验)材料和工程设备时,工程师应指示承包商按合同规定补作检查(验)。此时,承包商应无条件地按工程师的指示和合同规定补作检查(验),并应承担检查(验)所需的费用和可能带来的工期延误责任。

此外,额外检验是指,在合同履行过程中,如果工程师需要增加合同中未作规定的检查(验)项目,工程师有权指示承包商增加额外检验,承包商应遵照执行,但应由业主承担额外检验的费用和工期延误责任。

重新检验则是指,在任何情况下,如果工程师对以往的检验结果有疑问,有权指示承包商进行再次检验,即重新检验,承包商必须执行工程师指示,不得拒绝。"以往的检验结果"是指已按合同规定得到工程师同意的检验结果,如果承包商的检验结果未得到工程师同意,则工程师指示承包商进行的检验不能称为重新检验,应为合同内检测。

重新检验带来的费用增加和工期延误责任由谁承担应视重新检验结果而定。如果重新检验结果证明这些材料、工程设备、工序不符合合同要求,则应由承包商承担重新检验的全部费用和工期延误责任;如果重新检验结果证明这些材料、工程设备、工序符合合同要求,则应由业主承担重新检验的费用和工期延误责任。

当承包商未按合同规定进行检查(验),并且不执行工程师有关补作检查(验)的指示和重新检验的指示时,工程师为了及时发现可能的质量隐患,减少可能造成的损失,可以指派自己的人员或委托其他人员进行检查(验),以保证质量。此时,不论检查(验)结果如何,工程师因采取上述检查(验)补救措施而造成的工期延误责任和增加的费用均应由承包商承担。

值得注意的是,必须要禁止使用不合格材料和工程设备。工程使用的一切材料、工程设备均应满足合同规定的等级、质量标准和技术特性要求。工程师在工程质量的检查(验)中发现承包商使用了不合格材料或工程设备时,可以随时发出指示,要求承包商立即改正,并禁止在工程中继续使用这些不合格的材料和工程设备。

如果承包商使用了不合格材料和工程设备,其造成的后果应由承包商承担责任,承包商应无条件地按工程师指示进行补救。业主提供的工程设备经验收不合格的应由业主承担相应责任。

对不合格材料和工程设备应作以下处理。

①如果工程师的检查（验）结果表明承包商提供的材料或工程设备不符合合同要求，工程师可以拒绝接收，并立即通知承包商。此时，承包商除应立即停止使用外，还应与工程师共同研究补救措施。如果在使用过程中发现不合格材料，工程师应视具体情况下达运出现场或降级使用的指示。

②如果检查（验）结果表明业主提供的工程设备不符合合同要求，承包商有权拒绝接收，并要求业主予以更换。

③如果因承包商使用了不合格材料和工程设备造成了工程损害，工程师可以随时发出指示，要求承包商立即采取措施进行补救，直至彻底清除工程的不合格部位及不合格材料和工程设备。

④如果承包商无故拖延或拒绝执行工程师的有关指示，则业主有权委托其他承包商执行该项指示，由此而造成的工期延误责任和增加的费用由承包商承担。

（3）隐蔽工程。

隐蔽工程和工程隐蔽部位是指已完成的工作面经覆盖后将无法事后查看的任何工程部位和基础。由于隐蔽工程和工程隐蔽部位的特殊性及重要性，没有工程师的批准，工程的任何部分均不得覆盖或使之无法查看。

对于将被覆盖的部位和基础，在进行下一道工序之前，应先由承包商进行自检，确认符合合同要求后，再通知工程师进行检查，工程师不得无故缺席或拖延，承包商通知时应考虑到工程师有足够的检查时间。工程师应按通知约定的时间到场进行检查，确认质量符合合同要求，并在检查记录上签字后，才能允许承包商进行覆盖，进入下一道工序。承包商在取得工程师的检查签证之前，不得以任何理由进行覆盖，否则，承包商应承担因补检而增加的费用和工期延误责任。如果工程师未及时到场检查，承包商因等待或延期检查而造成工期延误，则承包商有权要求延长工期和赔偿其停工、窝工等损失。

（4）放线。

①施工控制网。工程师应在合同规定的期限内向承包商提供测量基准点、基准线和水准点及其书面资料。业主和工程师应对测量基准点、基准线和水准点的正确性负责。承包商应在合同规定期限内完成施工控制网测设，并将施工控制网资料报送工程师审批。承包商应对施工控制网的正确性负责。此外，承包商还应负责保管全部测量基准点和控制网点。工程完工后，应将施工控制网

点完好地移交给业主。工程师为了监理工作的需要,可以使用承包商的施工控制网,并不为此另行支付费用。此时,承包商应及时提供必要的协助,不得以任何理由加以拒绝。

②施工测量。承包商应负责整个施工过程中的全部施工测量放线工作,包括地形测量、放样测量、断面测量、支付收方测量和验收测量等,并应自行配置合格的人员、仪器、设备和其他物品。承包商在施测前,应将施工测量措施报告报送工程师审批。工程师应按合同规定对承包商的测量数据和放样成果进行检查。必要时,工程师还可指示承包商在其监督下进行抽样复测,并修正复测中发现的错误。

(5)完工。

完工验收是指承包商基本完成合同中规定的工程项目后,移交给业主前的交工验收,不是国家或业主对整个项目的验收。基本完成是指合同规定的工程项目不一定全部完成,有些不影响工程使用的尾工项目,经工程师批准,可待验收后在保修期中去完成。当工程具备了下列条件,并经工程师确认后,承包商即可向业主和工程师提交完工验收申请报告,并附上完工资料。

①除工程师同意可列入保修期完成的项目外,已完成合同规定的全部工程项目。

②已按合同规定备齐了完工资料,包括工程实施概况和大事记,已完工程(含工程设备)清单,永久工程完工图,列入保修期完成的项目清单,未完成的缺陷修复清单,施工期观测资料,各类施工文件、施工原始记录等。

③已编制了在保修期内实施的项目清单和未修复的缺陷项目清单,以及相应的施工措施计划。

工程师在接到承包商的完工验收申请报告后的 28 d 内进行审核并做出决定,或者提请业主进行工程验收,或者通知承包商在验收前尚应完成的工作和对申请报告的异议。承包商应在完成工作后或修改报告后重新提交完工验收申请报告。

业主在接到工程师提请进行工程验收的通知后,应在收到完工验收申请报告后 56 d 内组织工程验收,并在验收通过后向承包商颁发移交证书。移交证书上应注明由业主、承包商、工程师协商核定的工程实际完工日期。此日期是计算承包商完工工期的依据,也是工程保修期的开始。从颁发移交证书之日起,照管工程的责任即应由业主承担,且在此后 14 d 内,业主应将保留金总额的 50% 退还给承包商。

水利水电工程中分阶段验收有两种情况。第一种情况是在全部工程验收前,某些单位工程如船闸、隧洞等已完工,经业主同意可先行单独验收,通过后颁发单位工程移交证书,由业主先接管该单位工程。第二种情况是业主根据合同进度计划的安排,需提前使用尚未全部建成的工程,如当大坝工程达到某一特定高程可以满足初期发电要求时,可对该部分工程进行验收。验收通过应签发临时移交证书。工程未完成部分仍由承包商继续施工。对通过验收的部分工程,因其在施工期运行而使承包商增加了修复缺陷的费用,业主应给予适当的补偿。

如果业主在收到承包商完工验收申请报告后,不及时进行验收,或在验收通过后无故不颁发移交证书,则业主应从承包商发出完工验收申请报告 56 d 后的次日起承担照管工程的费用。

(6)工程保修。

①保修期(FIDIC 条款中称为缺陷通知期)。工程移交前,虽然已通过验收,但是还未经过运行的考验,可能有一些尾工项目和修补缺陷项目未完成,所以还必须有一段时间用来检验工程的正常运行,这就是保修期。水利水电工程保修期一般不少于一年,从移交证书中注明的全部工程完工日期起算。在全部工程完工验收前,业主已提前验收的单位工程或分部工程,若未投入正常运行,其保修期仍按全部工程完工日期起算;若验收后投入正常运行,其保修期应从该单位工程或分部工程移交证书上注明的完工日期起算。

②保修责任。保修期内,承包商应负责修复完工资料中未完成的缺陷修复清单所列的全部项目。保修期内如发现新的缺陷和损坏,或原修复的缺陷又遭损坏,承包商应负责修复。至于修复费用由谁承担,需视缺陷和损坏的原因而定,若为承包商施工中的隐患或其他承包商的原因所造成,应由承包商承担;若为业主使用不当或业主其他原因所导致的损坏,则由业主承担。

③保修责任终止证书(FIDIC 条款中称为履约证书)。在全部工程保修期满,且承包商不遗留任何尾工项目和缺陷修补项目时,业主或授权工程师应在 28 d 内向承包商颁发保修责任终止证书。

保修责任终止证书的颁发表明承包商已履行了保修期的义务,工程师对其满意,也表明承包商已按合同规定完成了全部工程的施工任务,业主接受了整个工程项目,但此时合同双方的财务账目尚未结清,可能有些争议还未解决,故并不意味合同已履行结束。

(7)清理现场与撤离。

圆满完成清场工作是承包商进行文明施工的一个重要标志。一般而言,在工程移交证书颁发前,承包商应按合同规定的工作内容对工地进行彻底清理,以便业主使用已完成的工程。经业主同意后也可留下部分清场工作在保修期满前完成。

承包商应按下列工作内容对工地进行彻底清理,直到工程师检验合格为止。

①工程范围内残留的垃圾已全部清理。

②临时工程已按合同规定拆除,场地已按合同要求清理和平整。

③承包商的设备和剩余的建筑材料已按计划撤离工地,废弃的施工设备和材料亦已清除。

此外,在全部工程的移交证书颁发后 42 d 内,除了经工程师同意,因保修期工作需要而留下的部分承包商人员、施工设备和临时工程,承包商的队伍应撤离工地,并做好环境恢复工作。

10.2.2　全面质量管理

全面质量管理(total quality management,简称 TQM)是企业管理的中心环节,是企业管理的纲领,它和企业的经营目标是一致的。这就要求企业将生产经营管理和质量管理有机地结合起来。

1.全面质量管理的基本概念

全面质量管理是以组织全员参与为基础的质量管理模式,它代表了质量管理的最新阶段,最早起源于美国,费根堡姆指出:全面质量管理是为了能够在最经济的水平上,并充分考虑到满足用户的要求的条件下进行市场研究、设计、生产和服务,把企业内各部门研制质量、维持质量和提高质量的活动构成一体的一种有效体系。他的理论经过世界各国的继承和发展,得到了进一步的扩展和深化。ISO9000 族标准中对全面质量管理的定义为:一个组织以质量为中心,以全员参与为基础,目的在于通过让顾客满意和本组织所有成员及社会受益而达到长期成功的管理途径。

2.全面质量管理的基本要求

(1)全过程的管理。

任何一个工程(和产品)的质量,都有一个产生、形成和实现的过程,整个过程由多个相互联系、相互影响的环节所组成,每一个环节都或重或轻地影响着最终的质量状况。因此,要搞好工程质量管理,必须把形成质量的全过程和有关因素控制起来,形成一个综合的管理体系,做到以防为主、防检结合、重在提高。

(2)全员的质量管理。

工程(产品)的质量是企业各方面、各部门、各环节工作质量的反映。每一个环节、每一个人的工作质量都会不同程度地影响工程(产品)最终质量。工程质量人人有责,只有人人都关心工程的质量,做好本职工作,才能生产出高质量的工程。

(3)全企业的质量管理。

全企业的质量管理一方面要求企业各管理层次都要有明确的质量管理内容,各层次质量管理的侧重点要突出,每个部门应有自己的质量计划、质量目标和对策,层层控制;另一方面则要求把分散在各部门的质量管理职能发挥出来。如水利水电工程中的"三检制",就充分反映了这一观点。

(4)多方法的管理。

影响工程质量的因素越来越复杂,既有物质的因素,又有人为的因素;既有技术因素,又有管理因素;既有内部因素,又有企业外部因素。要搞好工程质量,就必须把这些影响因素控制起来,分析它们对工程质量的不同影响,灵活运用各种现代化管理方法来解决工程质量问题。

3.全面质量管理的基本指导思想

(1)质量第一、以质量求生存。

任何产品都必须达到所要求的质量水平,否则就没有或未实现其使用价值,从而给消费者和社会带来损失。从这个意义上讲,质量必须是第一位的。贯彻"质量第一"的思想就要求企业全员,尤其是领导层有强烈的质量意识;要求企业根据用户或市场的需求,科学地确定质量目标,并安排人力、物力、财力予以保证。当质量与数量、社会效益与企业效益、长远利益与眼前利益发生矛盾时,应把质量、社会效益和长远利益放在首位。

"质量第一"并非"质量至上"。质量不能脱离当前的市场水准,也不能不问成本一味地讲求质量。应该重视质量成本的分析,把质量与成本加以统一,确定最适合的质量水平。

(2)用户至上。

在全面质量管理中,这是一个十分重要的指导思想。"用户至上"就是要树立以用户为中心,为用户服务的思想,要使产品质量和服务质量尽可能满足用户的要求。产品质量最终应以用户的满意程度为评判标准。这里的用户是广义的,不仅指产品出厂后的直接用户,而且把企业内部下道工序视作上道工序的用户。如混凝土工程、模板工程的质量直接影响混凝土浇筑这一下道关键工序的质量。每道工序的质量不仅影响下道工序质量,也会影响工程进度和费用。

(3)质量是设计、制造出来的,而不是检验出来的。

在生产过程中,检验是重要的,它可以起到不允许不合格品出厂的把关作用,同时还可以将检验信息反馈到有关部门。但影响产品质量的真正因素并不是检验,而主要是设计和制造。设计质量是先天性的,在设计的时候就已经决定了质量的等级和水平,而制造是实现设计质量,是符合性质量。二者不可偏废,都应重视。

(4)强调用数据说话。

这就是要求在全面质量管理工作中具有科学的工作作风,在研究问题时不能满足于一知半解和表面,对问题不仅有定性分析还尽量有定量分析,做到心中有数,这样可以避免主观盲目性。

在全面质量管理中广泛采用了各种统计方法和工具,其中用得最多的有七种,即因果图、排列图、直方图、相关图、控制图、分层法和调查表。常用的数理统计方法有回归分析法、方差分析法、多元分析法、试验分析法、时间序列分析法等。

(5)突出人的积极因素。

从某种意义上讲,在开展质量管理活动的过程中,人的因素是最积极、最重要的因素。与质量检验阶段和统计质量控制阶段相比较,全面质量管理阶段格外强调调动人的积极因素的重要性。这是因为现代化生产多为大规模系统,环节众多,联系密切复杂,远非单纯靠质量检验或统计方法就能奏效。必须调动人的积极因素,加强质量意识,发挥人的主观能动性,以确保产品和服务的质量。全面质量管理的特点之一就是全体人员参加管理。质量第一,人人有责。

要增强质量意识,调动人的积极因素,一靠教育,二靠规范,不仅需要依靠教育培训和考核,还要依靠有关质量的立法以及必要的行政手段等各种激励及处罚措施。

4. 全面质量管理的工作原则

(1)预防原则。

在企业的质量管理工作中,要认真贯彻预防为主的原则,凡事要防患于未然。在产品制造阶段应该采用科学方法对生产过程进行控制,尽量把不合格品消灭在产生之前。在产品的检验阶段,不论是对最终产品还是在制品,都要及时反馈质量信息并认真处理。

（2）经济原则。

全面质量管理强调质量,但无论是质量保证的水平还是预防不合格的深度,都是没有止境的,必须考虑经济性,建立合理的经济界限,这就是所谓的经济原则。因此,在产品设计制定质量标准时,在生产过程中进行质量控制时,在选择质量检验方式(如抽样检验、全数检验)时,都必须考虑其经济性。

（3）协作原则。

协作是大生产的必然要求。生产和管理分工越细,就越要求协作。一个具体单位的质量问题往往涉及许多部门,如无良好的协作是很难解决的。因此,强调协作是全面质量管理的一条重要原则,也反映了系统科学全局观点的要求。

（4）按照 PDCA 循环组织活动。

PDCA 循环是质量体系活动所应遵循的科学工作程序,周而复始,内外嵌套,循环不已,以求质量不断提高。

5. 全面质量管理的运转方式

全面质量管理是按照计划(plan,P)、执行(do,D)、检查(check,C)、处理(act,A)的管理循环方式进行的。PDCA 管理循环包括四个阶段和八个步骤。

（1）四个阶段。

①计划阶段。按使用者要求,根据具体生产技术条件,找出生产中存在的问题及原因,拟订生产对策和措施计划。

②执行阶段。按预定生产对策和措施计划组织实施。

③检查阶段。对生产成品进行必要的检查和测试,即把执行的工作结果与预定目标进行对比,检查执行过程中出现的情况和问题。

④处理阶段。把经过检查发现的各种问题及用户意见进行处理。凡符合计划要求的予以肯定,并进行成文标准化;对不符合设计要求和不能解决的问题,转入下一循环以进一步研究解决。

（2）八个步骤。

①分析现状,找出问题。不能凭印象和表面作判断,结论要用数据表示。

②分析产生问题的原因。要把可能的原因一一加以分析。

③找出主要原因。只有找出主要原因进行剖析,才能改进工作,提高产品质量。

④拟订措施,制订计划。针对主要原因拟订措施,制订计划,确定目标。

以上四个步骤属计划(P)阶段的工作内容。

⑤执行措施,执行计划。此为执行(D)阶段的工作内容。

⑥检查工作,检查效果。对执行情况进行检查,总结经验教训。此为检查(C)阶段的工作内容。

⑦标准化巩固成绩。

⑧遗留问题转入下期。

以上步骤⑦和步骤⑧为处理(A)阶段的工作内容。PDCA 管理循环的工作程序如图 10.1 所示。

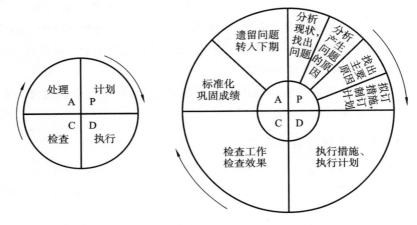

图 10.1　PDCA 管理循环的工作程序

(3)PDCA 循环的特点。

①四个阶段缺一不可,先后次序不能颠倒。就好像一个转动的车轮,在解决质量问题中滚动前进,逐步提高产品质量。

②企业内部的 PDCA 循环各级都有,整个企业是一个大循环,企业各部门又有自己的循环,如图 10.2 所示。大循环是小循环的依据,小循环又是大循环的具体逐级贯彻落实的体现。

③PDCA 循环不是在原地转动,而是在转动中前进。每个循环结束,质量便提高一级。它表明每一个 PDCA 循环都不是在原地周而复始地转动,而是像爬楼梯那样,每一个循环都有新的目标和内容。这就意味着前进了一步,从原有水平上升到了新的水平,每经过一次循环,也就解决了一批问题,质量水平就有新的提高。

④A 阶段是一个循环的关键,这一阶段(处理阶段)的目的在于总结经验,巩固成果,纠正错误,以利于下一个管理循环。为此必须把成功的经验纳入标准,定为规程,使之标准化、制度化,以便在下一个循环中遵照办理,使质量水平逐步提高。

必须指出,质量的好坏反映了人们质量意识的强弱,也反映了人们对提高产品质量意义的认识水平的高低。在有了较强的质量意识后,还应使全体人员对

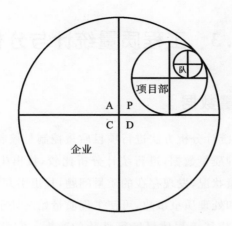

图 10.2 PDCA 循环运转示意图

全面质量管理的基本思想和方法有所了解,这就需要开展全面质量管理,加强质量教育的培训工作,贯彻执行质量责任制并形成制度,持之以恒,从而使工程施工质量水平不断提高。

6. 质量保证体系的建立和运转

工程项目在实施过程中,要建立质量保证机构和质量保证体系,图 10.3 即为某工程项目的质量保证体系。

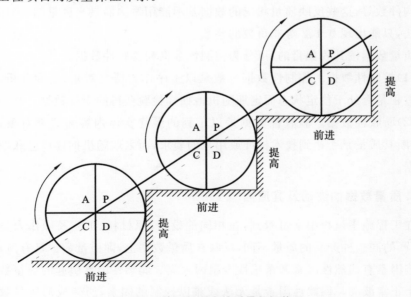

图 10.3 某工程项目的质量保证体系

10.3　工程质量统计与分析

10.3.1　质量数据

利用质量数据和统计分析方法进行项目质量控制是控制工程质量的重要手段。通常,收集和整理质量数据,进行统计分析比较,找出生产过程中的质量规律,判断工程产品质量状况,发现存在的质量问题,找出引起质量问题的原因,并及时采取措施,预防和处理质量事故,可使工程质量始终处于受控状态。

质量数据是用以描述工程质量特征性能的数据。它是进行质量控制的基础,没有质量数据,就不可能有现代化的科学的质量控制。

1. 质量数据的类型

质量数据按其自身特征,可分为计量值数据和计数值数据。

(1)计量值数据。计量值数据是可以连续取值的连续型数据。如长度、重量、面积、标高等质量特征,一般可以用量测工具或仪器等量测,且带有小数。

(2)计数值数据。计数值数据是不连续的离散型数据。如不合格品数、不合格的构件数等,这些反映质量状况的数据是不能用量测器具来度量的,采用计数的办法,只能出现 0、1、2 等非负数的整数。

质量数据按其收集目的,可分为控制性数据和验收性数据。

(1)控制性数据。控制性数据一般是以工序作为研究对象,是为分析、预测施工过程是否处于稳定状态而定期随机地抽样检验获得的质量数据。

(2)验收性数据。验收性数据是以工程的最终实体内容为研究对象,为分析、判断其质量是否达到技术标准或用户的要求,而采取随机抽样检验获取的质量数据。

2. 质量数据的波动及其原因

在工程施工过程中常可看到,在相同的设备、原材料、工艺及操作人员条件下,生产的同一种产品的质量不同,反映在质量数据上,即质量数据具有波动性,其影响因素有偶然性因素和系统性因素两大类。偶然性因素引起的质量数据波动属于正常波动。偶然性因素是无法或难以控制的因素,所造成的质量数据的波动量不大,没有倾向性,作用是随机的,工程质量只受偶然性因素影响时,生产才处于稳定状态。由系统性因素造成的质量数据波动属于异常波动。系统性因素是可控、易消除的因素,这类因素不经常发生,但具有明显的倾向性,对工程质量的影响较大。

质量控制的目的就是找出出现异常波动的原因,即系统性因素是什么,并加以排除,使质量只受偶然性因素的影响。

3. 质量数据的收集

质量数据的收集总的要求应当是随机地抽样,即整批数据中每一个数据被抽到的概率相同。常用的方法有随机法、系统抽样法、二次抽样法和分层抽样法。

4. 样本数据特征

为了进行统计分析和运用特征数据对质量进行控制,经常要使用许多统计特征数据。

统计特征数据主要有均值、中位数、极值、极差、标准偏差、变异系数。其中,均值、中位数表示数据集中的位置;极值、极差、标准偏差、变异系数表示数据的波动情况,即分散程度。

10.3.2 质量控制的统计方法

通过对质量数据的收集、整理和统计分析,找出质量的变化规律和存在的质量问题,提出进一步的改进措施,这种运用数学工具进行质量控制的方法是所有涉及质量管理的人员所必须掌握的,它可以使质量控制工作定量化和规范化。下面介绍几种在质量控制中常用的数学工具及方法。

1. 直方图法

(1)直方图的用途。

直方图又称频率分布直方图,是将产品质量频率的分布状态用直方图形来表示,根据直方图形的分布形状和与公差界限的距离来观察、探索质量分布规律,分析和判断整个生产过程是否正常。

利用直方图可以制定质量标准,确定公差范围,可以判明质量分布情况是否符合标准的要求。

(2)直方图的分析。

直方图有以下几种分布形式。

①锯齿型:产生原因一般是分组不当或组距确定不当。

②正常型:说明生产过程正常,质量稳定。

③绝壁型:一般是剔除下限以下的数据造成的。

④孤岛型:一般是材质发生变化或他人临时替班所造成的。

⑤双峰型:把两种不同的设备或工艺的数据混在一起造成的。

⑥平顶型:生产过程中有缓慢变化的因素起主导作用。

(3)注意事项。

①直方图是静态的,不能反映质量的动态变化。

②画直方图时,数据不能太少,一般应多于 50 个数据,否则画出的直方图难以正确反映总体的分布状态。

③直方图出现异常时,应注意将收集的数据分层,然后画直方图。

④直方图呈正态分布时,可求平均值和标准差。

2. 排列图法

排列图法又称巴雷特法、主次排列图法,是分析影响质量的主要因素的有效方法,将众多的因素进行排列,主要因素就一目了然了。

排列图法由一个横坐标、两个纵坐标、几个长方形和一条曲线组成。左侧的纵坐标是频数或件数,右侧的纵坐标是累计频率,横轴则是项目或因素,按项目频数大小顺序在横轴上自左而右画长方形,其高度为频数,再根据右侧的纵坐标画出累计频率曲线,该曲线也称巴雷特曲线。

3. 因果分析图法

因果分析图也叫鱼刺图、树枝图,这是一种逐步深入研究和讨论质量问题的图示方法。在工程建设过程中,任何一种质量问题的产生,一般都是多种原因造成的。这些原因有大有小,把这些原因按照大小顺序分别用主干、大枝、中枝、小枝来表示,这样,就可一目了然地观察出导致质量问题的原因,并以此为据,制定相应对策。

4. 管理图法

管理图也称控制图,它可反映生产过程随时间变化而变化的质量动态,即为反映生产过程中各个阶段质量波动状态的图形。管理图利用上下控制界限,将产品质量特性控制在正常波动范围内,一旦有异常反应,通过管理图就可以发现,并及时处理。

5.相关图法

产品质量与影响产品质量的因素之间常有一定的相互关系,但不一定是严格的函数关系,这种关系称为相关关系,可利用直角坐标系将两个变量之间的关系表达出来。相关图的形式有正相关、负相关、非线性相关和无相关。

此外还有调查表法、分层法等。

10.4　工程质量事故的处理

10.4.1　工程质量事故与分类

凡水利水电工程在建设中或完工后,由设计、施工、监理、材料、设备、工程管理和咨询等方面因素造成工程质量不符合规程、规范和合同要求的质量标准,影响工程的使用寿命或正常运行,需采取补救措施或返工处理的,统称为工程质量事故。日常所说的事故大多指施工质量事故。

在水利水电工程中,按对工程的耐久性和正常使用的影响程度、检查和处理质量事故对工期的影响程度以及直接经济损失的大小,将质量事故分为一般质量事故、较大质量事故、重大质量事故和特大质量事故。

①一般质量事故:指对工程造成一定经济损失,经处理后不影响正常使用,不影响工程使用寿命的事故。达不到一般质量事故标准的统称为质量缺陷。

②较大质量事故:指对工程造成较大经济损失或延误较短工期,经处理后不影响正常使用,但对工程使用寿命有较大影响的事故。

③重大质量事故:指对工程造成重大经济损失或延误较长工期,经处理后不影响正常使用,但对工程使用寿命有较大影响的事故。

④特大质量事故:指对工程造成特大经济损失或长时间延误工期,经处理后仍对工程正常使用和使用寿命有较大影响的事故。

10.4.2　工程质量事故的处理

1.引发事故的原因

引发工程质量事故的原因很多,最基本的还是人、机械、材料、工艺和环境等方面的原因,一般可分为直接原因和间接原因两类。

直接原因主要有人的行为不规范和材料、机械不符合规定状态。如设计人员不按规范设计、监理人员不按规范进行监理、施工人员违反规程操作等,属于人的行为不规范;又如水泥、钢材等某些指标不合格,属于材料不符合规定状态。

间接原因是指质量事故发生地的环境条件不佳,如施工管理混乱、质量检查监督失职、质量保证体系不健全等。间接原因往往导致直接原因的发生。

事故原因也可从工程项目的参建各方来寻查,业主、监理单位、设计单位、施工单位,以及材料、机械、设备等供应商的某些行为也会造成质量事故。

2. 事故处理的目的

工程质量事故分析与处理的目的主要是:正确分析事故原因,防止事故恶化;创造正常的施工条件;排除隐患,预防事故发生;总结经验教训,区分事故责任;采取有效的处理措施,尽量减少经济损失,保证工程质量。

3. 事故处理的原则

质量事故发生后,应坚持"三不放过"的原则,即事故原因不查清不放过,事故主要责任人和职工未受到教育不放过,补救措施不落实不放过。

发生质量事故,应立即向有关部门(业主、监理单位、设计单位和质量监督机构等)汇报,并提交质量事故报告。

因质量事故而造成的损失费用,坚持事故责任方是谁由谁承担的原则。若责任在施工承包商,则事故分析与处理的一切费用由承包商自己负责;若施工中事故责任不在承包商,则承包商可依据合同向业主提出索赔;若事故责任在设计或监理单位,应按照有关合同条款给予相关单位必要的经济处罚;构成犯罪的,移交司法机关处理。

4. 事故处理的程序方法

事故处理的程序如下。

(1)下达工程施工暂停令。

(2)组织人员调查事故原因。

(3)事故原因分析。

(4)事故处理与检查验收。

(5)下达复工令。

事故处理的方法有两大类。

(1)修补。这种方法适用于通过修补可以不影响工程的外观和正常使用的质量事故。

（2）返工。这种方法适用于严重违反规范或标准，影响工程使用和安全，且无法修补，必须返工的质量事故。

有些工程质量问题，虽严重超过了规程、规范的要求，已具有质量事故的性质，不过可针对工程的具体情况，通过分析论证，不需要作专门处理，但要记录在案。如混凝土蜂窝、麻面等缺陷，可通过涂抹、打磨等方式处理；由于欠挖或模板问题使结构断面被削弱，经设计复核验算，仍能满足承载要求的，也可不作处理，但必须记录在案，并有设计和监理单位的鉴定意见。

10.5　工程质量评定与验收

10.5.1　工程质量评定

1. 工程质量评定的意义

工程质量评定是依据国家或相关部门统一制定的现行标准和方法，对照具体施工项目的质量结果，确定其质量等级的过程。其意义在于统一评定标准和方法，正确反映工程的质量，使之具有可比性，同时也能考核企业等级和技术水平，促进施工企业提高质量。

工程质量评定以单元工程质量评定为基础，其评定的先后次序是单元工程、分部工程和单位工程。

工程质量的评定在施工单位（承包商）自评的基础上，由建设（监理）单位复核，报政府质量监督机构核定。

2. 工程质量评定依据

（1）国家与水利水电部门颁布的有关行业规程、规范和技术标准。

（2）经批准的设计文件、施工图纸、设计修改通知、厂家提供的设备安装说明书及有关技术文件。

（3）工程合同采用的技术标准。

（4）工程试运行期间的试验及观测分析成果。

3. 工程质量评定标准

（1）单元工程质量评定标准。

当单元工程质量达不到合格标准时，必须及时处理，其质量等级按以下原则

确定。

①全部返工重做的,可重新评定等级。

②经加固补强并经过鉴定能达到设计要求的,其质量只能评定为合格。

③经鉴定达不到设计要求,但建设(监理)单位认为能基本满足安全和使用功能要求的,可不补强加固;或经补强加固后,改变外形尺寸或造成永久缺陷的,建设(监理)单位认为能基本满足设计要求的,其质量可按合格处理。

(2)分部工程质量评定标准。

分部工程质量合格的条件是:①单元工程质量全部合格;②中间产品质量及原材料质量全部合格,金属结构及启闭机制造质量合格,机电产品质量合格。

分部工程质量优良的条件是:①单元工程质量全部合格,其中有50%以上达到优良,主要单元工程、重要隐蔽工程及关键部位的单位工程质量优良,且未发生过质量事故;②中间产品质量全部合格,其中混凝土拌和物质量达到优良,原材料质量、金属结构及启闭机制造质量合格,机电产品质量合格。

(3)单位工程质量评定标准。

单位工程质量合格的条件是:①分部工程质量全部合格;②中间产品质量及原材料质量全部合格,金属结构及启闭机制造质量合格,机电产品质量合格;③外观质量得分率在70%以上;④施工质量检验资料基本齐全。

单位工程质量优良的条件是:①分部工程质量全部合格,其中有80%以上达到优良,主要分部工程质量优良,且未发生过重大质量事故;②中间产品质量全部合格,其中混凝土拌和物质量达到优良,原材料质量、金属结构及启闭机制造质量合格,机电产品质量合格;③外观质量得分率在85%以上;④施工质量检验资料齐全。

(4)总体工程质量评定标准。

单位工程质量全部合格,工程质量可评为合格;如其中50%以上的单位工程质量优良,且主要建筑物单位工程质量优良,则工程质量可评为优良。

10.5.2　工程质量验收

1.工程质量验收概述

工程质量验收是在工程质量评定的基础上,依据一个既定的验收标准,采取一定的手段来检验工程产品的特性是否满足验收标准的过程。水利水电工程验收分为分部工程验收、阶段验收、单位工程验收和竣工验收。按照验收的性质,工程质量验收可分为投入使用验收和完工验收。工程验收的目的是：检查工程是否按照批准的设计进行建设；检查已完工程在设计、施工、设备制造安装等方面的质量，并对验收遗留问题提出处理要求；检查工程是否具备运行或进行下一阶段建设的条件；总结工程建设中的经验教训，并对工程作出评价；及时移交工程，尽早发挥投资效益。

工程验收的依据是：有关法律、规章和技术标准，主管部门有关文件，批准的设计文件及相应设计变更、修设文件，施工合同，监理签发的施工图纸和说明，设备技术说明书等。当工程具备验收条件时，应及时组织验收。未经验收或验收不合格的工程不得交付使用或进行后续工程施工。验收工作应相互衔接，不应重复进行。

工程进行验收时必须要有质量评定意见。阶段验收和单位工程验收应有水利水电工程质量监督单位的工程质量评价意见；竣工验收必须有水利水电工程质量监督单位的工程质量评定报告，竣工验收委员会在其基础上鉴定工程质量等级。

2. 工程质量验收的主要工作

（1）分部工程验收。

分部工程验收应具备的条件是：该分部工程的所有单元工程已经完工且质量全部合格。

分部工程验收的主要工作是：鉴定工程是否达到设计标准；按现行国家或行业技术标准，评定工程质量等级；对验收遗留问题提出处理意见。分部工程验收的图纸、资料和成果是竣工验收资料的组成部分。

（2）阶段验收。

根据工程建设需要，当工程建设达到一定关键阶段时（如基础处理完毕、截流、水库蓄水、机组启动、输水工程通水等），应进行阶段验收。阶段验收的主要工作是：检查已完工程的质量和形象面貌；检查在建工程建设情况；检查待建工程的计划安排和主要技术措施落实情况，以及是否具备施工条件；检查拟投入使用工程是否具备运行条件；对验收遗留问题提出处理要求。

（3）完工验收。

完工验收应具备的条件是所有分部工程已经完工并验收合格。完工验收的主要工作是：检查工程是否按批准的设计完成建设；检查工程质量，评定质量等级，对工程缺陷提出处理要求；对验收遗留问题提出处理要求；按照合同规定，施

工单位向项目法人移交工程。

（4）竣工验收。

工程在投入使用前必须通过竣工验收。竣工验收应在全部工程完工后3个月内进行。

进行竣工验收确有困难的，经工程验收主持单位同意，可以适当延长期限。竣工验收应具备以下条件：工程已按批准的设计规定的内容全部建成；各单位工程能正常运行；历次验收所发现的问题已基本处理完毕；归档资料符合工程档案资料管理的有关规定；工程建设征地补偿及移民安置等问题已基本处理完毕，工程主要建筑物安全保护范围内的迁建和工程管理土地征用工作已经完成；工程投资已经全部到位；竣工决算已经完成并通过竣工审计。

竣工验收的主要工作：审查项目法人"工程建设管理工作报告"和初步验收工作组"初步验收工作报告"，检查工程建设和运行情况，协调处理有关问题，讨论并通过"竣工验收鉴定书"。

第 11 章 水利工程施工项目成本管理

11.1 施工项目成本管理的基本任务

11.1.1 施工项目成本的概念

施工项目成本是指建筑施工企业完成单位施工项目所发生的全部生产费用的总和,包括完成该项目所发生的人工费、材料费、施工机械费、措施项目费、管理费,但是不包括利润和税金,也不包括构成施工项目价值的一切非生产性支出。

施工项目成本的构成如下。

1. 直接成本

(1)直接工程费:①人工费;②材料费;③施工机械使用费。

(2)措施费:①环境保护费、文明施工费、安全施工费;②临时设施费、夜间施工费、二次搬运费;③大型机械设备进出场及安装费;④混凝土、钢筋混凝土模板及支架费;⑤脚手架费、已完成工程及设备保护费、施工排水费、降水费。

2. 间接成本

(1)规费:①工程排污费、工程定额测定费、住房公积金;②社会保障费,包括养老、失业、医疗保险费;③危险作业意外伤害保险费。

(2)企业管理费:①管理人员工资、办公费、差旅交通费、工会经费;②固定资产使用费、工具用具使用费、劳动保险费;③职工教育经费、财产保险费、财务费。

11.1.2 施工项目成本的主要形式

1. 直接成本和间接成本

施工项目成本按照生产费用计入成本的方法可分为直接成本和间接成本。

直接成本是指直接用于并能够直接计入施工项目的费用,如人工工资、材料费用等。间接成本是指不能够直接计入施工项目的费用,只能按照一定的计算基数和一定的比例分配并计入施工项目的费用,如管理费、规费等。

2. 固定成本和变动成本

施工项目成本按照生产费用与产量的关系可分为固定成本和变动成本。在一段时间和一定工程量的范围内,固定成本不会随工程量的变动而变动,如折旧费、大修费等;变动成本会随工程量的变化而变动,如人工费、材料费等。

3. 预算成本、计划成本和实际成本

施工项目成本按照控制的目标,从发生的时间可分为预算成本、计划成本和实际成本。

预算成本是根据施工图结合国家或地区的预算定额及施工技术等条件计算出的工程费用。它是确定工程造价和施工企业投标的依据,也是编制计划成本和考核实际成本的依据。它反映的是一定范围内的平均水平。

计划成本是施工项目经理在施工前,根据施工项目成本管理目的,结合施工项目的实际管理水平编制的计算成本。编制计划成本有利于加强项目成本管理、建立健全施工项目成本责任制,控制成本消耗、提高经济效益。它反映的是企业的平均先进水平。

实际成本是施工项目在报告期内通过会计核算计算出的项目的实际消耗。

11.1.3 施工项目成本管理的基本内容

施工项目成本管理包括成本预测和决策、成本计划编制、成本计划实施、成本核算、成本检查、成本分析以及成本考核。成本计划的编制与实施是关键的环节。因此,在进行施工项目成本管理的过程中,必须具体研究每一项内容的有效工作方式和关键控制措施,从而使得施工项目整体的成本控制获得预期效果。

1. 施工项目成本预测

施工项目成本预测是根据一定的成本信息结合施工项目的具体情况,采用一定的方法对施工项目成本可能发生或发展的趋势作出的判断和推测。成本决策则是在预测的基础上确定降低成本的方案,并从可选的方案中选择最佳的成本方案。

成本预测的方法有定性预测法和定量预测法。

(1)定性预测法。

定性预测是指具有一定经验的人员或有关专家依据自己的经验和能力水平对成本未来发展的态势或性质作出分析和判断。该方法受人为因素影响很大，并且不能量化，具体包括专家会议法、专家调查法(德尔菲法)、主观概率预测法。

(2)定量预测法。

定量预测法是指根据收集的比较完备的历史数据，运用一定的方法计算分析，以此来判断成本变化的情况。此法受历史数据的影响较大，可以量化，具体包括移动平均法、指数滑移法、回归预测法。

2.施工项目成本计划

成本计划是一切管理活动的首要环节。施工项目成本计划是在预测和决策的基础上对成本的实施作出计划性的安排和布置，是施工项目降低成本的指导性文件。

制定施工项目成本计划的原则如下。

(1)从实际出发。根据国家的方针政策，从企业的实际情况出发，充分挖掘企业内部潜力，使降低成本指标切实可行。

(2)与其他目标计划相结合。制定工程项目成本计划必须与其他各项计划(如施工方案、生产进度、财务计划等)密切结合。一方面，工程项目成本计划要根据项目的生产、技术组织措施、劳动工资、材料供应等计划来编制；另一方面，工程项目成本计划又影响着其他各种计划指标适应降低成本指标的要求。

(3)采用先进的经济技术定额的原则。根据施工的具体特点，有针对性地采取切实可行的技术组织措施。

(4)统一领导、分级管理。在项目经理的领导下，以财务和计划部门为中心，发动全体职工共同总结降低成本的经验，找出降低成本的正确途径。

(5)弹性原则。应留有充分的余地，保持目标成本有一定弹性。在制定期内，项目经理部内外技术经济状况和供销条件会发生一些不可预料的变化，尤其是供应材料，市场价格千变万化，给目标的制定带来了一定的困难，因而在制定目标时应充分考虑这些情况，使成本计划保持一定的适应能力。

3.施工项目成本控制

成本控制包括事前控制、事中控制和事后控制。

(1)工程前期的成本控制(事前控制)。

成本的事前控制是通过成本的预测和决策，落实降低成本措施，编制目标成本计划而层层展开的，分为工程投标阶段和施工准备阶段的成本控制。成本计

划属于事前控制。

（2）实施期间成本控制（事中控制）。

事中控制是指在项目施工过程中，通过一定的方法和技术措施，加强对各种影响成本的因素进行管理，将施工中所发生的各种消耗和支出尽量控制在成本计划内。

事中控制的任务是：建立成本管理体系；项目经理部应将各项费用指标进行分解，以确定各个部门的成本指标；加强成本的控制。事中控制要以合同造价为依据，从预算成本和实际成本两方面控制项目成本。实际成本控制应对主要工料的数量和单价、分包成本和各项费用等影响成本的主要因素进行控制，主要是加强施工任务单和限额领料单的管理；将施工任务单和限额领料单的结算资料与施工预算进行核对，计算分部（分项）工程成本差异，分析产生差异的原因，采取相应的纠偏措施；做好月度成本原始资料的收集、整理及月度成本核算；在月度成本核算的基础上，实行责任成本核算。除此之外，还应经常检查对外经济合同履行情况，定期检查各责任部门和责任者的成本控制情况，检查责、权、利的落实情况。

（3）竣工验收阶段的成本控制（事后控制）。

事后控制主要是重视竣工验收工作，对照合同价的变化，将实际成本与目标成本之间的差距加以分析，进一步挖掘降低成本的潜力。主要工作是合理安排时间，完成工程竣工扫尾工作，把耗用的时间降到最低；重视竣工验收工作，顺利交付使用；及时办理工程结算；在工程保修期间，应由项目经理指定保修工作者，并责成保修工作者提交保修计划；将实际成本与计划成本进行比较，计算成本差异，明确是节约还是浪费；分析成本节约或超支的原因和责任归属。

4. 施工项目成本核算

施工项目成本核算是指对项目施工过程中所发生的各种费用进行核算。它包括两个基本的环节：一是归集费用，计算成本实际发生额；二是采取一定的方法计算施工项目的总成本和单位成本。

（1）施工项目成本核算的对象。

①一个单位工程由几个施工单位共同施工，各单位都应以同一单位工程作为成本核算对象。

②规模大、工期长的单位工程可以划分为若干部位，以分部工程作为成本核算对象。

③同一建设项目,由同一施工单位施工,在同一施工地点,属于同一结构类型,开工、竣工时间相近的若干单位工程可以合并作为一个成本核算对象。

④改、扩建的零星工程可以将开工、竣工时间相近,且属于同一个建设项目的各单位工程合并成一个成本核算对象。

⑤土方工程、打桩工程可以根据实际情况,以一个单位工程为成本核算对象。

(2)工程项目成本核算的基本框架。

①人工费核算:内包人工费、外包人工费。

②材料费核算:编制材料消耗汇总表。

③周转材料费核算:a.实行内部租赁制;b.项目经理部与出租方按月结算租赁费用;c.周转材料进出时,加强计量验收制度;d.租用周转材料的进退场费,按照实际发生数,由调入方承担;e.对 U 形卡、脚手架等零件,在竣工验收时进行清点,按实际情况计入成本;f.租赁周转材料时,不再分配承担周转材料差价。

④结构件费核算:a.按照单位工程使用对象编制结构件耗用月报表;b.结构件单价以项目经理部与外加工单位签订的合同为准;c.耗用的结构件品种和数量应与施工产值相对应;d.结构件的高进、高出价差核算同材料费的高进、高出价差核算一致;e.如发生结构件的一般价差,可计入当月项目成本;f.部位分项分包工程,按照企业通常采用的类似结构件管理核算方法;g.在结构件外加工和部位分项分包工程施工过程中,尽量获取经营利益或转嫁压价、让利风险所产生的利益。

⑤机械使用费核算:a.机械设备实行内部租赁制;b.租赁费根据机械使用台班、停用台班和内部租赁价计算,计入项目成本;c.机械进出场费,按规定由承租项目承担;d.各类大中小型机械,其租赁费全额计入项目机械成本;e.结算原始凭证由项目指定人签证,确认开班和停班数,据以结算费用;f.向外部单位租赁机械,按当月租赁费用金额计入项目机械成本。

⑥其他直接费核算:a.材料二次搬运费,临时设施摊销费;b.生产工具用具使用费;c.除上述费用外,其他直接费均按实际发生时的有效结算凭证计算,计入项目成本。

⑦施工间接费核算:a.要求以项目经理部为单位编制工资单和奖金单,列支工作人员薪金;b.劳务公司所提供的炊事人员、服务人员、警卫人员承包服务费计入施工间接费;c.内部银行的存贷利息,计入内部利息;d.先按项目归集施工间接费总账,再按一定分配标准计入收益成本。

⑧分包工程成本核算:a.包清工工程,纳入外包人工费内核算;b.部位分项分包工程,纳入结构件费内核算;c.机械作业分包工程,只统计分包费用,不包括物耗价值;d.项目经理部应增设分建成本项目,核算双包工程、机械作业分包工程的成本状况。

5. 施工项目成本分析

施工项目成本分析就是在成本核算的基础上采用一定的方法,对所发生的成本进行比较分析,检查成本发生的合理性,找出成本的变动规律,寻求降低成本的途径。施工项目成本分析方法主要有对比分析法、连环替代法、差额计算法和挣值法。

(1)对比分析法。

对比分析法是通过实际完成成本与计划成本或承包成本进行对比,找出差异,分析原因,以便改进。这种方法简单易行,但注意比较指标的内容要保持一致。

(2)连环替代法。

连环替代法可用来分析各种因素对成本形成的影响。分析的顺序是:先绝对量指标,后相对量指标;先实物量指标,后货币量指标。

(3)差额计算法。

差额计算法是因素分析法的简化。

(4)挣值法。

挣值法主要用来分析成本目标实施与期望之间的差异,是一种偏差分析方法,其分析过程如下。

①明确三个关键变量。a.项目计划完成工作的预算成本 BCWS(BCWS=计划工作量×预算定额);b.项目已完成工作的实际成本 ACWP;c.项目已完成的预算成本 BCWP(BCWP=已完成工作量×该工作量的预算定额)。

②两种偏差的计算。a.项目成本偏差 C_v=BCWP−ACWP,当 C_v>0 时,表明项目实施处于节支状态;当 C_v<0 时,表明项目实施处于超支状态。b.项目进度偏差 S_v=BCWP−BCWS,当 S_v>0 时,表明项目实施超过计划进度;当 S_v<0 时,表明项目实施落后于计划进度。

③两个指数变量。a.计划完工指数 SCI=BCWP/BCWS,当 SCI>1 时,表明项目实际完成的工作量超过计划工作量;当 SCI<1 时,表明项目实际完成的工作量少于计划工作量。b.成本绩效指数 CPI=ACWP/BCWP,当 CPI>1 时,表明实际成本多于计划成本,资金使用率较低;当 CPI<1 时,表明实际成本少于

计划成本,资金使用率较高。

6.成本考核

成本考核就是在施工项目竣工后,对项目成本的负责人考核其成本完成情况,以做到有奖有罚,避免"吃大锅饭",以提高职工的劳动积极性。

施工项目成本考核的目的是通过衡量项目成本降低的实际成果,对成本指标完成情况进行总结和评价。

施工项目成本考核应分层进行,企业对项目经理部进行成本管理考核,项目经理部对项目部内部各作业队进行成本管理考核。

施工项目成本考核的内容是既要对计划目标成本的完成情况进行考核,又要对成本管理工作业绩进行考核。

施工项目成本考核的要求如下。

(1)企业对项目经理部进行考核的时候,以责任目标成本为依据。

(2)项目经理部以控制过程为考核重点。

(3)成本考核要与进度、质量、安全指标的完成情况相联系。

(4)应形成考核文件,为对责任人进行奖罚提供依据。

11.2 施工项目成本控制

11.2.1 施工项目成本控制的原则

(1)以收定支的原则。

(2)全面控制的原则。

(3)动态性原则。

(4)目标管理原则。

(5)例外性原则。

(6)责、权、利、效相结合的原则。

11.2.2 施工项目成本控制的依据

(1)工程承包合同。

(2)施工进度计划。

(3)施工项目成本计划。

（4）各种变更资料。

11.2.3 施工项目成本控制的步骤

（1）比较施工项目成本计划与实际的差值，确定是节约还是超支。

（2）分析节约或超支的原因。

（3）预测整个项目的施工成本，为决策提供依据。

（4）施工项目成本计划在执行的过程中出现偏差，采取相应的措施加以纠正。

（5）检查成本完成情况，为今后的工作积累经验。

11.2.4 施工项目成本控制的手段

1.计划控制

计划控制是用计划的手段对施工项目成本进行控制。施工项目成本预测和决策为成本计划的编制提供依据。编制成本计划应先设计降低成本的技术组织措施，再编制降低成本的计划，将承包成本额降低而形成计划成本，从而成为施工过程中成本控制的标准。

成本计划编制方法有以下两种。

（1）常用方法。

在概预算编制能力较强，定额比较完备的情况下，特别是施工图预算与施工预算编制经验比较丰富的企业，施工项目成本目标可采用定额估算法确定。施工图预算反映的是完成施工项目任务所需的直接成本和间接成本，它是招标投标中编制标底的依据，也是施工项目考核经营成果的基础。施工预算是施工项目经理部根据施工定额制定的，作为内部经济核算的依据。

过去，通常以两算（概算、预算）对比差额与所采用技术措施带来的节约额来估算计划成本的降低额，其计算公式为：计划成本降低额＝两算对比差额＋技术措施节约额。

（2）计划成本法。

施工项目成本计划中计划成本的编制方法通常有以下几种。

①施工预算法。计算公式为：计划成本＝施工预算成本－技术措施节约额。

②技术措施法。计算公式为：计划成本＝施工图预算成本－技术措施节约额。

③成本习性法。计算公式为：计划成本＝施工项目变动成本＋施工项目固

定成本。

④按实计算法：施工项目部以该项目的施工图预算的各种消耗量为依据，结合成本计划降低目标，由各职能部门结合本部门的实际情况，分别计算各部门的计划成本，最后汇总得出项目的总计划成本。

2. 预算控制

预算控制是在施工前根据一定的标准（如定额）或者要求（如利润）计算的买卖（交易）价格，在市场经济中也可以叫作估算或承包价格。它作为一种收入的最高限额，减去预期利润，便是工程预算成本数额，也可以用来作为成本控制的标准。用预算控制成本可分为两种类型：一是包干预算，即一次性固定预算总额，不论中间有何变化，成本总额不予调整；二是弹性预算，即先确定包干总额，但是可根据工程的变化进行商洽，做出相应的变动。我国目前大部分工程采用弹性预算控制。

3. 会计控制

会计控制是指以会计方法为手段，以记录实际发生的经济业务及证明经济业务的合法凭证为依据，对成本的支出进行核算与监督，从而发挥成本控制作用。会计控制方法系统性强、严格、具体、计算准确、政策性强，是理想的也是必需的成本控制方法。

4. 制度控制

制度是对例行活动应遵行的方法、程序、要求及标准作出的规定。成本的控制制度就是通过制定成本管理的制度，对成本控制作出具体的规定，作为行动的准则，约束管理人员和工人，达到控制成本的目的。如成本管理责任制度、技术组织措施制度、定额管理制度、材料管理制度、劳动工资管理制度、固定资产管理制度等，都与成本控制关系非常密切。

在施工项目成本管理中，上述手段应同时进行并综合使用，不应孤立地使用某一种控制手段。

11.2.5　施工项目成本控制常用的方法

1. 偏差分析法

在施工项目成本控制中，把已完工程成本的实际值与计划值的差异称为施工项目成本偏差，即施工项目成本偏差＝已完工程实际成本－已完工程计划成

本。若计算结果为正数,表示施工项目成本超支;反之,则为节约。该方法为事后控制的一种方法,也可以说是成本分析的一种方法。

2. 以施工图预算控制成本

采用此法时,要认真分析企业实际的管理水平与定额水平之间的差异,否则达不到控制成本的目的。

(1)人工费的控制。

项目经理与施工作业队签订劳动合同时,应该将人工费单价定得低一些,其余的部分可以用于定额外人工费和关键工序的奖励费。这样,人工费就不会超支,而且还留有余地,以备关键工序之需。

(2)材料费的控制。

在按"量价分离"方法计算工程造价的条件下,水泥、钢材、木材的价格由市场价格而定,实行高进高出,即地方材料的预算价格=基准价×(1+材差系数)。因为材料价格随市场价格变动频繁,所以项目材料管理人员必须经常关注材料市场价格的变动情况,并积累详细的市场信息。

(3)周转设备使用费的控制。

施工图预算中的周转设备使用费为耗用数与市场价格之积,而实际发生的周转设备使用费等于企业内部的租赁价格或摊销费,由于两者计算方法不同,只能以周转设备预算费的总量来控制实际发生的周转设备使用费的总量。

(4)施工机械使用费的控制。

施工图预算中的施工机械使用费=工程量×定额台班单价。由于施工项目的特殊性,实际的机械使用率不可能达到预算定额的取定水平,加上机械的折旧率又有较大的滞后性,施工图预算中的施工机械使用费往往小于实际发生的施工机械使用费。在这种情况下,就可以用施工图预算中的施工机械使用费和增加的机械费补贴来控制机械费的支出。

(5)构件加工费和分包工程费的控制。

在市场经济条件下,混凝土构件、金属构件、木制品和成型钢筋的加工,以及相关的打桩、吊装、安装、装饰和其他专项工程的分包,都要以经济合同来明确双方的权利和义务。签订这些合同的时候绝不允许合同金额超过施工图预算。

3. 以施工预算控制成本消耗

以施工预算控制成本消耗即以施工过程中的各种消耗量(包括人工工日、材料消耗、机械台班消耗量)为控制依据,以施工图预算所确定的消耗量为标准,人工单价、材料价格、机械台班单价则以承包合同所确定的单价为控制标准。该方法由于所选的定额是企业定额，能反映企业的实际情况，控制标准相对能够结合企业实际，比较切实可行。具体的处理方法如下。

（1）项目开工以前，编制整个工程项目的施工预算，作为指导和管理施工的依据。

（2）对生产班组的任务安排，必须签发施工任务单和限额领料单，并向生产班组进行技术交底。

（3）施工任务单和限额领料单在执行过程中，要求生产班组根据实际完成的工程量和实际消耗人工、实际消耗材料做好原始记录，作为施工任务单和限额领料单结算的依据。

（4）在任务完成后，根据回收的施工任务单和限额领料单进行结算，并按照结算内容支付报酬。

11.3　施工项目成本降低的措施

1. 加强图纸会审，减少设计造成的浪费

施工单位应该在满足用户的要求和保证工程质量的前提下，联系项目施工的主、客观条件，对设计图纸进行认真的会审，并提出积极的修改意见，在取得用户和设计单位的同意后，修改设计图纸，同时办理增减账。

2. 加强合同预算管理，增加工程预算收入

深入研究招标文件、合同文件，正确编写施工图预算；把合同规定的"开口"项目作为增加预算收入的重要方面；根据工程变更资料及时办理增减账。项目承包方应就工程变更对既定施工方法、机械设备使用、材料供应、劳动力调配和工期目标影响程度，以及实施变更内容所需要的各种资料进行合理估价，及时办理增减账手续，并通过工程结算从建设单位取得补偿。

3. 制定先进合理的施工方案，减少不必要的窝工等损失

施工方案不同，工期就不同，所需的机械也不同，因而发生的费用也不同。因此，制定施工方案要以合同工期和上级要求为依据，综合考虑项目规模、性质、复杂程度、现场条件、装备情况、人员素质等因素。

4. 落实技术措施，组织均衡施工

（1）根据施工具体情况，合理规划施工现场平面布置（包括机械布置，材料、构件的堆方场地，车辆进出施工现场的运输道路，临时设施搭建数量和标准等），为文明施工、减少浪费创造条件。

（2）严格执行技术规范和预防为主的方针，确保工程质量，减少零星工程的修补，消灭质量事故，不断降低质量成本。

（3）根据工程设计特点和要求，运用自身的技术优势，采取有效的技术组织措施，将经济与技术相结合。

（4）严格执行安全施工操作规程，减少一般安全事故，确保安全生产，将事故损失降到最低。

5. 降低因量差和价差所产生的材料成本

（1）材料采购和构件加工要求选择质优价廉、运距短的供应单位。对到场的材料、构件要正确计量，认真验收，若遇到产品不合格或用量不足的情况，要进行索赔。切实做到降低材料、构件的采购成本，减少采购、加工过程中的管理损耗。

（2）根据项目施工的进度计划，及时组织材料、构件的供应，保证项目施工顺利进行，防止因停工造成损失。在构件生产过程中，要按照施工顺序组织配套供应，以免因规格不齐产生施工间隙，浪费时间和人力。

（3）在施工过程中，严格按照限额领料制度，控制材料消耗，同时还要做好余料回收和利用工作，为考核材料的实际消耗水平提供正确的数据。

（4）根据施工需要，合理安排材料储备，降低资金占用率，提高资金利用效率。

6. 提高机械的利用效果

（1）根据工程特点和施工方案，合理选择机械的型号、规格和数量。

（2）根据施工需要，合理安排机械施工，充分发挥机械的效能，减少机械使用成本。

（3）严格执行机械维修和养护制度，加强平时的维修保养，保证机械完好和在施工过程中运转良好。

7. 重视人的因素，加强激励制度的作用，调动职工的积极性

（1）对关键工序施工的关键班组要实行重奖。

（2）对材料操作损耗特别大的工序，可由生产班组直接承包。

（3）实行钢模零件和脚手架螺栓有偿回收。

（4）实行班组"落手清"承包。

11.4　工程价款的结算与索赔

11.4.1　工程价款的结算

1. 工程价款类别

（1）预付工程款。

预付工程款是指施工合同签订后工程开工前，发包方预先支付给承包方的工程价款。该款项一般用于准备材料，所以又称工程备料款。预付工程款不得超过合同金额的 30％。

（2）工程进度款。

工程进度款是指在施工过程中，根据合同约定按照工程形象进度，划分不同阶段支付的工程款。

（3）工程尾款。

工程尾款是指工程竣工结算时，保留的工程质量保证（保修）金，待工程保修期满后清算的款项。其中，竣工结算是指工程竣工后，根据施工合同、招标投标文件、竣工资料、现场签证等，编制的工程结算总造价文件。根据竣工结算文件，承包方与发包方办理竣工总结算。

2. 工程价款结算办法

（1）预付工程款结算办法。

预付工程款结算办法如下。

①包工包料工程的预付工程款按合同约定拨付，原则上预付比例不低于合同金额的 10％、不高于合同金额的 30％。对于重大工程项目，按年度工程计划逐年预付。

②在具备施工条件的前提下，发包人应在双方签订合同后的一个月内或不迟于约定的开工日期前的 7 d 内支付预付工程款，发包人不按约定支付时，承包人应在预付时间到期后 10 d 内向发包人发出要求预付的通知，发包人收到通知

后仍不按要求预付时,承包人可于发出通知14 d后停止施工,发包人应向承包人支付从约定应付之日起计算的应付款利息,并承担违约责任。

③预付的工程款必须在合同中约定抵扣方式,并在工程进度款中进行抵扣。

④凡是没有签订合同或是不具备施工条件的工程,发包人不得预付工程款,不得以预付工程款的名义转移资金。

(2)工程进度款结算办法。

工程进度款结算办法如下。

①按月结算与支付,即实行按月支付进度款,竣工后清算的方法。合同工期在两年以上的工程,须在年终进行工程盘点,办理年度结算。

②分段结算与支付,即当年开工、当年不能竣工的工程,按照工程进度、形象进度划分不同的阶段支付工程进度款。具体划分在合同中明确。

工程进度款支付时应遵循以下原则。

①根据工程计量结果,承包人应向发包人提出支付工程进度款申请,在承包人发出申请后14 d内,发包人应按不低于工程价款的60%、不高于工程价款的90%向承包人支付工程进度款。

②发包人超过约定的支付时间不支付工程进度款时,承包人应及时向发包人发出要求付款通知,发包人收到承包人通知后仍不能按照要求付款时,可与承包人协商签订延期付款的协议,经承包人同意后可延期付款,协议应明确延期支付的时间,并从工程计量结果确认后第15 d起计算应付款的利息。

③发包人不按合同约定支付工程进度款,双方又未达成延期付款的协议,导致施工无法进行时,承包人可停止施工,由发包人承担违约责任。

工程尾款结算与竣工结算密切相关,故在竣工结算部分一并讲解。

3. 竣工结算

工程竣工后,双方应按照合同价款及合同价款的调整内容以及索赔事项,进行工程竣工结算。

(1)工程竣工结算的方式。

工程竣工结算分为单位工程竣工结算、单项工程竣工结算和建设项目竣工总结算。

(2)工程竣工结算的审编。

单位工程竣工结算由承包人编制,发包人审查。实行总承包的工程,由具体承包人编制,在总承包人审查的基础上,发包人审查。

单项工程竣工结算或者建设项目竣工总结算由总承包人编制,发包人可直接进行审查,也可以委托具有相关资质的工程造价机构进行审查。政府投资项目由同级财政部门审查。

　　单项工程竣工结算或建设项目竣工总结算经发承包人签字盖章后有效。

　　(3)工程竣工结算审查期限。

　　单项工程竣工后,承包人应在提交竣工验收报告的同时,向发包人递交竣工结算报告及完整的结算资料,发包人按以下规定时限进行核对并提交审查意见。

　　①工程价款结算金额在 500 万元以下,从接到竣工结算报告和完整的竣工结算资料之日起 20 d。

　　②工程价款结算金额在 500 万～2000 万元,从接到竣工结算报告和完整的竣工结算资料之日起 30 d。

　　③工程价款结算金额在 2000 万～5000 万元,从接到竣工结算报告和完整的竣工结算资料之日起 45 d。

　　④工程价款结算金额在 5000 万元以上,从接到竣工结算报告和完整的竣工结算资料之日起 60 d。

　　建设项目竣工总结算在最后一个单项工程竣工结算审查确认后 15 d 内汇总,送发包人 30 d 内审查完毕。

　　(4)合同外零星项目工程价款结算。

　　发包人要求承包人完成合同之外的零星项目,承包人应在接受发包人要求的 7 d 内就用工数量和单价、机械台班数量和单价、使用材料金额等向发包人提出施工签证,由发包人签证后施工,如发包人未签证,承包人施工后发生争议的,责任由承包人承担。

　　(5)工程尾款。

　　发包人根据确认的竣工结算报告向承包人支付竣工结算款,保留 5% 左右的质量保证金,待工程交付使用,质保期满后清算,质保期内如有返修,发生的费用应在质量保证金中扣除。

11.4.2　工程索赔

1.索赔的原因

　　(1)业主违约。

　　业主违约常表现为业主或其委托人未能按合同约定为承包商提供施工的必

271

要条件,或未能在约定的时间内支付工程款,有时也可能是监理工程师的不适当决定或苛刻的检查等引起索赔。

(2)合同缺陷。

合同缺陷是指合同文件规定不严谨甚至矛盾、有遗漏或错误等。因合同缺陷产生索赔对于合同双方来说是不应该的,除非某一方存在恶意而另一方又太马虎。

(3)施工条件变化。

施工条件的变化对工程造价和工期影响较大。

(4)工程变更。

施工中发现设计问题、改变质量等级或施工顺序、指令增加新的工作、变更建筑材料、暂停或加快施工等常常会导致工程变更。

(5)工期拖延。

施工中受天气、水文地质等因素的影响常常出现工期拖延。

(6)监理工程师的指令。

监理工程师的指令可能造成工程成本增加或工期延长。

(7)国家政策以及法律、法规变更。

对直接影响工程造价的政策以及法律、法规的变更,合同双方应按约定的办法处理。

2. 索赔价款结算

发包人未能按合同约定履行自己的各项义务或发生错误,给另一方造成经济损失的,由受损方按合同约定条款提出索赔,索赔金额按合同约定支付。

第 12 章　水利工程施工进度管理

12.1　进度管理概述

12.1.1　进度的概念

进度通常是指工程项目实施结果的进展情况,在工程项目实施过程中要消耗时间(工期)、劳动力、材料、成本等才能完成项目的任务。当然,项目实施结果应该以项目任务的完成情况(如工程的数量)来表达。但由于工程项目对象系统(技术系统)的复杂性,常常很难选定一个恰当的、统一的指标来全面反映工程的进度。有时时间和费用与计划都吻合,但工程实物进度(工作量)未达到目标,则后期就必须投入更多的时间和费用。

在现代工程项目管理中,人们已赋予进度以综合的含义。进度将工程项目任务、工期、成本有机地结合起来,形成一个综合的指标,能全面反映项目的实施状况。进度控制已不只是传统的工期控制,而是将工期与工程实物、成本、劳动消耗、资源等统一起来进行综合控制。

12.1.2　进度指标

进度控制的基本对象是工程活动。它包括项目结构图上各个层次的单元,上至整个项目,下至各个工作包(有时直到最低层次网络上的工程活动)。项目进度状况通常是通过各工程活动完成程度(百分比)逐层统计汇总计算得到的。进度指标的确定对进度的表达、计算、控制有很大影响。由于一个工程有不同的子项目、工作包,它们工作内容和性质不同,必须挑选一个共同的、对所有工程活动都适用的计量单位。

1. 持续时间

持续时间(工程活动的或整个项目的),是进度的重要指标。人们常用已经

使用的工期与计划工期相比较以描述工程完成程度。例如,计划工期两年,现已经进行了一年,则工期已达 50%。一个工程活动,计划持续时间为 30 d,现已经进行了 15 d,则已完成 50%。但通常还不能说工程进度已达 50%,因为工期与通常概念上的进度是不一致的,工程的效率和速度不是一条直线,如通常工程项目开始时工作效率很低,进度慢;到工程中期投入最大,进度最快;而后期投入又较少,所以工期达到 50%,并不能表示进度达到了 50%,何况在已进行的工期中还存在各种停工、窝工、干扰因素的影响,实际效率可能远低于计划的效率。

2. 按工程活动的结果状态数量描述

按工程活动的结果状态数量描述主要是针对专门的领域,其生产对象简单、工程活动简单。例如:设计工作按资料数量(图纸、规范等),混凝土工程按体积(墙、基础、柱),设备安装按吨位,管道、道路按长度,预制件按数量、重量、体积,运输量以吨、千米,土石方以体积或运载量来描述。特别是当项目的任务仅为完成这些分部工程时,以它们作指标比较能反映实际情况。

3. 已完成工程的价值量

已完成工程的价值量根据已经完成的工作量与相应的合同价格(单价),或预算价格计算。它将不同种类的分项工程统一起来,能够较好地反映工程的进度状况,这是常用的进度指标。

4. 资源消耗指标

最常用的资源消耗指标有劳动工时、机械台班、成本的消耗等。它们有统一性和较好的可比性,即各个工程活动甚至整个项目部都可用它们作为指标,这样可以统一分析尺度,但在实际工程中要注意如下问题。

(1)投入资源数量和进度有时会有背离,会产生误导。例如,某活动计划需100 工时,现已用了 60 工时,则进度已达 60%。这仅是偶然的,计划劳动效率和实际劳动效率不会完全相等。

(2)由于实际工作量和计划经常有差别,例如,计划 100 工时,由于工程变更,工作难度增加,工作条件变化,应该需要 120 工时,现完成 60 工时,实质上仅完成 50%,而不是 60%,所以只有当计划正确(或反映最新情况)并按预定的效率施工时才能得到正确的结果。

(3)工程中经常用成本反映工程进度,但这里有如下因素要剔除:①不正常原因造成的成本损失,如返工、窝工、工程停工;②由于价格原因(如材料涨价、工资提高)造成的成本的增加;③考虑实际工程量,工程(工作)范围的变化造成的影响。

12.1.3　工期控制和进度控制

工期和进度是两个既互相联系,又有区别的概念。

从工期计划中可以得到各项目单元的计划工期的各个时间参数,这些参数分别表示各层次的项目单元(包括整个项目)的持续、开始和结束时间以及允许的变动余地(各种时差)等,因此工期可以作为项目的目标之一。

工期控制的目的是使工程实施活动与上述工期计划在时间上吻合,即保证各工程活动按计划及时开工、按时完成,保证总工期不推迟。

进度控制的总目标与工期控制是一致的,但控制过程中它不仅追求时间上的吻合,而且追求在一定的时间内工作量的完成程度(劳动效率和劳动成果)或消耗与计划的一致性。

进度控制和工期控制的关系如下。

(1)工期常常作为进度的一个指标,它在表示进度计划及其完成情况时有重要作用。进度控制首先表现为工期控制,有效的工期控制能达到有效的进度控制,但仅用工期表达进度会产生误导。

(2)进度的拖延最终会表现为工期拖延。

(3)进度的调整常常表现为对工期的调整,为加快进度,可改变施工次序、增加资源投入,即通过采取措施使总工期提前。

12.1.4　进度控制的过程

(1)采用各种控制手段保证项目及各个工程活动按计划及时开始,在工程实施过程中记录各工程活动的开始时间、结束时间及完成程度。

(2)在各控制期末(如月末、季末或一个工程阶段结束)将各活动的完成程度与计划对比,确定整个项目的完成程度,并结合工期、生产成果、劳动效率、消耗等指标,评价项目进度状况,分析其中的问题。

(3)对下期工作作出安排,对一些已开始但尚未结束的项目单元的剩余时间作估算,提出调整进度的措施,根据工程已完成状况作出新的安排和计划,调整网络计划(如变更逻辑关系、延长或缩短持续时间、增加新的活动等),重新进行网络计划分析,预测新的工期状况。

（4）对调整措施和新计划作出评审，分析调整措施的效果，分析新的工期是否符合目标要求。

12.2 实际工期和进度的表达

12.2.1 工作包的实际工期和进度的表达

进度控制的对象是各个层次的项目单元，而最低层次的工作包是主要对象，有时进度控制还要细到具体的网络计划中的工程活动。有效的进度控制必须能迅速且正确地在项目参加者（工程小组、分包商、供应商等）的工作岗位上反映如下进度信息。

项目正式开始后，必须监控项目的进度以确保每项活动按计划进行，掌握各工作包（或工程活动）的实际工期信息，如实际开始时间，记录并报告工期受到的影响及原因，这些必须明确反映在工作包的信息卡（报告）上。

工作包（或工程活动）所达到的实际状态，即完成程度和已消耗的资源。在项目控制期末（一般为月底），对各工作包的实施状况、完成程度、资源消耗量进行统计。这时，如果一个工程活动已完成或未开始，则已完成的进度为 100%，未开始的为 0，但这时必然有许多工程活动已开始但尚未完成。为了便于比较精确地进行进度控制和成本核算，必须定义它的完成程度，通常有如下几种定义模式。

（1）开始后完成前一直为 0，直到完成才为 100%，这是一种比较悲观的表示模式。

（2）一经开始直到完成前都认为已完成 50%，完成后才为 100%。

（3）按已完成的工作量占总计划工作量的比例计算。

（4）按已消耗工期占计划工期（持续时间）的比例计算。这在横道图计划与实际工期对比和网络调整中得到应用。

（5）按工序（工作步骤）分析定义。这里要分析工作包的工作内容和步骤，并定义各个步骤的进度份额。

各步骤占总进度的份额由进度描述指标的比例来计算，例如，可以按工时投入比例，也可以按成本比例来计算。

当工作包内容复杂，无法用统一的、均衡的指标衡量时，可以采用按工序（工作步骤)定义的方法,该方法的好处是可以排除工时投入浪费、初期的低效率等造成的影响,可以较好地反映工程进度。

工程活动完成程度的定义不仅对进度描述和控制有重要作用,有时它还是业主与承包商之间进行工程价款结算的重要参数。

预算工作包到结束尚需要的时间或结束的日期,常常需要考虑剩余工作量、已产生的拖延、后期工作效率等因素。

12.2.2　施工项目进度控制的方法

施工项目进度控制是工程项目进度控制的主要环节,常用的控制方法有横道图控制法、S 形曲线控制法、香蕉形曲线比较法等。

1. 横道图控制法

人们常用的、最熟悉的方法是用横道图编制实施性进度计划,指导项目的实施。它简明、形象、直观,编制方法简单,使用方便。

横道图控制法是在项目实施过程中,收集并检查实际进度的信息,经整理后直接用横道线表示,并直接与原计划的横道线进行比较。

利用横道图检查时,图示清楚明了,可在图中用粗细不同的线条分别表示实际进度与计划进度。在横道图中,完成任务量可以用实物工程量、劳动消耗量和工作量等不同方式表示。

2. S 形曲线控制法

S 形曲线是一个以横坐标表示时间、纵坐标表示完成工作量的曲线图。工作量的具体内容可以是实物工程量、工时消耗或费用,也可以是相对的百分比。对于大多数工程项目来说,在整个项目实施期内单位时间(以天、周、月、季等为单位)的资源消耗(人、财、物的消耗)通常是中间多而两头少。由于这一特性,资源消耗累加后便形成一条中间陡而两头平缓的形如 S 的曲线。

像横道图一样,S 形曲线也能直观反映工程项目的实际进展情况。项目进度控制工程师事先绘制进度计划的 S 形曲线。在项目施工过程中,每隔一定时间按项目实际进度情况绘制完工进度的 S 形曲线,并与进度计划的 S 形曲线进行比较,如图 12.1 所示。

(1)项目实际进展速度。如果项目实际累计完成量在原计划的 S 形曲线上方,表示此时的实际进度比计划进度超前,如图 12.1 中的 a 点;反之,如果项目

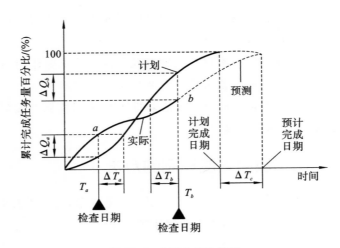

图 12.1　S 形曲线比较图

实际累计完成量在原计划的 S 形曲线下方,表示实际进度比计划进度滞后,如图 12.1 中的 b 点。

(2)进度超前或拖延时间。如图 12.1 中,ΔT_a 表示 T_a 时刻进度超前时间;ΔT_b 表示 T_b 时刻进度拖延时间。

(3)工程量完成情况。在图 12.1 中,ΔQ_a 表示 T_a 时刻超额完成的工程量;ΔQ_b 表示 T_b 时刻拖欠的工程量。

(4)项目后续进度的预测。在图 12.1 中,虚线表示项目后续进度,若仍按原计划速度实施,总工期拖延的预测值为 ΔT_c。

3. 香蕉形曲线比较法

香蕉形曲线是由两条以同一时间开始、同一时间结束的 S 形曲线组合而成的。其中一条 S 形曲线是按最早开始时间安排进度所绘制的 S 形曲线,简称 ES 曲线;而另一条 S 形曲线是按最迟开始时间安排进度所绘制的 S 形曲线,简称 LS 曲线。除项目的开始和结束点外,ES 曲线在 LS 曲线上方,同一时刻两条曲线所对应完成的工作量是不同的。在项目实施过程中,理想的状况是任一时刻的实际进度在两条曲线所包区域内的优化曲线 R 上,如图 12.2 所示。

香蕉形曲线的绘制步骤如下。

(1)计算时间参数。在项目的网络计划基础上,确定项目数目 n 和检查次数 m,计算项目工作的时间参数 ES_i、LS_i($i=1,2,\cdots,n$)。

(2)确定在不同时间计划完成的工程量。以项目的最早时标网络计划确定

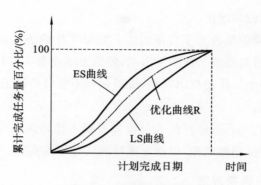

图 12.2　香蕉形曲线图

工作在各单位时间的计划完成工程量 $q_{ij}{}^{ES}$，即第 i 项工作按最早开始时间开工，在第 j 时段内计划完成的工程量（$1\leqslant i\leqslant n,0\leqslant j\leqslant m$）；以项目的最迟时标网络计划确定工作在各单位时间的计划完成工程量 $q_{ij}{}^{LS}$，即第 i 项工作按最迟开始时间开工，在第 j 时段内计划完成的工程量（$1\leqslant i\leqslant n,0\leqslant j\leqslant m$）。

12.2.3　进度计划实施中的调整方法

1. 分析偏差对后续工作及工期的影响

当进度计划出现偏差时，需要分析偏差对后续工作产生的影响。分析的方法主要是利用网络计划中工作的总时差和自由时差来判断。工作的总时差（TF）不影响项目工期，但影响后续工作的最早开始时间，是工作拥有的最大机动时间；而工作的自由时差是指在不影响后续工作的最早开始时间的条件下，工作拥有的最大机动时间。利用时差分析进度计划出现的偏差，可以了解进度偏差对进度计划的局部影响（后续工作）和对进度计划的总体影响（工期）。具体分析步骤如下。

（1）判断进度计划偏差是否在关键线路上。如果出现工作的进度偏差，当 TF＝0 时，说明工作在关键线路上，无论偏差大小，都会对后续工作和工期产生影响，必须采取相应的调整措施；当 TF≠0 时，则说明工作在非关键线路上，偏差的大小对后续工作和工期是否产生影响以及影响程度，还需要进一步分析判断。

（2）判断进度偏差是否大于总时差。如果工作的进度偏差大于工作的总时差，说明偏差必将影响后续工作和总工期。如果偏差小于或等于工作的总时差，说明偏差不会影响项目的总工期。但它是否对后续工作产生影响，还需进一步

279

与自由时差进行比较来确定。

(3)判断进度偏差是否大于自由时差。如果工作的进度偏差大于工作的自由时差,说明偏差将对后续工作产生影响,但偏差不会影响项目的总工期;反之,如果偏差小于或等于工作的自由时差,说明偏差不会对后续工作产生影响,原进度计划可不作调整。

采用上述分析方法,进度控制人员可以根据工作的偏差对后续工作的不同影响采取相应的进度调整措施,以指导项目进度计划的实施。

2. 进度计划的调整方法

当进度控制人员发现问题后,应对实施进度进行调整。为了实现进度计划的控制目标,究竟采取何种调整方法,要在分析的基础上确定。从实现进度计划的控制目标来看,可行的调整方案有多种,需要择优选用。一般来说,进度计划调整的方法主要有以下两种。

(1)改变工作之间的逻辑关系。

改变工作之间的逻辑关系主要是通过改变关键线路上工作之间的先后顺序、逻辑关系来实现缩短工期的目的。例如,若原进度计划比较保守,各项工作依次实施,即某项工作结束后,另一项工作才开始。通过改变工作之间的逻辑关系,变顺序关系为平行搭接关系,便可达到缩短工期的目的。这样进行调整,由于增加了工作之间的平行搭接时间,进度控制工作就显得更加重要,实施中必须做好协调工作。

(2)改变工作延续时间。

改变工作延续时间主要是对关键线路上的工作进行调整,工作之间的逻辑关系并不发生变化。例如,某一项目的进度拖延后,为了加快进度,可压缩关键线路上工作的持续时间,增加相应的资源来达到加快进度的目的。这种调整通常在网络计划图上直接进行,其调整方法与限制条件及对后续工作的影响程度,一般可考虑以下三种情况。

①在网络计划图中,某项工作进度拖延,但拖延的时间在该工作的总时差范围以内、自由时差范围以外。若用 Δ 表示此项工作拖延的时间,可用式(12.1)表示

$$FF < \Delta < TF \tag{12.1}$$

根据前面的分析,这种情况不会对工期产生影响,只会对后续工作产生影响。因此,在进行调整前,要确定后续工作允许拖延的时间限制,并作为进度调

整的限制条件。确定这个限制条件有时很复杂,特别是当后续工作由多个平行的分包单位负责实施时更是如此。

②在网络计划图中,某项工作进度的拖延时间大于项目工作的总时差,可用式(12.2)表示

$$\Delta > TF \qquad (12.2)$$

这时该项工作可能在关键线路上(TF=0),也可能在非关键线路上,但拖延的时间超过了总时差。调整的方法是以工期的限制时间作为规定工期,对未实施的网络计划进行工期和费用优化。通过压缩网络图中某些工作的持续时间,使总工期满足规定工期的要求,具体步骤如下。

a.简化网络图,去掉已经执行的部分,以进度检查时间作为起点时间,将实际数据代入简化网络图。

b.以简化的网络图和实际数据为基础,计算工作最早开始时间。

c.以总工期允许拖延的极限时间作为计算工期,计算各工作最迟开始时间,形成调整后的计划。

③在网络计划图中,工作进度超前。在计划阶段所确定的工期目标,往往是综合考虑各方面因素优选的合理工期。正因为如此,网络计划中工作进度的任何变化,无论是拖延还是超前,都可能造成其他目标的失控(如造成费用增加等)。例如,在一个施工总进度计划中,某项工作的超前可能会致使资源的使用发生变化。这不仅影响原进度计划的继续执行,也影响各项资源的合理安排,特别是施工项目由多个分包单位进行平行施工时,因进度安排发生了变化,导致协调工作复杂化。在这种情况下,对进度超前的项目也需要加以控制。

12.3　进度拖延原因分析及解决措施

12.3.1　分析进度拖延原因的方法

项目管理者应按预定的项目计划定期评审项目实施进度情况,分析并确定拖延的根本原因。进度拖延是工程项目实施过程中经常发生的现象,各层次的项目单元、各个阶段都可能出现延误,分析进度拖延的原因可以采用以下方法。

(1)将工程活动(工作包)的实际工期记录与计划进行对比,确定被拖延的工程活动及拖延量。

（2）采用关键线路分析的方法确定进度拖延对总工期的影响。由于各工程活动（工作包）在网络计划图中所处的位置（关键线路或非关键线路）不同，其拖延对整个工期的影响不同。

（3）采用因果关系分析图（表），影响因素分析表，工程量、劳动效率对比分析等方法，详细分析各工程活动（工作包）对整个工期的影响及各因素影响量的大小。

12.3.2　进度拖延的原因

进度拖延的原因是多方面的，包括计划失误、边界条件变化、管理过程中的失误和其他原因。

1.计划失误

（1）计划时忘记（遗漏）部分必需的功能或工作。

（2）计划值（如计划工作量、持续时间）不足，相关的实际工作量增加。

（3）资源或能力不足，例如，计划时没考虑到资源的限制或缺陷，没有考虑如何完成工作。

（4）出现了计划中未能考虑到的风险或状况，未能使工程实施达到预定的效率。

（5）在现代工程中，业主、投资者、企业主管常常在一开始就提出很紧迫的工期要求，使承包商或其他设计人、供应商的工期太紧，而且许多业主为了缩短工期，常常压缩承包商的时间。

2.边界条件变化

（1）工作量的变化可能是由于设计的修改、设计的错误、业主新的要求、修改项目的目标及系统范围的扩展造成的。

（2）外界对项目新的要求或限制、设计标准的提高，都可能使工程无法及时完成。

（3）环境条件的变化，如不利的施工条件不仅对工程实施过程造成干扰，还可能需要调整原来已确定的计划。

（4）发生不可抗力事件，如地震、台风等。

3.管理过程中的失误

（1）计划部门与实施者之间，总承包商与分包商之间，业主与承包商之间缺少沟通。

（2）工程实施者缺乏工期意识，例如，管理者拖延了图纸的供应和批准，任务下达时缺少必要的工期说明和责任落实，拖延了工程活动。

（3）项目参加单位没有清楚地了解各个活动（各专业工程等）之间的逻辑关系（活动链），下达任务时也没有作详细的解释，同时对活动的必要的前提条件准备不足，各单位之间缺少协调和信息沟通，许多工作脱节，资源供应出现问题。

（4）因其他方面未完成项目计划规定的任务而造成拖延。例如，设计单位拖延设计、运输不及时、质量检查拖延、业主不果断处理问题等。

（5）承包商没有集中力量施工、材料供应拖延、资金缺乏、工期控制不紧，这可能是由于承包商同期开工的工程太多，力量不足造成的。

（6）业主没有集中资金的供应，拖欠工程款，或业主的材料、设备供应不及时。

4. 其他原因

因采取其他调整措施而造成工期拖延，如设计变更、因质量问题返工、修改实施方案等。

12.3.3　解决进度拖延问题的措施

1. 基本策略

对已产生的进度拖延可以采取如下基本策略。

（1）采取积极的措施赶工，以弥补或部分弥补已经产生的拖延。主要通过调整后期计划，采取措施赶工、修改网络计划等方法解决进度拖延问题。

（2）不采取特别的措施，在目前进度状态的基础上，仍按照原计划安排后期工作。但在通常情况下，拖延的影响会越来越大。这是一种消极的办法，最终结果必然会损害工期目标和经济效益。

2. 可以采取的赶工措施

与在计划阶段压缩工期一样，解决进度拖延问题有许多方法，但每种方法都有它的适用条件、限制，也必然会带来一些负面影响。在人们以往的讨论以及实际工作中，都将重点集中在时间问题上，这是不对的。许多措施实施后常常没有效果，或引起其他更严重的问题，最典型的是增加成本开支、造成现场混乱和引起质量问题。因此，应该将它作为一个新的计划过程来处理。

在实际工程中经常采取如下赶工措施。

(1)增加资源投入。例如,增加劳动力、材料、周转材料和设备的投入量,这是最常用的办法。它会带来如下问题:①费用增加,如增加人员的调遣费用、周转材料一次性费用、设备的进出场费用;②资源使用效率降低;③加剧资源供应困难的状况,如有些资源没有增加的可能性,会加剧项目之间或工序之间对资源激烈的竞争。

(2)重新分配资源。例如,将服务部门的人员调入生产部门,投入风险准备资源,采用加班或多班制工作。

(3)缩小工作范围,包括减少工作量或删去一些工作包(或分项工程),但这可能产生如下影响:①损害工程的完整性、经济性、安全性、运行效率,或提高项目运行费用;②必须经过上层管理者(如投资者、业主)的批准,此过程有时反而会占用更多的时间。

(4)改善工具、器具以提高劳动效率。

(5)提高劳动生产率。主要通过采用辅助措施和合理的工作过程来提高劳动生产率,这里要注意以下几个问题:①加强培训,通常培训应尽可能地提前;②注意工人级别与工人技能的协调;③完善工作中的激励机制,例如奖金、小组精神发扬、个人负责制等;④改善工作环境及项目的公用设施;⑤项目小组在时间上和空间上合理组合和搭接;⑥避免项目组织中的矛盾,多沟通。

(6)将部分任务转移,如分包、委托给另外的单位,将原计划由自己生产的结构构件改为外购等。当然,这不仅有风险,会产生新的费用,也会增加控制和协调工作。

(7)改变网络计划中工程活动的逻辑关系,如将前后顺序工作改为平行工作,或采用流水施工的方法。这又可能产生以下问题:①工程活动逻辑上的矛盾性;②产生资源的限制,平行施工要增加资源的投入强度,尽管投入总量不变;③工作面限制及由此产生的现场混乱和低效率问题。

(8)将一些工作包合并,特别是将关键线路上按先后顺序实施的工作包合并,与实施者一道研究,通过局部调整实施过程和人力、物力的分配达到缩短工期的目的。

通常,A_1、A_2 两项工作如果由两个单位分包并按次序施工,则持续时间较长;而如果将它们合并为 A,由一个单位来完成,则持续时间就大大地缩短。原因如下。

①两个单位分别负责,则它们都经过前期准备低效率→正常施工→后期低

效率过程,则总的平均效率很低。

②由两个单位分别负责时,中间有对 A_1 工作的检查、打扫和场地交接,以及对 A_2 工作准备的过程,会使工期延长,这是由分包合同或工作任务单所决定的。

③如果合并由一个单位完成,则平均效率会较高,而且许多工作能够穿插进行。

④实践证明,采用设计-施工总承包,或项目管理总承包,相比分阶段、分专业平行承包,工期会大大缩短。

(9)修改实施方案,例如,将现浇混凝土改为场外预制、现场安装,这样可以提高施工速度。又如在某国际工程中,原施工方案为现浇混凝土,工期较长,进一步调查发现该国技术工缺乏,劳动力的素质和可培训性较差,无法保证原工期,后来采用预制装配施工方案,大大缩短了工期。当然,这一方面需要有可用的资源,另一方面又需要考虑成本超支问题。

3. 应注意的问题

在选择措施时,要考虑到以下 4 点。

(1)赶工措施应符合项目的总目标与总战略。

(2)措施应是有效的、可以实现的。

(3)花费比较省。

(4)对项目的实施及承包商、供应商的影响较小。

在制定后续工作计划时,这些措施应与项目的其他过程协调。

在实际工作中,人们常常采用许多事先认为有效的措施,但实际效力却很小,达不到预期的缩短工期的效果,主要原因有以下 3 种。

(1)这些计划是非正常计划期状态下的计划,常常是不周全的。

(2)缺少协调,没有将加速的要求、措施、新的计划,可能引起的问题通知相关各方,如其他分包商、供应商、运输单位、设计单位。

(3)对以前造成拖延的问题的影响认识不清。例如,受外界影响造成的拖延不是一直不变,相反,这些影响是会延续的,会继续扩大,即使马上采取措施,在一段时间内,拖延仍会持续。

第 13 章　水利工程施工合同管理

13.1　合同管理概述

13.1.1　合同谈判与签订

合同是影响利润的主要因素,而合同谈判和合同签订是获得尽可能多的利润的最好机会。如何利用这个机会签订一份有利的合同,是每个承包商都十分关心的问题。

1.合同谈判的主要内容

(1)工程范围。承包商所承担的工程范围,包括施工、设备采购、安装和调试等。在签订合同时要做到范围清楚、责任明确,否则将导致报价漏项。

(2)技术要求、技术规范和施工技术方案。

(3)合同价格条款。合同依据计价方式的不同主要有总价合同、单价合同和成本加酬金合同,在谈判中根据工程项目的特点加以确定。

(4)付款。付款问题可归纳为三个方面,即价格问题、货币问题、支付方式问题。承包人应对合同的价格调整条款、合同规定采用的货币的价值浮动的影响、支付时间、支付方式和支付保证金等条款予以充分的重视。

(5)工期和维修期的条款。①被授标的承包人首先应根据投标文件中自己填报的工期及工程量变动产生的影响,与发包人最后确定工期。②单项工程较多的项目,应争取分批竣工,提交发包人验收,并从该批验收起计算该部分的维修期,应规定在发包人验收并接收前,承包人有权不让发包人随意使用等条款,以缩短自己的责任期限。③在合同中应明确,承包人保留在工程变更、气候恶劣等对工期产生不利影响时合理地延长工期的权利。④合同文本中应当对保修工程的范围、保修责任及保修期的开始和结束时间有明确的说明,承包人应该只承担由于材料和施工方法及操作工艺等不符合规定而产生的缺陷责任。⑤承包人应力争用维修保函来代替发包人扣留的保证金,它对发包人并无风险,是一种比较公平的做法。

(6)完善合同条件。主要是对合同图纸、违约罚金和工期提前奖金、工程量验收以及衔接工序和隐蔽工程施工的验收程序、施工占地、开工日期和工期、向承包人移交施工现场和基础资料、工程交付、预付款保函的自动减款等相关条款进行完善,并对合同中的某些措辞进行修改。

2. 合同最终文本的确定和合同的签订

(1)合同文件内容。

①建设工程合同文件构成:合同协议书,工程量及价格单,合同条件,投标须知,合同技术条件(附投标图纸),发包人授标通知,双方共同签署的合同补遗(有时也以合同谈判会议纪要形式表示),中标人投标时所递交的主要技术和商务文件,其他双方认为应作为合同的一部分的文件。

②对所有在招标投标及谈判前后各方发出的文件、文字说明、解释性资料进行清理,对凡是与上述合同构成相矛盾的文件,应宣布作废。可以在双方签署的合同补遗中,对此作出排除性质的说明。

(2)关于合同的补遗。

在合同谈判阶段,双方谈判的结果一般以合同补遗的形式表示,有时也可以以合同谈判会议纪要形式形成书面文件。这一文件将成为合同文件中极为重要的组成部分,因为它最终确认了合同签订人之间的意志,所以在合同解释中优先于其他文件。

(3)合同的签订。

发包人或监理工程师在合同谈判结束后,应按上述内容和形式完成一个完整的合同文件草案,并经承包人授权代表认可后正式形成文件,承包人代表应认真审核合同草案的全部内容。当双方认为满意并核对无误后由双方代表草签,至此合同谈判阶段即告结束。此时,承包人应及时准备和递交履约保函,准备正式签署承包合同。

13.1.2　工程合同的类型

1. 按合同签约的对象内容划分

(1)建设工程勘察、设计合同。

建设工程勘察、设计合同是指业主(发包人)与勘察人、设计人为完成一定的

勘察、设计任务,明确双方权利、义务的合同。

(2)建设工程施工合同。

建设工程施工合同通常也称为建筑安装工程承包合同,是指建设单位(发包方)和施工单位(承包方)为了完成商定的或通过招标投标确定的建筑工程安装任务,明确双方权利、义务的书面合同。

2.按合同签约各方的承发包关系划分

(1)总包合同。

建设单位(发包方)将工程项目建设全过程或其中某个阶段的全部工作发包给一个承包单位总包,发包方与总包方签订的合同称为总包合同。总包合同签订后,总承包单位可以将若干专业性工作交给不同的专业承包单位去完成,并统一协调和监督它们的工作。在一般情况下,建设单位仅同总承包单位发生法律关系,而不同各专业承包单位发生法律关系。

(2)分包合同。

总承包方与发包方签订了总包合同之后,将若干专业性工作分包给不同的专业承包单位去完成,总包方分别与几个分包方签订分包合同。对于大型工程项目,有时也可由发包方直接与每个承包方签订合同,而不采取总包形式。这时,每个承包方都处于同样的地位,各自独立完成本单位所承包的任务,并直接向发包方负责。

3.按承包合同的不同计价方法划分

(1)总价合同。

采用这类合同的工程,其总价是以施工图纸和工程说明书为计算依据的,在招标时将造价一次包干。在合同执行过程中,不能因为工程量、设备、材料价格、工资等变动而调整合同总价。但人力不可抗拒的各种自然灾害、国家统一调整价格、设计有重大修改等情况除外。

(2)单价合同。

该类合同分为以下几种形式。

①工程量清单合同。工程量清单合同通常由建设单位委托设计、咨询单位计算出工程量清单,分别列出分部分项工程量。承包人在投标时填报单价,并计算出总造价。在工程施工过程中,各分部分项工程的实际工程量应按实际完成量计算,并按投标时承包人所填报的单价计算实际工程总造价。这种合同的特点是在整个施工过程中单价不变,工程承包金额有变化。

②单价一览表合同。单价一览表合同包括一个单价一览表,发包单位只在表中列出各分部分项工程,但不列出工程量。承包单位投标时只填各分部分项工程的单价。工程施工过程中按实际完成的工程量和所填单价计价。

(3)成本加酬金合同。

成本加酬金合同中的合同总价由两部分组成:一部分是工程直接成本,是按工程施工过程中实际发生的直接成本实报实销;另一部分是事先商定好的一笔支付给承包人的酬金。

13.2　施工合同的实施与管理

13.2.1　合同分析

合同分析是将合同目标和合同条款规定落实到合同实施的具体问题和具体事件上,用以指导具体工作,使合同能顺利地履行,最终实现合同目标。合同分析应作为工程施工合同管理的起点。

1.合同分析的必要性

(1)一个工程中,往往有几份、十几份甚至几十份合同,合同之间关系复杂。

(2)合同文件和工程活动的具体要求(如工期、质量、费用等),合同各方的责任关系,事件和活动之间的逻辑关系都极为复杂。

(3)许多参与工程的人员所涉及的活动不是合同文件的全部内容,而仅为合同的部分内容,因此,合同管理人员应对合同进行全面分析,再向各职能人员进行合同交底,以提高工作效率。

(4)合同条款的语言有时不够明了,只有在合同实施前进行合同分析,才便于日常合同管理工作。

(5)合同中存在问题和风险,包括合同审查时已发现的风险和可能隐藏的风险,在合同实施前有必要对合同做进一步的全面分析。

(6)合同实施过程中,双方会产生许多争执,为顺利解决这些争执也必须作合同分析。

2.合同分析的内容

(1)合同的法律基础。

分析合同签订和实施所依据的法律、法规,通过分析,承包人了解适用于合

289

同的法律的基本情况(范围、特点等),用以指导整个合同的实施和索赔工作。对合同中明示的法律要重点分析。

(2)合同类型。

不同类型的合同,其性质、特点、履行方式不一样,双方的责权利关系和风险分担不一样,这直接影响合同双方的责任和权利的划分,影响工程施工中的合同管理和索赔。

(3)承包人的主要任务。

①承包人的总任务,即合同标的。主要分析承包人在设计、采购、生产、试验、运输、土建、安装、验收、试生产、缺陷责任期维修等方面的主要责任,对施工现场的管理责任,以及给发包人的管理人员提供生活和工作条件的责任等。

②工作范围。它通常由合同中的工程量清单、图纸、工程说明、技术规范定义。工程范围的界限应很清楚,否则会影响工程变更和索赔,特别是固定总价合同。

③工程变更的规定。重点分析工程变更程序和工程变更的补偿范围。

(4)发包人的责任。

主要分析发包人的权利和合作责任。发包人的权利是承包人的合作责任,是承包人容易产生违约行为的地方。发包人的合作责任是承包人顺利完成合同规定任务的前提,同时又是承包人进行索赔的理由。

(5)合同价格。

应重点分析合同采用的计价方法、计价依据、价格调整方法、合同价格所包括的范围及工程款结算方法和程序。

(6)施工工期。

在实际工程中,工期拖延极为常见和频繁,而且对合同实施和索赔的影响很大,要特别重视。

(7)违约责任。

如果合同的一方未遵守合同规定,给对方造成损失,应受到相应的合同处罚,合同中应有如下条款。

①承包人不能按合同规定的工期完工的违约金或承担发包人损失的条款。

②由于管理上的疏忽造成对方人员和财产损失的赔偿条款。

③由于预谋和故意行为造成对方损失的处罚和赔偿条款。

④由于承包人不履行或不能正确履行合同责任,或出现严重违约时的处理规定。

⑤由于发包人不履行或不能正确履行合同责任，或出现严重违约时的处理规定，特别是对发包人不及时支付工程款的处理规定。

（8）验收、移交和保修。

①验收。验收包括许多内容，如材料和机械设备的进场验收、隐蔽工程验收、单项工程验收、全部工程竣工验收等。

在合同分析中，应对重要的验收要求、时间、程序以及验收所带来的法律后果作分析。

②移交。竣工验收合格即办理移交。应详细分析工程移交的程序，对工程尚存的缺陷、不足之处以及应由承包人完成的剩余工作，发包人可保留其权利，并指令承包人限期完成，承包人应在移交证书上注明的日期内尽快地完成这些剩余工程或工作。

③保修。分析保修期限和保修责任的划分。

（9）索赔程序和争执的解决。

重点分析索赔的程序、争执的解决方式和程序及仲裁条款，包括仲裁所依据的法律，仲裁地点、方式和程序，仲裁结果的约束力等。

13.2.2　合同交底

合同交底是以合同分析为基础、以合同内容为核心的交底工作，涉及合同的全部内容，特别是关系到合同能否顺利实施的核心条款。合同交底的目的是将合同目标和责任具体落实到各级人员的工程活动中，并指导管理及技术人员以合同为行为准则。合同交底一般包括以下内容。

（1）工程概况及合同工作范围。

（2）合同关系及合同各方的权利、义务与责任。

（3）合同工期控制总目标及阶段控制目标，目标控制的网络计划图及关键线路说明。

（4）合同质量控制目标及合同规定执行的规范、标准和验收程序。

（5）合同对本工程的材料、设备采购及验收的规定。

（6）投资及成本控制目标，特别是合同价款的支付及调整的条件、方式和程序。

（7）合同双方争议问题的处理方式、程序和要求。

（8）合同双方的违约责任。

（9）索赔的机会和处理策略。

(10)合同风险的内容及防范措施。

(11)合同进展文档管理的要求。

13.2.3　合同实施控制

1. 合同实施控制的作用

(1)进行合同跟踪,分析合同实施情况,找出偏离,以便及时采取措施,调整合同实施过程,达到合同总目标。

(2)在整个工程实施过程中,能使项目管理人员一直清楚地了解合同实施情况,对合同实施现状、趋向和结果有一个清醒的认识。

2. 合同实施控制的依据

(1)合同和合同分析结果,如各种计划、方案、洽商变更文件等,是比较的基础,是合同实施的目标和依据。

(2)各种实际的工程文件,如原始记录,各种工程报表、报告、验收结果、计量结果等。

(3)工程管理人员每天对现场的书面记录。

3. 合同实施控制措施

(1)合同问题处理措施。

分析合同执行差异的原因及差异责任,进行问题处理。

(2)工程问题处理措施。

工程问题处理措施包括技术措施、组织和管理措施、经济措施和合同措施。

13.2.4　工程合同档案管理

合同的档案管理是对合同资料的收集、整理、归档和使用。合同资料的种类如下。

(1)一般合同资料,如各种合同文本、招标文件、投标文件、图纸、技术规范等。

(2)合同分析资料,如合同总体分析、网络计划图、横道图等。

(3)工程实施中产生的各种资料,如发包人的各种工作指令、签证、信函、会议纪要和其他协议,各种变更指令、申请、变更记录,各种检查验收报告、鉴定报告。

（4）工程实施中的各种记录、施工日志等，政府部门的各种文件、批件，反映工程实施情况的各种报表、报告、图片等。

13.3　施工合同索赔管理

13.3.1　索赔的概念与分类

1.索赔的概念

索赔是指在合同实施过程中，合同当事人一方因对方违约或其他过错，或虽无过错但有无法防止的外因致使己方受到损失时，要求对方给予赔偿或补偿的法律行为。索赔是双向的，承包人可以向发包人索赔，发包人也可以向承包人索赔。一般称后者为反索赔。

2.索赔的分类

（1）按索赔发生的原因分类。

按索赔发生的原因分类，索赔可分为施工准备、进度控制、质量控制、费用控制和管理等原因引起的索赔，这种分类能明确指出每一项索赔的根源所在，使发包人和工程师便于审核分析。

（2）按索赔的目的分类。

①工期索赔。工期索赔就是要求发包人延长施工时间，使原规定的工程竣工日期顺延，从而避免产生违约罚金。

②费用索赔。费用索赔就是要求发包人补偿费用损失，进而调整合同价款。

（3）按索赔的依据分类。

①合同内索赔。合同内索赔是指索赔涉及的内容在合同文件中能够找到依据，或可以根据该合同某些条款的含义，推论出一定的索赔权。

②合同外索赔。合同外索赔是指索赔内容虽在合同条款中找不到依据，但索赔权利可以从有关法律、法规中找到依据。

③道义索赔。道义索赔是指由于承包人失误，或发生承包人应负责任的风险而造成承包人重大的损失所产生的索赔。

（4）按索赔的有关当事人分类。

①承包人和发包人之间的索赔。

②总承包人与分包人之间的索赔。

③承包人与供货人之间的索赔。

④承包人向保险公司、运输公司索赔等。

(5)按索赔的处理方式分类。

①单项索赔。单项索赔就是采取一事一索赔的方式,每一项索赔事件发生后,即报送索赔通知书,编报索赔报告,要求单项处理。

②总索赔。总索赔又称综合索赔或一揽子索赔,一般是在工程竣工或移交前,承包人将施工中未解决的单项索赔问题集中考虑,提出综合索赔报告,由合同双方当事人在工程移交前进行最终谈判,以一揽子方案解决索赔问题。

13.3.2　索赔的起因

1.发包人违约

发包人违约主要表现为:未按施工合同规定的时间和要求提供施工条件,任意拖延支付工程款,无理阻挠和干扰工程施工造成承包人经济损失或工期拖延,发包人所指定分包商违约等。

2.合同调整

合同调整主要表现为:设计变更,施工组织设计变更,加速施工,代换某些材料,有意提高设备或原材料的质量标准产生合同价差,图纸设计有误或因工程师指令错误等造成工程返工、窝工、待工甚至停工。

3.合同缺陷

合同缺陷主要涉及如下几个方面。

(1)合同条款规定用语含糊,不够准确,难以分清双方的责任和权益。

(2)合同条款中存在着漏洞,对实际各种可能发生的情况未作预测和规定,缺少某些必不可少的条款。

(3)合同条款之间互相矛盾,即在不同的条款和条文中,对同一问题的规定、解释、要求不一致。

(4)合同的某些条款中隐含着较大的风险,即对承包人方面要求过于苛刻,约束条款不对等、不平衡。

4.不可预见因素

(1)不可预见障碍,如古井、墓坑、断层、溶洞及其他人工构筑障碍物等。

（2）不可抗力因素，如异常的气候条件、高温、台风、地震、洪水、战争等。

（3）其他第三方原因，即与工程相关的其他第三方所发生的问题对本工程项目的影响。如银行付款延误、邮路延误、车站压货等。

5. 国家政策、法规的变化

（1）建筑工程材料价格上涨，人工工资标准提高。

（2）银行贷款利率调整，以及货币贬值给承包商带来汇率损失。

（3）国家有关部门在工程中推广及使用某些新设备、施工新技术的特殊规定。

（4）国家对某种设备或建筑材料限制进口、提高关税等。

6. 发包人或监理工程师管理不善

（1）工程未完成或尚未验收，发包人提前进入使用，并造成了工程损坏。

（2）工程在保修期内，由于发包人工作人员使用不当，造成工程损坏。

7. 合同中断及解除

（1）国家政策的变化、不可抗力和双方之外的原因导致工程停建或缓建，造成合同中断。

（2）合同履行中，双方在组织管理中不协调、不配合以至于矛盾激化，使合同不能再继续履行下去，或发包人严重违约，承包人行使合同解除权，或承包人严重违约，发包人行使合同解除权等。

13.3.3　索赔的程序

1. 索赔意向通知

当索赔事件出现时，承包人将他的索赔意向，在事项发生 28 d 内，以书面形式通知工程师。

2. 索赔报告提交

承包人在合同规定的时限内递送正式的索赔报告。索赔报告内容主要包括索赔的合同依据、索赔理由、索赔事件发生经过、索赔要求（费用补偿或工期延长）及计算方法，并附相应证明材料。

3. 工程师对索赔的处理

工程师在收到承包人提交的索赔报告后，应及时审核索赔资料，并在合同规

定时限内给予答复,或要求承包人进一步补充索赔理由和证据,逾期可视为该项索赔已经认可。

4. 索赔谈判

工程师提出索赔处理决定的初步意见后,发包人和承包人就此进行索赔谈判,做出索赔的最后决定。若谈判失败,即进入仲裁与诉讼程序。

13.3.4　索赔证据的要求

(1)事实性。索赔证据必须是在实施合同过程中确实存在和发生的,必须完全反映实际情况,能经得住推敲。

(2)全面性。所提供的证据应能说明事件的全过程,不能零乱和支离破碎。

(3)关联性。索赔证据应能互相说明,相互具有关联性,不能互相矛盾。

(4)及时性。索赔证据的取得及提交应当及时。

(5)具有法律效力。一般要求证据必须是书面文件,有关记录、协议、纪要必须是双方签署的,工程中的重大事件、特殊情况的记录、统计必须由监理工程师签证认可。

13.3.5　反索赔

索赔管理的任务不仅在于对己方产生的损失的追索,而且在于对将产生或可能产生的损失的防止。追索损失主要通过索赔手段进行,而防止损失主要通过反索赔手段进行。索赔和反索赔是进攻和防守的关系。在合同实施过程中,合同双方都在进行合同管理,都在寻找索赔机会,一旦干扰事件发生,一方进行索赔,另一方若不能进行有效的反索赔,就要蒙受损失,所以反索赔与索赔有同等重要的地位。

反索赔的目的是防止损失的发生,它包括两方面的内容。

(1)防止对方提出索赔。在合同实施中进行积极防御,使自己处于不会被索赔的状况,如防止自己违约、完全按合同办事。

(2)反击对方的索赔要求。如对对方的索赔报告进行反驳,找出理由和证据,证明对方的索赔报告不符合事实情况或合同规定,没有根据,计算不准确等,以避免或减轻自己的赔偿责任,使自己不受或少受损失。

第 14 章　水利工程施工安全与环境安全管理

14.1　施工安全管理

14.1.1　施工安全管理的目的和任务

施工安全管理的目的是最大限度地保护生产者的人身安全,控制工作环境内所有影响员工(包括临时工作人员、合同方人员、访问者和其他有关人员)安全的条件和因素,避免因使用不当对使用者造成安全危害,防止安全事故的发生。

施工安全管理是建筑生产企业为达到建筑施工过程中安全的目的,所进行的组织、控制和协调活动,其主要任务为制定、实施、实现、评审和保持安全方针所需的组织机构、策划活动、管理职责、实施程序、所需资源等。施工企业应根据自身实际情况制定方针,并通过实施、实现、评审、保持、改进来建立组织机构、策划活动、明确职责、遵守安全法律法规、编制程序控制文件、实施过程控制,提供人员、设备、资金、信息等资源,对安全与环境管理体系按国家标准进行评审,按计划、实施、检查、总结的循环过程进行提高。

14.1.2　施工安全管理的特点

1. 复杂性

水利工程施工具有项目的固定性、生产的流动性、外部环境影响的不确定性,这决定了施工安全管理的复杂性。

生产的流动性主要指生产要素的流动性,它表现为生产过程中人员、工具和设备的流动,主要涉及以下 4 个方面。

(1)同一工地不同工序之间的流动。

(2)同一工序不同工程部位之间的流动。

(3)同一工程部位不同时间段之间的流动。

(4)施工企业向新建项目迁移的流动。

外部环境对施工安全影响较大,主要表现在以下 5 个方面。

(1)露天作业多。

(2)气候变化大。

(3)地质条件变化。

(4)地形条件影响。

(5)不同地域人员交流障碍影响。

以上生产因素和环境因素的影响使施工安全管理变得复杂,考虑不周会出现安全问题。

2. 多样性

受客观因素影响,水利工程项目具有多样性的特点,但建筑产品具有单件性的特点,因此,每一个施工项目都要根据特定条件和要求进行施工生产。安全管理的多样性特点,主要表现在以下 4 个方面。

(1)不能按相同的图纸、工艺和设备进行批量重复生产。

(2)因项目需要设置组织机构,项目结束后组织机构便会解散,生产经营的一次性特征突出。

(3)新技术、新工艺、新设备、新材料的应用给安全管理带来新的难题。

(4)人员变动频繁,不同人员的安全意识和经验不同会带来安全隐患。

3. 协调性

施工过程的连续性和分工的专业性决定了施工安全管理的协调性。水利工程施工项目不像其他工业产品那样可以分成若干部分或零部件同时生产,必须在同一个固定的场地按严格的程序连续生产,上一道工序完成才能进行下一道工序,上一道工序生产的结果往往被下一道工序所掩盖,而每一道工序都是由不同的部门和人员来完成的,这样就要求在安全管理中,不同部门和人员做好横向配合和协调,共同协调各施工生产过程接口部分的安全管理,确保整个生产过程的安全。

4. 强制性

工程项目建设前,已经通过招标投标程序确定了施工单位。由于目前建筑市场供大于求,施工单位大多以较低的标价中标,实施中安全管理费用投入严重不足,不符合安全管理规定的现象时有发生,因此要求建设单位和施工单位重视安全管理经费的投入,达到安全管理的要求,政府也要加大对安全生产的监管力度。

14.1.3　施工安全控制

1. 安全生产与安全控制的概念

(1)安全生产的概念。

安全生产是指施工企业在生产过程中避免发生人身伤害、设备损害及其不可接受的损害风险。

不可接受的损害风险通常是指超出了法律、法规和规章的要求,超出了方针、目标和企业规定的其他要求,超出了人们普遍接受的要求(通常是隐含的要求)。

安全与否是一个相对的概念,应根据风险接受程度来判断。

(2)安全控制的概念。

安全控制是指企业对安全生产过程中涉及的计划、组织、监控、调节和改进等一系列致力于实现施工安全的措施所进行的管理活动。

2. 安全控制的方针与目标

(1)安全控制的方针。

安全控制的目的是安全生产,因此安全控制的方针是"安全第一,预防为主"。

安全第一是指把人身的安全放在第一位,安全为了生产,生产必须保证人身安全,充分体现以人为本的理念。预防为主是实现安全第一的手段,采取正确的措施和方法进行安全控制,从而减少甚至消除事故隐患,尽量把事故消除在萌芽状态,这是安全控制最重要的思想。

(2)安全控制的目标。

安全控制的目标是减少和消除生产过程中的事故,保证人员健康安全,避免财产损失。

安全控制的目标具体如下。

①减少和消除人的不安全行为。

②减少和消除设备、材料的不安全状态。

③改善生产环境和保护自然环境。

④安全管理。

3. 安全控制的特点

(1)安全控制面大。

水利工程规模大、生产工序多、工艺复杂、流动施工作业多、野外作业多、高空作业多、作业位置多、施工中不确定因素多,因此施工中安全控制涉及范围广、控制面大。

(2)安全控制动态性强。

水利工程建设项目的单件性使得每个工程所处的条件不同,危险因素和措施也会有所不同。员工进驻一个新的工地,面对新的环境,需要大量时间去熟悉情况和调整工作制度及安全措施。

工程项目施工的分散性使现场施工分散于场地的不同位置和建筑物的不同部位,相关人员面对新的具体的生产环境,除熟悉各种安全规章制度和技术措施外,还需作出自己的研判和处理。有经验的人员也必须适应不断变化的新问题、新情况。

(3)安全控制体系的交叉性。

工程项目施工是一个系统工程,受自然环境和社会环境影响大,施工安全控制与工程系统、质量管理体系、环境和社会系统联系密切,交叉影响,建立和运行安全控制体系要综合考量各方因素。

(4)安全控制的严谨性。

安全事故的出现是随机的,偶然中也存在必然性,一旦失控,就会造成伤害和损失。因此,安全控制必须严谨。

4. 安全控制的程序

(1)确定项目的安全目标。

按目标管理的方法将安全目标在以项目经理为首的项目管理系统内进行分解,从而确定每个岗位的安全目标,实现全员安全控制。

(2)编制项目安全技术措施计划。

对生产过程中的不安全因素,应采取技术手段加以控制和消除,并将此编成书面文件,作为工程项目安全控制的指导性文件,落实预防为主的方针。

(3)落实项目安全技术措施计划。

安全技术措施包括安全生产责任制、安全生产设施、安全教育和培训、安全信息的沟通和交流,应通过安全控制使生产作业的安全状况处于可控制状态。

(4)验证安全技术措施计划。

安全技术措施计划的验证包括安全检查、不符合因素纠正、安全记录检查、安全技术措施修改与再验证。

(5)持续改进安全生产控制措施。

持续改进安全生产控制措施,直到工程项目完工。

5. 安全控制的基本要求

(1)必须取得安全行政主管部门颁发的"安全施工许可证"后方可施工。

(2)总承包企业和每一个分包单位都应持有"施工企业安全资格审查认可证"。

(3)各类人员必须具备相应的执业资格才能上岗。

(4)新员工必须经过安全教育和必要的培训。

(5)特种工种作业人员必须持有特种工种作业上岗证,并严格按期复查。

(6)对查出的安全隐患要做到五个落实:落实责任人、落实整改措施、落实整改时间、落实整改完成人、落实整改验收人。

(7)必须控制好安全生产的六个节点:技术措施、技术交底、安全教育、安全防护、安全检查、安全改进。

(8)现场的安全警示设施齐全,所有现场人员必须戴安全帽,高空作业人员必须系安全带等,并符合国家和地方有关安全的规定。

(9)现场施工机械尤其是起重机械,经安全检查合格后方可使用。

6. 施工安全控制的方法

(1)危险源。

①危险源的定义。

危险源是可能导致人身伤害或疾病、财产损失、工作环境破坏或几种情况同时出现的危险因素和有害因素。

危险因素强调突发性和瞬时作用,有害因素强调在一定时间内的慢性损害和积累作用。危险源是安全控制的主要对象,也可以将安全控制称为危险源控制或安全风险控制。

②危险源的分类。

施工生产中的危险源是以多种多样的形式存在的,危险源所导致的事故主要有能量的意外释放和有害物质的泄露。危险源根据在事故中的作用,可分为

两大类：第一类危险源和第二类危险源。

a.第一类危险源。可能发生能量意外释放的载体或危险物质称为第一类危险源。能量或危险物质的意外释放是事故发生的物理本质，通常把产生能量的能量源或拥有能量的载体作为第一类危险源进行处理。

b.第二类危险源。造成约束、限制能量的措施破坏或失效的各种不安全因素称为第二类危险源。在施工生产中，为了利用能量，我们会使用各种施工设备和设施让能量在施工过程中流动、转换、做功，加快施工进度。而这些设备和设施可以看成约束能量的工具，在正常情况下，生产过程中的能量和危险物是受到控制和约束的，不会发生意外释放，也就是不会发生事故，一旦这些约束或限制措施受到破坏或者失效，包括出现故障，则会发生安全事故。这类危险源包括三个方面：人的不安全行为、物的不安全状态、环境的不良条件。

③危险源与事故。

安全事故的发生是以上两种危险源共同作用的结果。第一类危险源是事故发生的前提，第二类危险源的出现是第一类危险源导致安全事故发生的必要条件。在事故发生和发展过程中，两类危险源相互依存和作用，第一类危险源是事故的主体，决定事故的严重程度，第二类危险源决定事故的大小。

（2）危险源控制。

①危险源识别方法。

a.专家调查法。专家调查法是通过向有经验的专家咨询，并经过分析，从而识别危险源的方法。专家调查法的优点是简便、易行；缺点是受专家的知识、经验限制，可能出现疏漏。常用的专家调查法有头脑风暴法和德尔菲法。

b.安全检查表法。安全检查表法就是运用事先编制好的检查表进行系统的安全检查和诊断，从而识别工程项目存在的危险源。检查表的内容一般包括项目类型、检查内容及要求、检查后处理意见等。可以回答是、否或做符号标识，并注明检查日期，由检查人和被检查部门或单位签字。安全检查表法的优点是简明扼要、容易掌握，可以先组织专家编制检查表，制定检查项目，使施工安全检查系统化、规范化，缺点是只能作一些定性分析和评价。

②风险评价方法。

风险评价是评估危险源所带来的风险大小，及确定是否允许施工的过程。根据评价结果对风险进行分级，按不同的风险等级有针对性地采取风险控制措施。

③危险源的控制方法。

a.第一类危险源的控制方法：防止事故发生，方法有消除危险源、限制能量、隔离危险物质;避免或减少事故损失,方法有隔离、个体防护,使能量或危险物质按要求释放,采取避难、援救措施。

b.第二类危险源的控制方法:减少故障,方法有增加安全系数、提高可靠度、设置安全监控系统。故障安全设计包括最乐观方案(故障发生后,在没有采取措施前,使系统和设备处于安全的能量状态之下)、最悲观方案(故障发生后,系统处于最低能量状态下,直到采取措施前,不能运转)、最可能方案(保证采取措施前,设备、系统发挥正常功能)。

④危险源的控制策划。

a.尽可能完全消除有不可接受风险的危险源,如用安全品取代危险品。

b.不可能消除时,应努力采取降低风险的措施,如使用低压电器等。

c.在条件允许时,应使工作环境适宜于人类生存,如考虑降低人的精神压力和体能消耗。

d.应尽可能利用先进技术来改善安全控制措施。

e.应考虑采取保护每个工作人员的措施。

f.应将技术管理与程序控制结合起来。

g.应考虑引入设备安全防护装置维护计划的要求。

h.应考虑使用个人防护用品。

i.应有可行、有效的应急方案。

j.预防性测定指标要符合监视控制措施计划要求。

k.组织应根据自身的风险选择适合的控制策略。

14.1.4　施工安全生产组织机构建立

人人都知道安全的重要性,但是安全事故却又频频发生。为了保证施工过程中不发生安全事故,必须建立安全生产组织机构,健全安全生产规章制度,统一施工生产项目的安全管理目标、安全措施、检查制度、考核办法、安全教育措施等。具体工作如下。

(1)成立以项目经理为首的安全生产施工领导小组,具体负责施工期间的安全工作。

(2)项目副经理、技术负责人、各科负责人和生产工段的负责人为安全小组成员,共同负责安全工作。

(3)设立专职安全员(需有国家安全员执业资格证书或经培训持证上岗),专门负责施工过程中的安全工作,只要施工现场有施工作业人员,安全员就要上岗

值班,在每个工序开工前,安全员要检查工程环境和设施情况,认定安全后方可进行工序施工。

(4)各技术及其他管理科室和施工段要设兼职安全员,负责本部门的安全生产预防和检查工作,各作业班组组长要兼任本班组的安全检查员,具体负责本班组的安全检查工作。

(5)工程项目部应定期召开安全生产工作会议,总结前期工作,找出问题,布置落实安全工作,利用施工空闲时间进行安全生产工作培训。在培训工作和其他安全工作会议上,讲解安全工作的重要意义,带领员工学习安全知识,增强员工的安全警觉意识,把安全工作落实到预防阶段。根据工程的具体特点,把不安全的因素和相应措施总结成文,并装订成册,让全体员工学习和掌握。

(6)严格按国家有关安全生产规定,在施工现场设置安全警示标识,在不安全因素的部位设立警示牌,严格检查进场人员佩戴安全帽、高空作业系安全带情况,严格遵守持证上岗制度,风雨天禁止高空作业,遵守施工设备专人使用制度,严禁在场内乱拉用电线路,严禁非电工人员从事电工作。

(7)将安全生产工作和现场管理结合起来,同时进行,防止因管理不善产生安全隐患,工地防风、防雨、防火、防盗、防疾病等预防措施要健全,都要有专人负责,以确保各项措施及时落实到位。

(8)完善安全生产考核制度,实行安全问题一票否决制和安全生产互相监督制,提高自检、自查意识,开展科室、班组经验交流和安全教育活动。

(9)对构件和设备吊装、爆破、高空作业、拆除、上下交叉作业、夜间作业、疲劳作业、带电作业、汛期施工、地下施工、脚手架搭设拆除等重要安全环节,必须在开工前进行技术交底,安全交底、联合检查后,确认安全,方可开工。在施工过程中,加强安全员的旁站检查,加强专职指挥协调工作。

14.1.5 施工安全技术措施计划与实施

1. 工程施工措施计划

(1)施工措施计划的主要内容。

施工措施计划的主要内容包括工程概况、控制目标、控制程序、组织机构、职责权限、规章制度、资源配置、安全措施、检查评价、激励机制等。

(2)特殊情况应考虑安全计划措施。

①对高处作业、井下作业等专业性强的作业,电器、压力容器等特殊工种作

业,应制定单项安全技术规程,并对管理人员和操作人员的安全作业资格及身体状况进行合格性检查。

②对结构复杂、施工难度大、专业性较强的工程项目,除制定总体安全保证计划外,还须制定单位工程和分部(分项)工程安全技术措施。

(3)制定和完善施工安全操作规程。

制定和完善施工安全操作规程,编制各施工工种,特别是危险性大的工种的施工安全操作要求,作为施工安全生产规范和考核的依据。

(4)施工安全技术措施。

施工安全技术措施包括安全防护设施和安全预防措施,主要有防火、防毒、防爆、防洪、防尘、防雷击、防触电、防坍塌、防物体打击、防机械伤害、防起重机械滑落、防高空坠落、防交通事故、防寒、防暑、防疫、防环境污染等方面的措施。

2. 施工安全措施计划的落实

(1)安全生产责任制。

安全生产责任制是指企业规定的项目经理部各部门、各类人员在各自职责范围内对安全生产应负责任的制度。建立安全生产责任制是落实施工安全技术措施的重要保证。

(2)安全教育。

要树立全员安全意识,安全教育的要求如下。

①广泛开展安全生产的宣传教育,使全体员工真正认识到安全生产的重要性和必要性,掌握安全生产的基础知识,牢固树立安全第一的思想,自觉遵守安全生产的各项法规和规章制度。

②安全教育的主要内容有安全知识、安全技能、设备性能、操作规程、安全法规等。

③对安全教育要建立经常性的安全教育考核制度。考核结果要记入员工人事档案。

④对于一些特殊工种,如电工、电焊工、架子工、司炉工、爆破工、机操工、起重工、机械司机、机动车辆司机等,除一般安全教育外,还要进行专业技能培训,经考试合格后,取得资格才能上岗工作。

⑤工程施工中采用新技术、新工艺、新设备时,或人员调动到新工作岗位时,也要进行安全教育和培训,否则不能上岗。

（3）安全技术交底。

安全技术交底的基本要求如下。

①实行逐级安全技术交底制度，从上到下，直到全体作业人员都了解相关安全技术措施。

②安全技术交底工作必须具体、明确、有针对性。

③安全技术交底的内容要针对分部（分项）工程施工中作业人员面临的潜在危害。

④应优先采用新的安全技术措施。

⑤应将施工方法、施工程序、安全技术措施等优先向工段长、班级组长进行详细交底，定期向多工种交叉施工或多个作业队同时施工的作业队进行书面交底，并应保留书面交底的书面签字记录。

安全技术交底的主要内容如下。

①工程项目施工作业特点和危险点。

②针对各危险点的具体措施。

③应注意的安全事项。

④对应的安全操作规程和标准。

⑤发生事故应及时采取的应急措施。

14.1.6　施工安全检查

施工安全检查的目的是消除安全隐患、防止安全事故发生、改善劳动条件及提高员工的安全生产意识，是施工安全控制工作的一项重要内容。通过安全检查可以发现工程中的危险因素，以便有计划地采取相应措施，保证安全生产的顺利进行。项目的施工生产安全检查应由项目经理组织。

1. 施工安全检查的类型

施工安全检查的类型分为日常性检查、专业性检查、季节性检查、节假日前后检查和不定期检查等。

（1）日常性检查。

日常性检查是经常的、普遍的检查，一般每年进行 1～4 次。项目部、科室每月至少进行 1 次，施工班组每周、每班次都应进行检查，专职安全技术人员的日常检查应有计划、有部位、有记录、有总结地周期性进行。

（2）专业性检查。

专业性检查是指针对特种作业、特种设备、特殊场地进行的检查，如电焊、气焊、起重设备、运输车辆、压力容器、易燃易爆场所等,由专业检查员进行检查。

（3）季节性检查。

季节性检查是根据季节性的特点,为保障安全生产所进行的检查,如春季空气干燥、风大,重点检查防火、防爆措施;夏季多雨、雷电、高温,重点检查防暑、降温、防汛、防雷击、防触电措施;冬季检查防寒、防冻等措施。

（4）节假日前后检查。

节假日前后检查是针对节假日期间容易产生麻痹思想的特点而进行的安全检查,包括假前的综合检查和假后的遵章守纪检查等。

（5）不定期检查。

不定期检查是指在工程开工前、停工前、施工中、竣工时、试运转时进行的安全检查。

2. 安全检查的注意事项

（1）安全检查要深入基层,紧紧依靠员工,坚持领导与群众相结合的原则,组织好检查工作。

（2）建立检查的组织领导机构,配备适当的检查力量,选聘具有较高技术业务水平的专业人员。

（3）做好检查前的各项准备工作,包括思想、业务知识、法规政策、检查设备和奖励等方面的准备工作。

（4）明确检查的目的、要求,既严格要求,又防止一刀切,从实际出发,分清主次,力求实效。

（5）把自查与互查相结合,基层以自查为主,管理部门之间相互检查,互相学习,取长补短,交流经验。

（6）检查与整改相结合,检查是手段,整改是目的,发现问题及时采取切实可行的防范措施。

（7）结合安全检查的实施,逐步建立健全检查档案,收集基本数据,掌握基本安全状态,为及时消除隐患提供数据,同时也为以后的安全检查打下基础。

（8）制定安全检查表时,应根据用途和目的具体确定安全检查表的种类。安全检查表的种类主要有设计用安全检查表、厂级安全检查表、车间安全检查表、班组安全检查表、岗位安全检查表、专业安全检查表。制定安全检查表要在安全技术部门指导下,充分依靠员工来进行,初步制定安全检查表后,应经过讨论、试用和修订,再最终确定。

3. 安全检查的主要内容

安全检查的主要内容为"五查"。

(1)查思想,主要检查员工对安全生产工作的认识。

(2)查管理,主要检查安全管理是否有效,如安全生产责任制、安全技术措施计划、安全组织机构、安全保证措施、安全技术交底、安全教育、持证上岗、安全设施、安全标识、操作规程、违规行为、安全记录等。

(3)查隐患,主要检查作业现场是否符合安全生产的要求,是否存在不安全因素。

(4)查事故,查明安全事故的原因、明确责任、对责任人作出处理,明确落实整改措施等。另外,检查对伤亡事故是否及时报告、认真调查、严肃处理。

(5)查整改,主要检查对过去提出的问题的整改情况。

4. 安全检查的主要规定

(1)定期对安全控制计划的执行情况进行检查、记录、评价、考核,对作业中存在的安全隐患签发安全整改通知单,要求相应部门落实整改措施并进行检查。

(2)根据工程施工过程的特点和安全目标的要求确定安全检查的内容。

(3)安全检查应配备必要的设备,确定检查组成员,明确检查方法和要求。

(4)检查采取随机抽样、现场观察、实地检测等方法,记录检查结果,纠正违章指挥和违章作业。

(5)对检查结果进行分析,找出安全隐患,评价安全状态。

(6)编写安全检查报告并上交。

5. 安全事故处理的原则

安全事故处理要坚持 4 个原则。

(1)事故原因不清楚不放过。

(2)事故责任者和员工未受教育不放过。

(3)事故责任者未受处理不放过。

(4)没有制定防范措施不放过。

14.1.7 安全事故处理程序

(1)报告安全事故。

(2)处理安全事故。处理安全事故包括抢救伤员、排除险情、防止事故扩大,做好标识,保护现场。

（3）进行安全事故调查。

（4）对事故责任者进行处理。

（5）编写调查报告并上报。

14.2　环境安全管理

14.2.1　环境安全管理的概念及意义

1. 环境安全管理的概念

环境安全管理是指在工程项目施工过程中采取相应措施保持施工现场作业环境、卫生环境和工作秩序良好。环境安全管理主要应做好以下 4 个方面的工作。

（1）规范施工现场的场容,保持作业环境的清洁卫生。

（2）科学组织施工,使生产有序进行。

（3）减少施工对当地居民、过路车辆和人员及环境的影响。

（4）保证职工的安全和身体健康。

环境保护是按照法律法规、各级主管部门的要求,保护和改善作业现场的环境,控制现场的各种粉尘、废水、固体废弃物、噪声、振动等对环境的污染和危害。环境保护也是文明施工的重要内容。

2. 现场文明施工的意义

（1）文明施工能促进企业综合管理水平的提高。保持良好的作业环境和秩序,对促进安全生产、加快施工进度、保证工程质量、降低工程成本、提高经济和社会效益有较大作用。文明施工涉及人、财、物各个方面,贯穿于施工全过程,体现了企业在工程项目施工现场的综合管理水平,也是项目部人员素质的充分反映。

（2）文明施工是适应现代化施工的客观要求。现代化施工更需要采用先进的技术、工艺、材料、设备和科学的施工方案,需要严密组织、严格要求、标准化管理和较好的职工素质等。文明施工能适应现代化施工的要求,是实现优质、高效、低耗、安全、清洁、卫生的有效手段。

（3）文明施工代表企业的形象。良好的施工环境与施工秩序能赢得社会的支持和信赖，提高企业的知名度和市场竞争力。

（4）文明施工有利于员工的身心健康，有利于培养和提高施工队伍的整体素质。文明施工可以提高职工队伍的文化、技术和思想素质，培养尊重科学、遵守纪律、团结协作的大生产意识，促进企业精神文明建设，从而促进施工队伍整体素质的提高。

3. 现场环境保护的意义

（1）保护和改善施工环境是保证人们身体健康和社会文明的需要。采取专项措施防止粉尘、噪声和水源污染，保护好作业现场及其周围的环境是保证职工和相关人员身体健康、体现社会总体文明的一项利国利民的重要工作。

（2）保护和改善施工现场环境是消除外部干扰、保护施工顺利进行的需要。随着人们的法治观念和自我保护意识的增强，尤其是距离当地居民区或公路等较近的项目，施工扰民和影响交通的问题比较突出，项目部应针对具体情况及时采取防治措施，减少对环境的污染和对他人的干扰，这也是施工生产顺利进行的基本条件。

（3）保护和改善施工环境是现代化大生产的客观要求。现代化施工广泛应用新设备、新技术、新工艺，对环境质量要求很高，若有粉尘或振动超标就可能损坏设备，使设备难以发挥作用。

（4）保护和改善施工环境是保护人类生存环境、保证社会和企业可持续发展的需要。人类社会面临环境污染危机的挑战。为了保护子孙后代赖以生存的环境条件，每个公民和企业都有责任和义务保护环境。良好的环境和生存条件也是企业发展的基础和动力。

14.2.2 环境安全的组织与管理

1. 组织和制度管理

（1）施工现场应成立以项目经理为第一责任人的文明施工管理组织。分包单位应服从总包单位的文明施工管理组织的统一管理，并接受监督检查。

（2）各项施工现场管理制度应有文明施工的规定，包括个人岗位责任制、经济责任制、安全检查制度、持证上岗制度、奖惩制度、竞赛制度和各项专业管理制度等。

(3)加强和落实现场文明检查、考核及奖惩管理,以促进施工文明和管理工作水平的提升。检查范围和内容应全面周到,包括生产区、生活区、场容场貌、环境文明及制度落实等内容。应对检查发现的问题采取整改措施。

2. 收集环境安全管理材料

(1)上级关于文明施工的标准、规定、法律法规等资料。

(2)施工组织设计(方案)中对施工环境安全的管理规定,以及各阶段保护施工现场环境安全的措施。

(3)施工环境安全自检资料。

(4)施工环境安全教育、培训、考核计划的资料。

(5)施工环境安全活动各项记录资料。

3. 加强环境安全的宣传和教育

(1)在坚持岗位练兵的基础上,要采取派出去、请进来、短期培训、上技术课、登黑板报、听广播、看录像、看电视等方法狠抓教育工作。

(2)要特别注意对临时工的岗前教育。

(3)专业管理人员应熟练掌握文明施工的规定。

14.2.3　现场环境安全管理的基本要求

(1)施工现场必须设置明显的标牌,标明工程项目名称、建设单位、设计单位、施工单位、项目经理,以及施工现场总代理人的姓名、开工日期、竣工日期、施工许可证批准文号等。施工单位负责施工现场标牌的保护工作。

(2)施工现场的管理人员在施工现场应当佩戴证明其身份的证卡。

(3)应当按照施工平面布置图设置各项临时设施。现场堆放的大宗材料、成品、半成品和机具设备不得侵占场内道路及安全防护设施。

(4)施工现场的用电线路、用电设施的安装和使用必须符合安装规范和安全操作规程,并按照施工组织设计进行架设,严禁任意拉线接电。施工现场必须设置满足施工安全要求的夜间照明;危险潮湿场所的照明以及手持照明灯具,必须采用符合安全要求的电压。

(5)施工机械应当按照施工总平面布置图规定的位置和线路设置,不得任意侵占场内道路。施工机械进场需经过安全检查,经检查合格的方能使用。施工机械操作人员必须建立机组责任制,并依照有关规定持证上岗,禁止无证人员操作。

(6)应保持施工现场道路畅通,排水系统处于良好的使用状态;保持场容场貌的整洁,随时清理建筑垃圾。在车辆、行人通行的地方施工,应当设置施工标志,并对沟井坎穴进行覆盖和铺垫。

(7)施工现场的各种安全设施和劳动保护器具,必须定期进行检查和维护,及时消除隐患,保证其安全、有效。

(8)施工现场应当设置各类必要的职工生活设施,并符合卫生、通风、照明等要求。职工的膳食、饮水供应等应当符合卫生要求。

(9)应当做好施工现场安全保卫工作,采取必要的防盗措施,在现场周边设立围护设施。

(10)应当严格依照《中华人民共和国消防法》的规定,在施工现场建立和执行防火管理制度,设置符合消防要求的消防设施,并保持完好的备用状态。在容易发生火灾的地区施工,或者储存、使用易燃易爆器材时,应当采取特殊的消防安全措施。

(11)对项目部所有人员应进行言行规范教育工作,大力提倡精神文明建设,严禁赌、毒、黄、打架、斗殴等行为的发生,用强有力的制度和频繁的检查教育,杜绝不良行为的出现。

对经常外出的采购、财务、后勤等人员,应进行专门的用语和礼仪培训,增强交流和协调能力,预防因用语不当或不礼貌、无能力等原因引发争执和纠纷。

(12)大力提倡团结协作精神,鼓励内部工作经验交流和传、帮、学活动,由专人负责并认真组织参建人员业余活动,订购健康文明的书刊,组织职工收看、收听健康活泼的音像节目,定期组织项目部进行友谊联欢和简单的体育比赛活动,丰富职工的业余生活。

(13)在重要节假日,项目部应安排专人负责采购生活物品,组织轻松活泼的集体宴会活动,以改善他们的心情。定期将职工在工地上的良好的表现反馈给企业人事部门和职工家属,以激励他们的积极性。

14.2.4 现场环境污染防治

要达到环境安全管理的基本要求,主要应防治施工现场的空气污染、水污染、噪声污染,同时对原有的及新产生的固体废弃物进行必要的处理。

1.施工现场空气污染的防治

(1)施工现场的垃圾、渣土要及时清理。

（2）上部结构清理施工垃圾时,要使用封闭式的容器或者采取其他措施处理,严禁临空随意抛撒。

（3）施工现场道路应指定专人定期洒水清扫,形成制度,防止道路扬尘。

（4）对于细颗粒散体材料(如水泥、粉煤灰、白灰等)的运输、储存,要注意遮盖、密封,防止和减少飞扬。

（5）车辆开出工地要做到不带泥沙,基本做到不撒土、不扬尘,减少对周围环境的污染。

（6）除设有符合规定的装置外,禁止在施工现场焚烧油毡、橡胶、塑料、皮革、树叶、枯草、各种包装物等废弃物品,以及其他会产生有毒、有害烟尘和恶臭气体的物质。

（7）机动车都要安装减少尾气排放的装置,确保符合国家标准。

（8）工地锅炉应尽量采用电热水器。若只能使用烧煤锅炉,应选用消烟除尘型锅炉,大灶应选用消烟节能回风炉灶,使烟尘浓度降至允许排放的范围内。

（9）在离村庄较近的工地应当将搅拌站封闭严密,并在进料仓上方安装除尘装置,采取可靠措施控制工地粉尘污染。

（10）拆除旧建筑物时,应适当洒水,防止扬尘。

2. 施工现场水污染的防治

（1）水污染的主要污染源。

①工业污染源:指各种未经合格处理的工业废水向自然水体的排放。

②生活污染源:主要有食物废渣、食油、粪便、合成洗涤剂、杀虫剂、病原微生物等。

③农业污染源:主要有化肥、农药等。

④施工现场废水和固体废弃物随水流流入水体,包括泥浆、水泥、油罐、各种油类、混凝土外加剂、重金属、酸碱盐和非金属无机毒物等。

（2）施工现场水污染的防治措施。

①禁止将有毒、有害废弃物作为土方回填。

②施工现场搅拌站废水、现制水磨石的污水、电石(碳化钙)的污水必须经沉淀池沉淀合格后再排放,最好将沉淀水用于工地洒水降尘或采取措施回收利用。

③现场存放油料的,必须对库房地面进行防渗处理,如采用防渗混凝土地面、铺油毡等措施。使用时,要采取防止油料跑、冒、滴、漏的措施,以免污染水体。

④施工现场供 100 人以上使用的临时食堂,排放污水时可设置简易有效的隔油池,定期清理,防止污染。

⑤工地临时厕所、化粪池应采取防渗漏措施。处于中心城区的施工现场的临时厕所可采用水冲式厕所,并有防蝇、灭蛆措施,防止污染水体和环境。

3. 施工现场噪声的控制

(1)施工现场噪声的控制措施。

施工现场噪声的控制措施可以从声源、传播途径、接收者的防护等方面来考虑。

①从噪声产生的声源上控制。

a. 尽量采用低噪声设备和工艺代替高噪声设备和工艺,如低噪声振捣器、风机、电机、空压机、电锯等。

b. 在声源处安装消声器,即在通风机、压缩机、燃气机、内燃机及各类排气放空装置等进出风管的适当位置设置消声器。

c. 施工人员进入施工现场不得高声呐喊、无故摔打模板、乱吹口哨,限制高音喇叭的使用,最大限度地减少噪声扰民。

d. 凡在居民稠密区进行强噪声作业的,应严格控制作业时间。

②从噪声传播的途径上控制。

从传播途径上控制噪声的方法主要有以下 4 种。

a. 吸声。利用吸声材料(大多由多孔材料制成)或由吸声结构形成的共振结构(金属或木质薄板钻孔制成的空腔体)吸收声能,降低噪声。

b. 隔声。应用隔声结构阻碍噪声同空间传播,将接收者与噪声声源分隔。隔声结构包括隔声室、隔声罩、隔声屏障、隔声墙等。

c. 消声。利用消声器阻止噪声传播。允许气流通过消声器是防治空气动力性噪声的主要措施,可用于控制空气压缩机、内燃机产生的噪声等。

d. 减振降噪。对振动引起的噪声,可通过降低机械振动来减小噪声,如将阻尼材料涂在振动源上,或改变振动源与其他刚性结构的连接方式等。

③对接收者的防护。

让处于噪声环境下的人员使用耳塞、耳罩等防护用品,减少相关人员在噪声环境中的暴露时间,以减轻噪声对人体的危害。

(2)施工现场噪声的控制标准。

凡在人口稠密区进行强噪声作业时,须严格控制作业时间,一般晚 10 点到次日早 6 点应停止强噪声作业。确系特殊情况必须昼夜施工时,尽量采取降低噪声的措施,并会同建设单位找当地居委会、村委会或当地居民协调,出安民告示,求得群众谅解。

4. 固体废弃物的处理

(1)建筑工地常见的固体废弃物。

①建筑渣土,包括砖瓦、碎石、渣土、混凝土碎块、废钢铁、废屑、废弃材料等。

②废弃建筑材料,如袋装水泥、石灰等。

③生活垃圾,包括厨余垃圾、丢弃食品、废纸、生活用具、碎玻璃、陶瓷碎片、废电池、废旧日用品、废塑料制品、废交通工具等。

④设备、材料等的废弃包装。

⑤粪便。

(2)固体废弃物的处理和处置。

①回收利用。回收利用是对固体废弃物进行资源化、减量化处理的重要手段之一。建筑渣土可视其情况加以利用,废钢可按需要用作金属原材料,废电池等废弃物应分散回收,集中处理。

②减量化处理。减量化是对已经产生的固体废弃物进行分选、破碎、压实、浓缩、脱水等减少其最终处置量,从而降低处理成本,减少环境的污染。减量化处理时,也涉及与其他处理技术相关的工艺方法,如焚烧、热解、堆肥等。

③焚烧技术。焚烧用于不适合再利用且不宜直接予以填埋处理的废弃物,尤其是对于已受到病菌、病毒污染的物品,可以用焚烧进行无害化处理。焚烧处理应使用符合环境要求的处理装置,注意避免对大气的二次污染。

④稳定的固化技术。利用水泥、沥青等胶结材料,将松散的废物包裹起来,减少废物的毒性和可迁移性,避免二次污染。

⑤填埋。填埋是固体废弃物处理的最终技术,将经过无害化、减量化处理的废弃物残渣集中在填埋场进行处置。填埋场利用天然或人工屏障,尽量使需处理的废弃物与周围的生态环境隔离,并注意废弃物的稳定性和长期安全性。

参 考 文 献

[1] 戴金水,徐海升,毕元章.水利工程项目建设管理[M].郑州:黄河水利出版社,2008.

[2] 董哲仁.生态水利工程原理与技术[M].北京:中国水利水电出版社,2007.

[3] 杜守建,周长勇.水利工程技术管理[M].郑州:黄河水利出版社,2013.

[4] 郭雪莽.水利工程设计导论[M].北京:中央广播电视大学出版社,2005.

[5] 侯鸿飞.水利工程施工与质量控制简析[M].郑州:黄河水利出版社,2009.

[6] 黄世涛,孟秀英.水利工程施工技术[M].武汉:华中科技大学出版社,2012.

[7] 李春生,胡祥建.水利工程造价编制实训[M].郑州:黄河水利出版社,2008.

[8] 梁天佑.水利工程建设质量管理与验收概论[M].北京:中国水利水电出版社,2005.

[9] 梅孝威.水利工程管理[M].北京:中国水利水电出版社,2013.

[10] 彭立前,孙忠.水利工程建设项目管理[M].北京:中国水利水电出版社,2009.

[11] 石庆尧.水利工程质量监督理论与实践指南[M].北京:中国水利水电出版社,2009.

[12] 水利部水利建设与管理总站.水利工程建设管理法规[M].北京:中国计划出版社,2005.

[13] 陶家俊.城市水利工程施工技术[M].合肥:合肥工业大学出版社,2013.

[14] 天津市水利工程建设交易管理中心.水利工程招标投标工作指导手册[M].北京:中国电力出版社,2009.

[15] 王广全,修林发,魏志忠.水利工程建设项目管理[M].天津:天津科技翻译出版公司,2012.

[16] 王海周.水利工程建设项目招标与投标[M].郑州:黄河水利出版社,2008.

[17] 辛全才,牟献友.水利工程概论[M].郑州:黄河水利出版社,2011.

[18] 徐猛勇,汪繁荣,马竹青,等.水利工程监理[M].武汉:华中科技大学出版社,2013.

[19] 许健,宋永嘉.水利工程招投标与合同管理概论[M].北京:中国水利水电

出版社,2011.

[20] 颜宏亮.水利工程施工[M].西安:西安交通大学出版社,2015.

[21] 杨革.水利工程概论[M].北京:高等教育出版社,2009.

[22] 杨立信.水利工程与生态环境[M].郑州:黄河水利出版社,2004.

[23] 杨培岭.水利工程概预算[M].北京:中国农业出版社,2005.

[24] 易建芝,侯林峰,高琴月.水利工程造价[M].武汉:华中科技大学出版社,
2012.

[25] 于会泉.水利工程施工与管理[M].北京:中国水利水电出版社,2005.

[26] 袁光裕.水利工程施工[M].4版.北京:中国水利水电出版社,2005.

[27] 袁俊森,潘纯.水利工程经济[M].北京:中国水利水电出版社,2005.

[28] 张军.水利工程施工技术[M].北京:水利水电出版社,2014.

[29] 赵冬.水利工程招标与投标[M].郑州:黄河水利出版社,2000.

[30] 赵启光.水利工程施工与管理[M].郑州:黄河水利出版社,2011.

[31] 中国水利工程协会.水利工程建设环境保护监理[M].北京:中国水利水
电出版社,2010.

[32] 中国水利工程协会.水利工程建设质量控制[M].北京:中国水利水电出
版社,2007.

[33] 中国水利工程协会.水利工程造价计价与控制[M].北京:中国水利水电
出版社,2010.

[34] 钟汉华.城市水利工程施工技术[M].郑州:黄河水利出版社,2008.

[35] 周克己.水利工程施工[M].北京:中央广播电视大学出版社,2006.

后　　记

在我国历史上,水利建设成就卓著。公元前251年修建的四川都江堰水利工程,遵循"乘势利导,因时制宜"的原则,发挥了防洪和灌溉的巨大作用。用现代系统工程的观点来分析,该工程在结构布局、施工措施、维修管理制度等方面都是相当成功的。此外,在截流堵口工程中所使用的多种施工技术至今还为各地工程所沿用。

中华人民共和国成立后,我国的水利工程事业取得了辉煌的成就:有计划、有步骤地开展了大江大河的综合治理工作;修建了一大批综合利用的水利枢纽工程和大型水电站;建成了一些大型灌区和机电灌区;中小型水利工程也得到了蓬勃的发展。随着水利工程事业的发展,施工机械的装备水平迅速提升,已经能够实现高强度快速施工;施工技术水平不断提高,实现了长江、黄河等大江大河的截流利用,采用了很多新技术、新工艺;土石坝工程、混凝土坝工程和地下工程的综合机械化组织管理水平逐步提高。水利工程施工的科学发展,为水利工程描绘出一片广阔的前景。

在取得巨大成就的同时,我国的水利工程建设也付出过沉重的代价。如由于违反基本建设程序,不遵循施工的科学规律和经济规律,部分水利工程建设也遭受了相当大的损失。目前在部分水利工程中,大容量、高效率、多功能的施工机械的通用化、系列化、自动化的程度较低,利用并不充分;新技术、新工艺的研究推广和使用不够普遍;施工组织管理水平较低。为了实现我国经济建设的战略目标,加快水利工程建设的步伐,我们必须认真总结过去的经验和教训,学习和研发先进技术、科学管理方法,走出一条适合我国国情的水利工程科学发展道路。